JN028772

星賀　彰・高野　優
関根義浩・足達慎二
共　著

工学系の微分積分学

―入門から応用まで―

学術図書出版社

はじめに

本書は，大学初年度に工学部の学生が微分積分学を学ぶための教材である．演習の時間も含めて 1 年間・約 70 時間の講義を想定して書かれている．

受験人口の減少と推薦入試や AO 入試など入試方法の多様化にともない，大学に入学してくる学生の高校での数学科目の習熟度に大きな開きがあるようになった．そのために習熟度別のクラス編成をし，個々の習熟度に応じた授業を行なう大学が全国的に増えてきている．このような特殊な講義形態に対応できる教材を作成しようというのが，本書の執筆理由である．特に，大学で学ぶ微分積分学は高校で学ぶ数学科目の内容を基にするため，時間をかけてでも未履修の内容を補う必要がある．本書では第 1 章として，大学で微分積分を学ぶ上で最低限必要と思われる高校の数学の内容をまとめてある．「逆三角関数」以外はすべて高校で習う内容なので，数学 III，数学 B までを履修した学生にはほぼ必要のない内容である．第 2 章，第 3 章では 1 変数関数の微分積分，第 4 章，第 5 章では多変数（主に 2 変数）関数の微分積分を収録しており，この部分が通常大学で学ぶ微分積分学である．また，微分積分学の範疇からは外れるが，将来「応用数学」を学ぶための準備として，第 6 章で級数，第 7 章でベクトル値関数，第 8 章では複素数を収録している．このように，本書は大学初年度（あるいは 2 年前期まで）に身に付けたい内容を幅広く取り扱っている．利用する際は，習熟度に応じた章を選んで教材にしてもらいたい．

また，最初に述べたように，このテキストは工学部の学生を対象に書かれている．すなわち，理論よりも応用を重視し，微分積分学を道具として使いこなせることを目標としている．そのため，定理の証明はできるだけ排除し，定理の記述も細かい条件にこだわらず応用する上で十分な形で書かれている．また，計算に慣れさせるために各章末には豊富な演習問題を掲載している．基礎的な問題を【A】，やや難しいと思われる問題を【B】と分類した．演習問題の解答は本書には収録されていないが，静岡大学工学部共通講座数学教室サイト内の「教科書の問の解

答」(https://wwp.shizuoka.ac.jp/eng-math/?page_id=358) にて公開されている．（本ページ下の QR コードからアクセス可能．）

　なお，本書を編むにあたり，原稿の遅れを辛抱強く見守りながら図版作成・校正・印刷を助けていただいた学術図書出版社の高橋秀治氏，作図ソフト「FunctionView」の引用を許可していただいた群馬県立桐生工業高等学校の和田啓助先生，そして執筆中何度も原稿の印刷を手伝っていただいた元静岡大学工学部共通講座の高村芙美子氏に感謝の意を表したい．

2008 年 10 月

著　者

【改訂にあたって】

　本書が刊行されてから 10 年余りが経過した．その間，拙い内容にもかかわらず，テキストとして採用していただいた各大学の授業担当の皆様には，心から感謝を申し上げたい．この度，よりよい本にすべく改訂の機会をいただいたが，主に以下の点について改訂した．

(1)　全ページカラー印刷をし，各章の扉には関連する写真も配置した．
(2)　本文で扱えなかった内容をコラム形式で「余談」として収録した．
(3)　問や演習問題の内容を本文と合うよう整理した．
(4)　第 n 次テイラー展開の剰余項を $(n+1)$ 次の項にした．
(5)　その他，内容的な誤りと一部の用語を修正した．

2019 年 11 月

著　者

【解答サイトの QR コード】

QR コードは株式会社デンソーウェーブの登録商標です．

目　　次

1

微分積分学のための準備

この章では主に，微分積分学を学ぶにあたって必要な高校の数学について解説する．高校時代に数学A，数学Bおよび数学Ⅲを履修している学生は1.8節以外は読み飛ばして構わない．ただし，基本的な数学用語や概念についても解説してあるので，復習の意味で要点を拾い読みすることは有益であると思われる．1.8節では大学で新たに学ぶ逆三角関数を導入する．

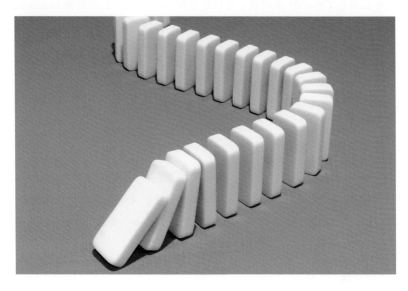

証明法の1つである数学的帰納法は「ドミノ倒し法」ともよばれる．最初のドミノが倒れることと，1つが倒れれば次のドミノも倒れることとで，すべてのドミノが倒れることが保証されるのである．仮に並んでいるドミノが無限個であっても，一つひとつのドミノの前には有限個しか並んでいないので，いずれ倒れる順番がくるのである．(©) 星賀彰)

▍ **1.1　集合**

1.1.1　集合とは

「集合写真」や「全員集合」など，日常でも集合という言葉を使うことがあるが，「○○は集合である」というのは数学特有の言葉使いである．数学のあらゆる場面で集合という考え方が出現する．ここではまず，その集合という言葉の意味を定義する．

もの（文字，数，点などさまざまなもの）の集まりで，それに属するか否かが明確に判別できる集まりを **集合 (set)** という．

たとえば，次のような例を考える．

X：S 大生全体の集まり

Y：優秀な人全体の集まり

どちらも人の集まりには違いないが，Y は集合とはよべない．なぜなら Y に属するか否かを判定する基準がはっきりしないからである．それに比べて X の方は「S 大学の学生」という明確な判断基準があるので集合である．

集合 A に対して，a が A に属しているとき，a を集合 A の **要素 (element)** といい $a \in A$ または $A \ni a$ と表す．逆に a が A に属していないとき，$a \notin A$ と表す．たとえば

$$X = \{1, 2, 3, 4, 5\}, \quad Y = \{a, b, c, d, e, f, g, h, i\}$$

とするとき X, Y は集合であり，$4 \in X$，$k \notin Y$ などが成り立つ．

1.1.2　集合の表し方

集合の表し方には 2 通りの方法がある．上の集合 X, Y のように，要素をすべて書き表す表記法（**外延的記法 (denotation)**）と，その集合に属するための条件を明記する方法（**内包的記法 (connotation)**）である．集合 X, Y を内包的記法で表すと

$$X = \{x \,|\, x \text{ は 5 以下の自然数}\}$$

$$Y = \{\alpha \,|\, \alpha \text{は英語のアルファベットの第 9 番目までの文字}\}$$

となる．内包的記法は集合の要素が多いときに有効である．

数学でよく使われる数の集合を挙げておく.

$$\mathbb{N} = \{x \,|\, x \text{ は自然数} \} \text{ (natural number)}$$
$$\mathbb{Z} = \{x \,|\, x \text{ は整数} \} \quad \text{(integer)}$$
$$\mathbb{Q} = \{x \,|\, x \text{ は有理数} \} \text{ (rational number)}$$
$$\mathbb{R} = \{x \,|\, x \text{ は実数} \} \quad \text{(real number)}$$
$$\mathbb{C} = \{x \,|\, x \text{ は複素数} \} \text{ (complex number)}$$

1.1.3 部分集合

2 つの集合 A, B に対して

$$a \in A \quad \text{ならば} \quad a \in B$$

が成り立つとき, A を B の部分集合 (subset) といい $A \subset B$ または $B \supset A$ と表す.

また, 要素を 1 つももたない集合を空集合 (empty set) といい $\emptyset$ と表す. 便宜上, すべての集合 A に対して, $\emptyset \subset A$ と約束する.

2 つの集合 A, B に対して, $A \subset B$ かつ $B \subset A$ が成り立つとき, 集合 A と集合 B は等しいといい $A = B$ と表す. たとえば上の数の集合においては

$$\mathbb{N} \subset \mathbb{Z} \subset \mathbb{Q} \subset \mathbb{R} \subset \mathbb{C}$$

が成り立つ.

1.1.4 共通部分・和集合

2 つの集合 A, B に対して, 共通部分 (intersection) $A \cap B$ および和集合 (union) $A \cup B$ を次のように定義する.

$$A \cap B = \{a \,|\, a \in A \text{ かつ } a \in B\}$$
$$A \cup B = \{a \,|\, a \in A \text{ または } a \in B\}$$

注意 集合の条件の中の "かつ" は省略することが多い. たとえば, 上の共通部分は

$$A \cap B = \{a \,|\, a \in A,\ a \in B\}$$

と表す.

注意　　3つの集合の共通部分・和集合も同様に

$$A \cap B \cap C = \{a \,|\, a \in A,\, a \in B,\, a \in C\}$$
$$A \cup B \cup C = \{a \,|\, a \in A \text{ または } a \in B \text{ または } a \in C\}$$

と定義する.

例 **1.1.1**　$A = \{1, 2, 4, 5, 7\}$, $B = \{2, 3, 6, 7\}$, $C = \{1, 3, 4, 8\}$ であるとき

$$A \cup B,\quad A \cup C,\quad B \cup C,\quad A \cap B,\quad A \cap C,\quad B \cap C$$
$$A \cup B \cup C,\quad A \cap B \cap C$$

をそれぞれ求めよ.

解答　　それぞれ

$$A \cup B = \{1, 2, 3, 4, 5, 6, 7\},\quad A \cup C = \{1, 2, 3, 4, 5, 7, 8\},$$
$$B \cup C = \{1, 2, 3, 4, 6, 7, 8\},$$
$$A \cap B = \{2, 7\},\quad A \cap C = \{1, 4\},\quad B \cap C = \{3\}$$
$$A \cup B \cup C = \{1, 2, 3, 4, 5, 6, 7, 8\},\quad A \cap B \cap C = \emptyset$$

となる.　　　　　　　　　　　　　　　　　　　　　　　　　　解答終了

1.1.5　補集合

集合 U とその部分集合 A が与えられたとする. このとき

$$A^c = \{x \,|\, x \in U,\, x \notin A\}$$

で定まる集合 A^c を A の（U における）補集合 (complement) という. また U を全体集合 (universal set) という.

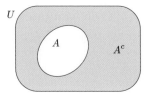

図 1.1　補集合

補集合の定義から次のことがわかる.

> **定理 1.1.1**　全体集合 U とその部分集合 A が与えられたとき，次が成り立つ.
> (1) $A \cup A^c = U$　　(2) $A \cap A^c = \emptyset$　　(3) $(A^c)^c = A$
> (4) $U^c = \emptyset$　　　　(5) $\emptyset^c = U$

証明　(1), (2), (3) は上図より明らか. すべての $x \in U$ に対して $x \notin U^c$ である
から $U^c = \emptyset$ となり (4) が成り立つ. また，(3) と (4) より (5) がしたがう.

証明終了

注意　A^c という表記では全体集合がどのような集合かわからないが，たいていの場合前後
の流れから読みとることができるので問題はない.

　実数の集合 $\mathbb{R}$ を全体集合とするとき，$\mathbb{Q}$ の補集合 $\mathbb{Q}^c$ は無理数全体の集合とな
る.これを $\mathbb{I}$ と表す. つまり

$$\mathbb{I} = \mathbb{Q}^c = \{x \mid x \in \mathbb{R},\ x \notin \mathbb{Q}\} \qquad \textbf{(irrational number)}$$

となる.

問 1.1.1　$A \subset B$ ならば $B^c \subset A^c$ であることを図で確かめよ.

1.1.6　ド・モルガンの法則

　共通部分，和集合および補集合について，次の定理が成り立つ.

> **定理 1.1.2**(ド・モルガンの法則 (de Morgan's laws))
> 全体集合 U とその部分集合 A, B が与えられたとき,次が成り立つ.
> $$(A \cap B)^c = A^c \cup B^c, \qquad (A \cup B)^c = A^c \cap B^c$$

下図より明らかなので証明は省略する.

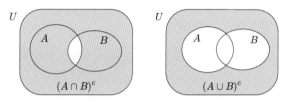

図 1.2 ド・モルガンの法則

注意 ド・モルガンの法則は 3 つ以上の集合に対しても成り立つ. つまり
$$(A \cap B \cap C)^c = A^c \cup B^c \cup C^c$$
$$(A \cup B \cup C)^c = A^c \cap B^c \cap C^c$$
が成り立つ.

1.1.7 実数の集合の最大値・最小値

実数の集合 $\mathbb{R}$ の空集合でない部分集合 A が与えられたとする. すべての $x \in A$ に対して $x \leqq a$ が成り立つような $a \in A$ が存在するとき,a は集合 A の最大値 (maximum) であるといい,$\max A$ と表す. 同様にすべての $x \in A$ に対して $b \leqq x$ が成り立つような $b \in A$ が存在するとき,b は集合 A の最小値 (minimum) であるといい,$\min A$ と表す. 最大値・最小値は必ずしも存在するとは限らない.

> **例 1.1.2** 集合 $A = \{x \mid 3 < x \leqq 5\}$ に対して最大値・最小値は存在するか.

解答 $5 \in A$ であり,すべての $x \in A$ に対して $x \leqq 5$ が成り立つので,$\max A = 5$ である. 一方,すべての $b \in A$ に対して,$\dfrac{3+b}{2} \in A$ であり,また $\dfrac{3+b}{2} < b$ となるので,b は A の最小値ではない. よって,最小値は存在しない. 解答終了

注意 すべての $x \in A$ に対して $3 \leqq x$ が成り立つが,$3 \notin A$ なので 3 は A の最小値ではない.

1.2 順列・組み合わせ

1.2.1 順列

a, b, c, d の4文字を1列に並べるとき，その並べ方は何通りあるかを考える．1番目は4通りの選び方，2番目は残った3つから3通りの選び方，3番目は残った2つから2通りの選び方，そして4番目は残った1つ．したがって，並べ方は

$$4 \times 3 \times 2 \times 1 = 4! \quad \text{通り}$$

となる．これを **4個の順列 (permutation)** という．同様に n 個のものを1列に並べる方法は $n!$ 通りである．これを **n 個の順列** という．

今度は5個の文字 a, b, c, d, e の中から3個を選んで1列に並べる方法が何通りあるか考えてみる．1番目は5通りの選び方，2番目は残った4つから4通りの選び方，3番目は残った3つから3通りの選び方であるから，並べ方は

$$5 \times 4 \times 3 = 60 \quad \text{通り}$$

となる．同様に n 個の中から r 個選んで1列に並べる方法は

$$n(n-1)(n-2)\cdots(n-r+2)(n-r+1) = \frac{n!}{(n-r)!} \quad \text{通り}$$

となる．これを **n 個の中から r 個を選ぶ順列** といい，$_n\mathrm{P}_r$ と表す．つまり

$$_n\mathrm{P}_r = \frac{n!}{(n-r)!}$$

である．

例 1.2.1　$1, 2, 3, 4, 5, 6$ の中から3文字を選んで並べて3桁の数を作る方法は何通りか．またそのうち，500 より小さくなるのは何通りか．

解答　まず，3桁の数は全部で

$$_6\mathrm{P}_3 = \frac{6!}{3!} = 120 \quad \text{通り}$$

である．また 500 より小さくなるのは，百の位が4以下となる場合なので

$$4 \times {}_5\mathrm{P}_2 = 4 \times \frac{5!}{3!} = 80 \quad \text{通り}$$

である．

解答終了

問 1.2.1　0, 1, 2, 3, 4, 5, 6 の中から 3 文字を選んで並べて 3 桁の数字を作る. このとき, 次の問いに答えよ.
  (1) 3 桁の数字は全部で何通りあるか.
  (2) 偶数は何通りあるか.
  (3) 350 以下の数字は何通りあるか.

1.2.2　組み合わせ

次に, a, b, c, d, e の中から順番を考慮せずに 3 個選ぶ方法を考える. すべて数えあげると

$$(a, b, c), \quad (a, b, d), \quad (a, b, e), \quad (a, c, d), \quad (a, c, e)$$

$$(a, d, e), \quad (b, c, d), \quad (b, c, e), \quad (b, d, e), \quad (c, d, e)$$

の 10 通りである. これをどう考えればよいか.

5 個から 3 個を選ぶ順列 $_5\mathrm{P}_3$ は, 文字の並ぶ順序まで考慮している. つまり

$$(a, b, c), \quad (a, c, b), \quad (b, a, c), \quad (b, c, a), \quad (c, a, b), \quad (c, b, a)$$

を別のものと考えて数えている. 今回はこれらはすべて同じものと考えるので

$$\frac{_5\mathrm{P}_3}{3!} = \frac{5!}{2! \, 3!} = 10 \quad 通り$$

となる. 同様に n 個の中から r 個を選ぶ方法は $\dfrac{_n\mathrm{P}_r}{r!}$ となる. これを **n 個の中から r 個を選ぶ組み合わせ (combination)** といい, $_n\mathrm{C}_r$ と表す. つまり

$$_n\mathrm{C}_r = \frac{_n\mathrm{P}_r}{r!} = \frac{n!}{(n-r)! \, r!}$$

である.

例 1.2.2　40 人の中から 3 人を選ぶ組み合わせは何通りか.

解答

$$_{40}\mathrm{C}_3 = \frac{40!}{37! \, 3!} = 9880 \quad 通り$$

である.　　　　　　　　　　　　　　　　　　　　　　　　　　　　　　解答終了

組み合わせの定義より，ただちに

$$_n\mathrm{C}_r = {_n\mathrm{C}_{n-r}}$$

が成り立つことがわかる．また，$0! = 1$ と約束すれば

$$_n\mathrm{C}_n = {_n\mathrm{C}_0} = \frac{n!}{n!\,0!} = 1$$

が成り立つ．実際，n 個の中から n 個を選ぶ組み合わせは 1 通りであるから，この約束は自然である．

問 1.2.2　1 から 43 までの自然数の中から 6 個の数字を選ぶ方法は何通りか．また，1 から 31 までの自然数の中から 5 個の数字を選ぶ方法は何通りか．

問 1.2.3　$a, b, c, d, e, f, g, h, i, j$ の 10 人を 5 人ずつのグループ 2 つに分けるとき，次の問いに答えよ．
(1) 分け方は全部で何通りか．
(2) a と b が同じグループにならない分け方は何通りか．
(3) a, b, c の 3 人が同じグループにならない分け方は何通りか．

問 1.2.4　任意の自然数 n, k $(k \leqq n)$ に対して次の等式が成り立つことを示せ．
(1) $k\,{_n\mathrm{C}_k} = n\,{_{n-1}\mathrm{C}_{k-1}}$ 　　(2) $_{n+1}\mathrm{C}_k = {_n\mathrm{C}_{k-1}} + {_n\mathrm{C}_k}$

1.2.3　二項定理

数のべき乗について，m, n を整数とするとき次の指数法則が成り立つ．

$$a^m a^n = a^{m+n}, \qquad (a^m)^n = a^{mn}, \qquad a^{-m} = \frac{1}{a^m}$$

$$a^0 = 1, \qquad (ab)^m = a^m b^m$$

次に $(a+b)^n$ $(n = 1, 2, 3, \cdots)$ の展開式を考えてみる．具体的に計算してみると

$$n = 1 \qquad (a+b)^1 = a + b$$

$$n = 2 \qquad (a+b)^2 = a^2 + 2ab + b^2$$

$$n = 3 \qquad (a+b)^3 = a^3 + 3a^2 b + 3ab^2 + b^3$$

$$n = 4 \qquad (a+b)^4 = a^4 + 4a^3 b + 6a^2 b^2 + 4ab^3 + b^4$$

$$\vdots \qquad\qquad \vdots$$

となっている．ここで，係数だけを抜き出して書いてみると次のような法則で並んでいることがわかる．

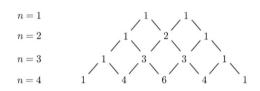

$$
\begin{array}{ll}
n = 1 & \\
n = 2 & \\
n = 3 & \\
n = 4 & \\
\end{array}
$$

図 1.3 パスカルの三角形

これをパスカルの三角形 (Pascal's triangle) という．これで $(a+b)^n$ の展開式は得られるが，たとえば，$(a+b)^{100}$ を展開するには 100 段のパスカルの三角形を書き出さなくてはならず，現実的な方法ではない．そこで，$(a+b)^n$ を n を用いて表す方法を考えてみよう．

$(a+b)^n$ を展開したときの各項はすべて $a^{n-r}b^r$ $(r = 0, 1, \cdots, n)$ を含んでいるので，n 個の定数 $A_0, A_1, \cdots, A_n$ により

$$(a+b)^n = A_0 a^n + A_1 a^{n-1}b + \cdots + A_r a^{n-r}b^r + \cdots + A_n b^n$$

と表すことができる．また，$(a+b)^n$ を展開したときに $a^{n-r}b^r$ という項が現れる回数は，n 個の $(a+b)$ から r 個の b（あるいは $(n-r)$ 個の a ともいえる）を選ぶ組み合わせに等しい．したがって

$$A_r = {}_n\mathrm{C}_r$$

となり，次の定理が成り立つことがわかる．

定理 1.2.1 （二項定理 (binomial theorem)）

任意の実数 a, b および自然数 n に対して

$$(a+b)^n = {}_n\mathrm{C}_0 a^n + {}_n\mathrm{C}_1 a^{n-1}b + \cdots + {}_n\mathrm{C}_r a^{n-r}b^r + \cdots + {}_n\mathrm{C}_n b^n$$

が成り立つ．

例 1.2.3 $(x^2 + 2y)^4$ を展開せよ．

解答　二項定理より

$$(x^2 + 2y)^4 = {}_4\mathrm{C}_0(x^2)^4(2y)^0 + {}_4\mathrm{C}_1(x^2)^3(2y)^1 + {}_4\mathrm{C}_2(x^2)^2(2y)^2$$
$$+ {}_4\mathrm{C}_3(x^2)^1(2y)^3 + {}_4\mathrm{C}_4(x^2)^0(2y)^4$$
$$= x^8 + 8x^6y + 24x^4y^2 + 32x^2y^3 + 16y^4$$

となる.　　　　　　　　　　　　　　　　　　　　　　　　解答終了

問 1.2.5　二項定理を用いて次の問に答えよ.
(1)　11^5 の値を求めよ.　　　(2)　99^{15} を 200 で割ったときの余りを求めよ.

■ 1.3 数列

1.3.1 数列

たとえば

$$5,\ 2,\ 0,\ 8,\ -1,\ 6,\ -10, \cdots$$

のように，実数を 1 列に並べたものを数列 (sequence) といい，左から n 番目の数を**第 n 項 (n-th term)** という．また第 1 項を数列の**初項 (initial term)** という．

次の数列

$$2,\ 4,\ 6,\ 8,\ 10,\ 12, \cdots$$

の第 n 項を a_n とすると $a_n = 2n \ (n=1,2,3,\cdots)$ と表されることがわかる．このように第 n 項を n の式で表したものを，数列の**一般項 (general term)** という．また数列を $\{a_n\}$ や $\{a_n\}_{n=1}^{\infty}$ のように表すことがある．

例 1.3.1　一般項が次の式であたえられる数列の第 6 項目までの値をそれぞれ求めよ．

(1)　$a_n = 2n - 1$　　(2)　$b_n = 10^{n-1}$

解答　(1)　初項から順に 1, 3, 5, 7, 9, 11.

(2)　初項から順に 1, 10, 100, 1000, 10000, 100000.　　　　　　　　**解答終了**

この例とは逆に，いくつかの手がかりから数列の一般項を求めるにはどうしたらよいかを考えてみよう．

1.3.2 等差数列

数列

$$2,\ 5,\ 8,\ 11,\ 14,\ 17, \cdots$$

の一般項を a_n とするとき，第 n 項と第 $(n+1)$ 項の差 $a_{n+1} - a_n = 3$ が一定となっていることがわかる．このような数列を**等差数列 (arithmetic sequence)** といい，$d = a_{n+1} - a_n$ を等差数列 $\{a_n\}$ の**公差 (common difference)** という．

$\{a_n\}$ が公差 d の等差数列ならば

$$a_1 = a_1$$
$$a_2 = a_1 + d$$
$$a_3 = a_2 + d = a_1 + 2d$$
$$a_4 = a_3 + d = a_1 + 3d$$

であるから，一般項は

$$a_n = a_1 + d(n-1)$$

となる．

上の数列 $2, 5, 8, 11, 14, 17, \cdots$ は初項 2，公差 3 の等差数列なので

$$a_n = 2 + 3(n-1) = 3n - 1$$

となる．

例 1.3.2　初項 -1，公差 4 の等差数列の第 100 項を求めよ．

解答　この一般項は $a_n = -1 + 4(n-1) = 4n - 5$ であるから，$a_{100} = 395$ である．　　　　　　　　　　　　　　　　　　　　　　　　　　　解答終了

問 1.3.1　初項 100，公差 -3 の等差数列の一般項を求めよ．またこの数列の値が初めて負になるのは何項目か．

問 1.3.2　第 2 項が 1，第 4 項が 8 であるような等差数列の一般項を求めよ．

1.3.3　等比数列

数列

$$2,\ 6,\ 18,\ 54,\ 162,\ \cdots$$

は，第 n 項と第 $(n+1)$ 項の比 $\dfrac{a_{n+1}}{a_n} = 3$ が一定となっている．このような数列を等比数列 (geometric sequence) といい，$r = \dfrac{a_{n+1}}{a_n}$ を等比数列 $\{a_n\}$ の公比 (common ratio) という．

$\{a_n\}$ が公比 r の等比数列ならば

$$a_1 = a_1$$
$$a_2 = a_1 r$$
$$a_3 = a_2 r = a_1 r^2$$
$$a_4 = a_3 r = a_1 r^3$$

であるから，一般項は

$$a_n = a_1 r^{n-1}$$

である．

例 1.3.3　第 4 項が -4，第 5 項が 8 であるような等比数列の一般項 a_n を求めよ．

解答　等比数列であるから，一般項を $a_n = a_1 r^{n-1}$ とおくと

$$a_4 = a_1 r^3 = -4, \quad a_5 = a_1 r^4 = 8$$

となり，これより

$$r = -2, \quad a_1 = \frac{1}{2} \quad \text{すなわち} \quad a_n = \frac{1}{2} \cdot (-2)^{n-1} = -(-2)^{n-2}$$

である．　　　　　　　　　　　　　　　　　　　　　　　　　　　　解答終了

問 1.3.3 初項 100，公比 $\dfrac{1}{2}$ の等比数列の一般項を a_n とし，初項 2，公比 3 の等比数列の一般項を b_n とする．このとき次の問いに答えよ．
(1) a_n, b_n をそれぞれ求めよ．
(2) a_n と b_n の大小が変わるのは何項目か．

問 1.3.4 第 2 項が 1，第 5 項が 64 であるような等比数列の一般項を求めよ．

1.3.4　数列の和

数列 $\{a_n\}$ の初項から第 n 項までの和を数列 $\{a_n\}$ の第 n 部分和 (n-th partial sum) といい，シグマ記号 Σ を用いて

$$S_n = a_1 + a_2 + \cdots + a_n = \sum_{k=1}^{n} a_k$$

と表す.

シグマ記号について次の等式が成り立つ.

$$\sum_{k=1}^{n}(a_k + b_k) = \sum_{k=1}^{n} a_k + \sum_{k=1}^{n} b_k$$

$$\sum_{k=1}^{n} ca_k = c \sum_{k=1}^{n} a_k \quad (c \text{ は定数})$$

例 1.3.4 次の等式を示せ.

(1) $\displaystyle\sum_{k=1}^{n} c = cn$ （c は定数）　(2) $\displaystyle\sum_{k=1}^{n} k = \frac{n(n+1)}{2}$

解答 (1) 明らか.

(2) $\displaystyle 2\sum_{k=1}^{n} k = \big(1 + 2 + \cdots + (n-1) + n\big) + \big(n + (n-1) + \cdots + 2 + 1\big)$

$\qquad\qquad = (n+1) + (n+1) + \cdots + (n+1)$

$\qquad\qquad = n(n+1)$

より

$$\sum_{k=1}^{n} k = \frac{n(n+1)}{2}$$

となる.　　　　　　　　　　　　　　　　　　　　　　　　　　**解答終了**

注意 シグマ記号において，変化する添え字は特定の意味で用いていない文字であれば何でも構わない. つまり

$$\sum_{k=1}^{n} a_k = \sum_{i=1}^{n} a_i = \sum_{p=1}^{n} a_p = \cdots$$

が成り立つ. しかしながら, これを

$$\sum_{n=1}^{n} a_n$$

と表記してはならない.

問 **1.3.5** 次の値をシグマ記号を用いないで表せ.

(1) $\displaystyle\sum_{j=4}^{n} j$ (2) $\displaystyle\sum_{k=1}^{n-2} k$ (3) $\displaystyle\sum_{p=1}^{n} (2p+3)$ (4) $\displaystyle\sum_{\ell=n}^{2n} \ell$

1.3.5 等差数列と等比数列の和

初項 a_1, 公差 d である等差数列 $a_n = a_1 + d(n-1)$ の第 n 部分和 S_n は

$$S_n = \sum_{k=1}^{n} (a_1 + d(k-1)) = \sum_{k=1}^{n} a_1 + d\sum_{k=1}^{n} (k-1) = na_1 + d\sum_{\ell=1}^{n-1} \ell$$

$$= na_1 + \frac{dn(n-1)}{2} = \frac{n(2a_1 + d(n-1))}{2} = \frac{n(a_1 + a_n)}{2}$$

となる.

次に

$$(1 + r + r^2 + \cdots + r^{n-1})(1 - r) = 1 - r + r - r^2 + r^2 - r^3 + \cdots + r^{n-1} - r^n$$

$$= 1 - r^n$$

より

$$1 + r + r^2 + r^3 + \cdots + r^{n-1} = \frac{1 - r^n}{1 - r}$$

であるから, 初項 a_1, 公比 r $(\neq 1)$ である等比数列 $a_n = a_1 r^{n-1}$ の第 n 部分和 S_n は

$$S_n = \sum_{k=1}^{n} a_1 r^{k-1}$$

$$= a_1(1 + r + r^2 + r^3 + \cdots + r^{n-1})$$

$$= \frac{a_1(1 - r^n)}{1 - r}$$

となる.

例 **1.3.5** 初項 1, 公比 2 の等比数列の第 n 部分和を求めよ.

解答　等比数列の第 n 部分和の公式より

$$1 + 2 + 2^2 + 2^3 + \cdots + 2^{n-1} = \sum_{k=1}^{n} 2^{k-1} = \frac{1 - 2^n}{1 - 2} = 2^n - 1$$

である.　　　　　　　　　　　　　　　　　　　　　　　　　**解答終了**

数列 $\{a_n\}$ の第 n 部分和を S_n とするとき

$$S_n - S_{n-1} = a_n$$

が成り立つので，第 n 部分和がわかっていれば元の数列の一般項もただちにわかる.

例 1.3.6　第 n 部分和が $S_n = n^2 - 3n$ であるような数列の一般項 a_n を求めよ.

解答

$$a_n = S_n - S_{n-1} = n^2 - 3n - (n-1)^2 + 3(n-1) = 2n - 4 \quad (n \geqq 2)$$

である.　また $a_1 = S_1 = -2$ であるから，上の式は $n = 1$ の場合にも正しいことがわかる.　したがって，$a_n = 2n - 4 \ (n \geqq 1)$ となる.　　　　**解答終了**

問 1.3.6　次の数列の第 n 部分和を求めよ.
(1)　$a_n = 4n - 1$　　　(2)　$a_n = 3(-2)^{n-1}$

問 1.3.7　第 n 部分和が $S_n = 3 - 2^n$ であるような数列 a_n の一般項を求めよ.

1.3.6　階差数列

数列

$$2, \ 3, \ 5, \ 8, \ 12, \ 17, \cdots$$

は，隣りあう 2 項の差が 1 ずつ増えている数列である．つまり，$a_{k+1} - a_k = k$ であるから

$$a_2 - a_1 = 1$$
$$a_3 - a_2 = 2$$
$$\vdots$$
$$a_{n-1} - a_{n-2} = n-2$$
$$a_n - a_{n-1} = n-1$$

となる．この辺々を足し合わせると

$$a_n - a_1 = \sum_{k=1}^{n-1} k = \frac{n(n-1)}{2} \qquad (n \geqq 2)$$

であるから

$$a_n = 2 + \frac{n(n-1)}{2} \qquad (n \geqq 2)$$

となる．また $a_1 = 2$ であるから，上の式は $n = 1$ の場合にも正しいことがわかる．したがって

$$a_n = 2 + \frac{n(n-1)}{2} \qquad (n \geqq 1)$$

となる．

このように，$b_n = a_{n+1} - a_n$ を導入することで a_n を求めることができる場合がある．この $\{b_n\}$ を $\{a_n\}$ の階差数列 (sequence of differences) という．$\{a_n\}$ の階差数列が $\{b_n\}$ であるとき，a_n は

$$a_n = a_1 + \sum_{k=1}^{n-1} b_k \qquad (n \geqq 2)$$

により求められる．

例 **1.3.7** 数列 $0, 2, 6, 14, 30, 62, 126, \cdots$ の一般項 a_n を求めよ．

解答 階差数列は $2, 4, 8, 16, 32, 64, \cdots$ であるから，その一般項は $b_n = 2^n$ である．よって，上の公式より

$$a_n = 0 + \sum_{k=1}^{n-1} 2^k = \frac{2(1 - 2^{n-1})}{1 - 2} = 2^n - 2 \qquad (n \geqq 2)$$

となる．また $a_1 = 0$ であるから，上の式は $n = 1$ の場合にも正しいことがわかる．したがって

$$a_n = 2^n - 2 \qquad (n \geqq 1)$$

となる． 解答終了

問 **1.3.8** 次の数列の一般項を求めよ．

(1) $-1,\ 1,\ 6,\ 14,\ 25,\ 39, \cdots$ (2) $2,\ 3,\ 2,\ 3,\ 2,\ 3, \cdots$

■ 1.4 漸化式と数学的帰納法

1.4.1 漸化式

数列は

(1) 初項

(2) a_n から a_{n+1} を定める手続き

の 2 つがわかればその一般項を求めることができる．このうち，(2) の手続きを与
える式を漸化式 (recursion formula) という．

例 1.4.1　　次の漸化式で定まる数列の一般項 a_n を求めよ．
$$\begin{cases} a_1 = 2 \\ a_{n+1} = 4a_n - 3 \qquad (n \geqq 1) \end{cases}$$

解答

$$b_n = a_n - 1$$

とおくと，漸化式から

$$b_{n+1} = 4b_n$$

となる．つまり，$\{b_n\}$ は初項 1，公比 4 の等比数列となるので

$$b_n = 4^{n-1}$$

であり，したがって

$$a_n = 4^{n-1} + 1$$

である．   解答終了

注意　上の b_n はやや唐突に思えるが，漸化式が

$$a_{n+1} - \alpha = 4(a_n - \alpha)$$

の形に整理できるであろうと見当を付け，逆にこの式が漸化式と一致するように定数 α を定
めることで b_n の形を導くことができる．

例 1.4.2　次の漸化式で定まる数列の一般項 a_n を求めよ.
$$\begin{cases} a_1 = 3 \\ a_{n+1} = 2a_n + 3n - 2 \quad (n \geqq 1) \end{cases}$$

解答　漸化式の右辺に n が含まれているため, 例 1.4.1 のようにはいかない. そこで $3n$ を消去するために階差数列を考える.

$$a_{n+1} = 2a_n + 3n - 2$$

$$a_n = 2a_{n-1} + 3(n-1) - 2 \quad (n \geqq 2)$$

であるから, $b_n = a_{n+1} - a_n$ とおくと

$$b_1 = 7 - 3 = 4$$

$$b_n = 2b_{n-1} + 3$$

となる. 例 1.4.1 と同様に $c_n = b_n + 3$ とすると

$$c_1 = 7$$

$$c_n = 2c_{n-1}$$

となり, これを解いて

$$c_n = 7 \cdot 2^{n-1}$$

つまり

$$b_n = 7 \cdot 2^{n-1} - 3$$

となる. したがって

$$a_n = a_1 + \sum_{k=1}^{n-1} b_k = 3 + \sum_{k=1}^{n-1} (7 \cdot 2^{k-1} - 3)$$

$$= 3 + \frac{7(1 - 2^{n-1})}{1 - 2} - 3(n-1) = 7 \cdot 2^{n-1} - 3n - 1 \quad (n \geqq 2)$$

となる. また $a_1 = 3$ より, 上の式は $n = 1$ の場合にも成り立つ. 以上から

$$a_n = 7 \cdot 2^{n-1} - 3n - 1 \quad (n \geqq 1)$$

となる.

解答終了

問 **1.4.1** 次の漸化式で定まる数列の一般項を求めよ.

(1) $\begin{cases} a_1 = 1 \\ a_{n+1} = -a_n + 5 \quad (n \geqq 1) \end{cases}$ (2) $\begin{cases} b_1 = 4 \\ b_{n+1} = 3b_n - 4n + 2 \quad (n \geqq 1) \end{cases}$

1.4.2 数学的帰納法

自然数 n を含む命題 $P(n)$ が与えられたとする.「任意の自然数 n に対して $P(n)$ が成り立つ」ことを証明するには,次の 2 つのことを示せばよい.

(1) $P(1)$ が成り立つ.

(2) $P(k)$ が成り立つことを仮定すれば $P(k+1)$ も成り立つ.

この証明法を数学的帰納法 (mathematical induction) という.

例 **1.4.3** 任意の自然数 n に対して

$$1 + 3 + 5 + \cdots + (2n - 1) = n^2$$

が成り立つことを示せ.

解答 数学的帰納法によって示す. まず $n = 1$ のとき, 両辺の値はともに 1 となるので, 確かに与式の等号は成り立っている.

次に $n = k$ のときに与式が成り立っていると仮定すると

$$1 + 3 + 5 + \cdots + (2k - 1) = k^2$$

が得られる. この式の両辺に $2(k + 1) - 1 = 2k + 1$ を加えると

$$1 + 3 + 5 + \cdots + (2k - 1) + (2(k + 1) - 1) = k^2 + 2k + 1 = (k + 1)^2$$

となり, $n = k + 1$ の場合にも与式が成り立つ. したがって, 数学的帰納法により, 任意の自然数 n に対して与式が成り立つ. **解答終了**

問 **1.4.2** 任意の自然数 n に対して, 次の式が成り立つことを示せ.

(1) $\displaystyle\sum_{\ell=1}^{n} \ell^2 = \frac{n(n + 1)(2n + 1)}{6}$ (2) $\displaystyle\sum_{\ell=1}^{n} \ell^3 = \left(\frac{n(n + 1)}{2}\right)^2$

1.5 数列の極限

1.5.1 数列の極限

数列 $\{a_n\}_{n=1}^{\infty}$ が与えられたとする．自然数 n を限りなく大きくしたとき（以後，これを簡単に $n \to \infty$ としたときという），a_n がある値 α に限りなく近づくならば，$\{a_n\}$ は α に収束 (convergent) するという．またこのとき，α を $\{a_n\}$ の極限値 (limit value) といい

$$\lim_{n\to\infty} a_n = \alpha \qquad \text{または} \qquad a_n \longrightarrow \alpha \quad (n \to \infty)$$

と表す．

また，$n \to \infty$ としたとき a_n が限りなく大きくなるならば，$\{a_n\}$ は**正の無限大に発散** (divergent) **する**といい

$$\lim_{n\to\infty} a_n = \infty \qquad \text{または} \qquad a_n \longrightarrow \infty \quad (n \to \infty)$$

と表す．同様に，$n \to \infty$ としたとき $-a_n$ が限りなく大きくなるならば，$\{a_n\}$ は**負の無限大に発散する**といい

$$\lim_{n\to\infty} a_n = -\infty \qquad \text{または} \qquad a_n \longrightarrow -\infty \quad (n \to \infty)$$

と表す．

例 1.5.1　次の数列の極限を求めよ．
  (1) $\displaystyle\lim_{n\to\infty} \frac{1}{n}$ (2) $\displaystyle\lim_{n\to\infty} (-n^2 + n)$

解答　(1) $\dfrac{1}{n}$ は $n \to \infty$ のとき限りなく 0 に近づくので $\displaystyle\lim_{n\to\infty} \frac{1}{n} = 0$ となる．

(2) $-n^2 + n = -n(n-1)$ であり，$n(n-1)$ は $n \to \infty$ のとき 限りなく大きくなるので $\displaystyle\lim_{n\to\infty} (-n^2 + n) = -\infty$ となる．　　　　　　　　　　**解答終了**

注意　一般に，$\displaystyle\lim_{n\to\infty} |a_n| = \infty$ ならば $\displaystyle\lim_{n\to\infty} \frac{1}{a_n} = 0$ がわかる．

1.5.2 極限の性質

数列の極限について，次の定理が成り立つ．証明は省略する．

> **定理 1.5.1** $\displaystyle\lim_{n\to\infty} a_n = \alpha,\ \lim_{n\to\infty} b_n = \beta$ であるとき，次が成り立つ．
>
> (1) $\displaystyle\lim_{n\to\infty}(ka_n + \ell b_n) = k\alpha + \ell\beta$ (k, ℓ は定数)
>
> (2) $\displaystyle\lim_{n\to\infty} a_n b_n = \alpha\beta$
>
> (3) $\displaystyle\lim_{n\to\infty}\frac{a_n}{b_n} = \frac{\alpha}{\beta}$ (ただし，$\beta \neq 0$)
>
> (4) 任意の n に対して $a_n \leqq c_n \leqq b_n$ が成り立ち，かつ $\alpha = \beta$ ならば
>
> $\displaystyle\lim_{n\to\infty} c_n = \alpha$
>
> この (4) をはさみうちの原理 (sandwich principle) という．

注意 $-|a_n| \leqq a_n \leqq |a_n|$ が成り立つので，(4) より $\displaystyle\lim_{n\to\infty}|a_n| = 0$ であるならば $\displaystyle\lim_{n\to\infty} a_n = 0$ であることがわかる．

> **定理 1.5.2** 任意の n に対して $a_n \leqq b_n$ が成り立つとき，次が成り立つ．
>
> (1) $\displaystyle\lim_{n\to\infty} a_n = \infty$ ならば $\displaystyle\lim_{n\to\infty} b_n = \infty$
>
> (2) $\displaystyle\lim_{n\to\infty} b_n = -\infty$ ならば $\displaystyle\lim_{n\to\infty} a_n = -\infty$

例 1.5.2 次の数列の極限を求めよ．

(1) $\displaystyle\lim_{n\to\infty}\frac{(2n-1)^2}{n^2+1}$ (2) $\displaystyle\lim_{n\to\infty}\left(\sqrt{n^2+3} - n\right)$ (3) $\displaystyle\lim_{n\to\infty}\frac{(-1)^n}{n}$

解答 (1) $\displaystyle\lim_{n\to\infty}\frac{(2n-1)^2}{n^2+1} = \lim_{n\to\infty}\frac{\left(2 - \dfrac{1}{n}\right)^2}{1 + \dfrac{1}{n^2}} = \frac{4}{1} = 4$

(2) $\displaystyle\lim_{n\to\infty}\left(\sqrt{n^2+3} - n\right) = \lim_{n\to\infty}\frac{\left(\sqrt{n^2+3} - n\right)\left(\sqrt{n^2+3} + n\right)}{\sqrt{n^2+3} + n}$

$\displaystyle = \lim_{n\to\infty}\frac{3}{\sqrt{n^2+3} + n} = 0$

(3) 各 n に対して $\left|\dfrac{(-1)^n}{n}\right| = \dfrac{1}{n}$ が成り立ち，$\displaystyle\lim_{n\to\infty}\frac{1}{n} = 0$ であるから，上の注意

より $\lim_{n \to \infty} \dfrac{(-1)^n}{n} = 0$ となる.

解答終了

問 1.5.1 次の数列の極限を求めよ.

(1) $\displaystyle\lim_{n \to \infty} \dfrac{n^2 + 2n - 3}{(n+1)(3-2n)}$　　(2) $\displaystyle\lim_{n \to \infty} \dfrac{3n}{\sqrt{2n^2 + n}}$　　(3) $\displaystyle\lim_{n \to \infty} \dfrac{\sqrt{n^2 + 3} - 2n}{n + 4}$

(4) $\displaystyle\lim_{n \to \infty} (2^n + 3^n)^{\frac{1}{n}}$　　(5) $\displaystyle\lim_{n \to \infty} \dfrac{\sqrt{n^3 + 3n} - \sqrt{n^3 + 2}}{\sqrt{2n + 3} - \sqrt{2n + 1}}$

1.5.3　等比数列の極限

等比数列 $\{r^n\}$ に対して $\displaystyle\lim_{n \to \infty} r^n$ が収束するか否かは r の値によって変わる.

定理 1.5.3　等比数列 $\{r^n\}$ に対して次が成り立つ.

(1)　$-1 < r < 1$ のとき　$\displaystyle\lim_{n \to \infty} r^n = 0$

(2)　$r = 1$ のとき　$\displaystyle\lim_{n \to \infty} r^n = 1$

(3)　$r > 1$ のとき　$\displaystyle\lim_{n \to \infty} r^n = \infty$

(4)　$r \leqq -1$ のとき　$\displaystyle\lim_{n \to \infty} r^n$ は存在しない.

証明　(1)　$r = 0$ のときは明らかなので $r \neq 0$ のときを考える. さらに, $\displaystyle\lim_{n \to \infty} |r^n| = \lim_{n \to \infty} |r|^n = 0$ を示せばいいので $0 < r < 1$ としてよい. このとき, $r = \dfrac{1}{1+h}$ $(h > 0)$ と表すことができるので, 二項定理より

$$0 < r^n = \frac{1}{(1+h)^n} = \frac{1}{\displaystyle\sum_{k=0}^{n} {}_n C_k \, 1^{n-k} h^k}$$

$$= \frac{1}{1 + nh + \dfrac{n(n-1)}{2} h^2 + \cdots}$$

$$< \frac{1}{1 + nh}$$

となる. また, $\displaystyle\lim_{n \to \infty} \dfrac{1}{1 + nh} = 0$ であるから, はさみうちの原理より $\displaystyle\lim_{n \to \infty} r^n = 0$ が成り立つ.

(2) 明らか.

(3) $r = 1 + h \ (h > 0)$ と表すことができるので, 二項定理より

$$r^n = (1+h)^n = \sum_{k=0}^{n} {}_n\mathrm{C}_k \, 1^{n-k} h^k$$

$$= 1 + nh + \frac{n(n-1)}{2} h^2 + \cdots$$

$$> 1 + nh$$

となる. また, $\displaystyle\lim_{n\to\infty} (1 + nh) = \infty$ であるから $\displaystyle\lim_{n\to\infty} r^n = \infty$ が成り立つ.

(4) $n = 2k$ のとき $r^n \geqq 1$ であり, $n = 2k + 1$ のとき $r^n \leqq -1$ であるから $\displaystyle\lim_{n\to\infty} r^n$ は存在しない.   証明終了

例 1.5.3 次の数列の極限を求めよ.

(1) $\displaystyle\lim_{n\to\infty} \frac{5^{n+1} + 4^n}{3^{n-1} - 5^n}$ (2) $\displaystyle\lim_{n\to\infty} \frac{(-2)^n}{1 + 3^n}$

解答 (1) $\displaystyle\lim_{n\to\infty} \frac{5^{n+1} + 4^n}{3^{n-1} - 5^n} = \lim_{n\to\infty} \frac{5 + \left(\dfrac{4}{5}\right)^n}{\dfrac{1}{5}\left(\dfrac{3}{5}\right)^{n-1} - 1} = \frac{5}{-1} = -5$

(2) $\displaystyle\lim_{n\to\infty} \frac{(-2)^n}{1 + 3^n} = \lim_{n\to\infty} \frac{\left(-\dfrac{2}{3}\right)^n}{\left(\dfrac{1}{3}\right)^n + 1} = 0$ 解答終了

例 1.5.4 $a > 0$ に対して $\displaystyle\lim_{n\to\infty} \frac{a^n}{n!} = 0$ が成り立つことを示せ.

解答 まず, $N + 1 > a$ となるような自然数 N を定める. このとき, $n > N$ ならば

$$0 < \frac{a^n}{n!} = \frac{a \times a \times a \times \cdots \times a}{1 \times 2 \times 3 \times \cdots \times N} \times \frac{a}{N+1} \times \frac{a}{N+2} \times \cdots \times \frac{a}{n}$$

$$< \frac{a \times a \times a \times \cdots \times a}{1 \times 2 \times 3 \times \cdots \times N} \times \frac{a}{N+1} \times \frac{a}{N+1} \times \cdots \times \frac{a}{N+1}$$

$$= \frac{a^N}{N!} \left(\frac{a}{N+1} \right)^{n-N}$$

が成り立ち，また $0 < \dfrac{a}{N+1} < 1$ より $\displaystyle\lim_{n \to \infty} \dfrac{a^N}{N!} \left(\dfrac{a}{N+1} \right)^{n-N} = 0$ となる．よっ

て，はさみうちの原理より $\displaystyle\lim_{n \to \infty} \dfrac{a^n}{n!} = 0$ が成り立つ． 　　　　　解答終了

問 1.5.2　$a > 1$ とし，k を自然数とする．このとき次を示せ．

(1) $\displaystyle\lim_{n \to \infty} \frac{n}{a^n} = 0$ 　　(2) $\displaystyle\lim_{n \to \infty} \frac{n^k}{a^n} = 0$

問 1.5.3　次の数列の極限を求めよ．

(1) $\displaystyle\lim_{n \to \infty} \frac{2^n + 3^{n+1}}{4^{n-1} - 3^n}$ 　　(2) $\displaystyle\lim_{n \to \infty} \frac{(2^n + 1)(3^{n+1} - 2)}{6^n + 3^{n+2} - 4}$

(3) $\displaystyle\lim_{n \to \infty} \frac{n^4 + 3^{n+2}}{n^3 - 4^n}$ 　　(4) $\displaystyle\lim_{n \to \infty} \frac{n^3 2^n + n^4}{n^2 3^n + 2^n}$

1.5.4　有界数列・単調数列

数列 $\{a_n\}$ に対して，ある定数 C が存在してすべての n に対して $a_n \leqq C$ （または $a_n \geqq C$）が成り立つとき，$\{a_n\}$ は上に有界な数列 (sequence bounded from above) （または下に有界な数列 (sequence bounded from below)）という．

また，任意の n に対して $a_n \leqq a_{n+1}$ （または $a_n \geqq a_{n+1}$）が成り立つとき，数列 $\{a_n\}$ を増加列 (increasing sequence) （または 減少列 (decreasing sequence)）という．

このとき，次の定理が成り立つ．証明は省略する．

定理 1.5.4　上に有界な増加列，および下に有界な減少列は収束する．

例 **1.5.5**　　$a_n = \left(1 + \dfrac{1}{n}\right)^n$ とするとき，数列 $\{a_n\}$ は収束することを示せ.

解答　まず，二項定理より

$$a_n = \sum_{k=0}^{n} {}_n\mathrm{C}_k \frac{1}{n^k} = 1 + {}_n\mathrm{C}_1 \frac{1}{n} + \sum_{k=2}^{n} {}_n\mathrm{C}_k \frac{1}{n^k}$$

となる. このとき，${}_n\mathrm{C}_1 \dfrac{1}{n} = 1$ であり，また各 $k = 2, \cdots, n$ に対して

$$
\begin{aligned}
{}_n\mathrm{C}_k \frac{1}{n^k} &= \frac{n(n-1)(n-2)\cdots(n-k+1)}{k!} \frac{1}{n^k} \\
&= \frac{1 \cdot \left(1 - \dfrac{1}{n}\right)\left(1 - \dfrac{2}{n}\right)\cdots\left(1 - \dfrac{k-1}{n}\right)}{k!} < \frac{1}{k!} < \frac{1}{2^{k-1}}
\end{aligned}
$$

が成り立つので，

$$a_n < 1 + \sum_{k=1}^{n} \left(\frac{1}{2}\right)^{k-1} = 1 + \frac{1 - \left(\dfrac{1}{2}\right)^n}{1 - \dfrac{1}{2}} < 3$$

となり，$\{a_n\}$ は上に有界であることがわかる. さらに，

$$
\begin{aligned}
a_n &= 1 + \sum_{k=1}^{n} \frac{\left(1 - \dfrac{1}{n}\right)\left(1 - \dfrac{2}{n}\right)\cdots\left(1 - \dfrac{k-1}{n}\right)}{k!} \\
&< 1 + \sum_{k=1}^{n} \frac{\left(1 - \dfrac{1}{n+1}\right)\left(1 - \dfrac{2}{n+1}\right)\cdots\left(1 - \dfrac{k-1}{n+1}\right)}{k!} \\
&< 1 + \sum_{k=1}^{n+1} \frac{\left(1 - \dfrac{1}{n+1}\right)\left(1 - \dfrac{2}{n+1}\right)\cdots\left(1 - \dfrac{k-1}{n+1}\right)}{k!} = a_{n+1}
\end{aligned}
$$

となり，$\{a_n\}$ は増加列でもある. したがって，定理 1.5.4 より $\{a_n\}$ は収束する.

解答終了

注意　例 1.5.5 では $\{a_n\}$ が収束することを示しただけで，その値まではわからない. しかし証明の中で示したことから $2 = a_1 < \lim_{n \to \infty} a_n \leqq 3$ であることはわかる.

1.5.5 級数

数列 $\{a_n\}$ が与えられたとき

$$\sum_{n=1}^{\infty} a_n = a_1 + a_2 + a_3 + \cdots + a_n + \cdots$$

を級数 (series) という. また特に, a_n が等比数列 $a_n = a_1 r^{n-1}$ であるとき, この級数を等比級数 (geometric series) という. 上の式は無限個の足し算を行なっているので, その意味を正しく定義する必要がある.

数列 $\{a_n\}$ の初項から第 n 項までの和

$$S_n = \sum_{k=1}^{n} a_k = a_1 + a_2 + a_3 + \cdots + a_n$$

で定まる数列 $\{S_n\}$ が $n \to \infty$ としたとき S に収束するならば, **級数** $\displaystyle\sum_{n=1}^{\infty} a_n$ は **収束する**といい, $S = \displaystyle\sum_{n=1}^{\infty} a_n$ と表す. また S を級数の和 (sum) とよぶ. 級数が収束しないときは**発散する**という.

級数について次の性質が成り立つ. 証明は第 6 章で行なう.

定理 1.5.5   級数 $\displaystyle\sum_{n=1}^{\infty} a_n, \ \sum_{n=1}^{\infty} b_n$ がともに収束するならば

$$\sum_{n=1}^{\infty} (ka_n + \ell b_n) = k \sum_{n=1}^{\infty} a_n + \ell \sum_{n=1}^{\infty} b_n \quad (k, \ell \text{ は定数})$$

が成り立つ.

例 1.5.6 $-1 < r < 1$ のとき

$$1 + r + r^2 + r^3 + \cdots + r^{n-1} + \cdots = \sum_{n=1}^{\infty} r^{n-1} = \frac{1}{1-r}$$

が成り立つことを示せ.

解答 任意の $r\ (\neq 1)$ に対して

$$1 + r + r^2 + r^3 + \cdots + r^{n-1} = \frac{1 - r^n}{1 - r}$$

となり，また $-1 < r < 1$ のとき $\lim_{n \to \infty} r^n = 0$ であるから

$$1 + r + r^2 + r^3 + \cdots + r^{n-1} + \cdots = \sum_{n=1}^{\infty} r^{n-1} = \frac{1}{1 - r}$$

が成り立つ.   解答終了

上の例において，$|r| \geqq 1$ のとき，級数 $\displaystyle\sum_{n=1}^{\infty} r^{n-1}$ は発散する.

例 1.5.7   等比級数 $\displaystyle\sum_{n=1}^{\infty} \left(\frac{1}{3}\right)^n$ の和を求めよ.

解答 $\displaystyle\sum_{n=1}^{\infty} \left(\frac{1}{3}\right)^n = \frac{1}{3} \sum_{n=1}^{\infty} \left(\frac{1}{3}\right)^{n-1} = \frac{1}{3} \cdot \frac{1}{1 - \dfrac{1}{3}} = \frac{1}{2}$ 解答終了

問 1.5.4 次の級数の和を求めよ.

(1) $\displaystyle\sum_{n=1}^{\infty} \frac{(-2)^n}{4^n}$ (2) $\displaystyle\sum_{n=3}^{\infty} \frac{3^n}{4^{n-2}}$ (3) $\displaystyle\sum_{n=1}^{\infty} \frac{2^{n+2} - 3^n}{4^{n-1}}$

1.6 さまざまな関数 1 （多項式，有理関数，無理関数）

この節ではいくつかの基本的な関数を紹介し，それらの関数がもつ性質について考える．

1.6.1 関数とは

実数の集合 $\mathbb{R}$ の部分集合 D が与えられたとする．D 内の各 x に対して，実数 y がただ 1 つ対応しているとき，この対応 f を **D から $\mathbb{R}$ への関数 (function)**，あるいは **D 上で定義された関数**といい，

$$f : D \to \mathbb{R} \qquad \text{または} \qquad y = f(x) \quad (x \in D)$$

などと表す．このとき，D を関数 $f(x)$ の **定義域 (domain)** という．また $f(x)$ がとりうる値の集合を $f(x)$ の **値域 (range)** といい $f(D)$ と表す．つまり

$$f(D) = \{ f(x) \,|\, x \in D \}$$

である．値域 $f(D)$ の最大値・最小値を**関数 $f(x)$** の最大値・最小値という．

注意 $\mathbb{R}$ を数直線と考えることにより，実数を"点"とよぶことがある．

また，定義域を D とする関数 $f(x)$ に対して，xy-平面上の集合

$$\{ (x, y) \,|\, y = f(x),\ x \in D \}$$

を $y = f(x)$ の **グラフ (graph)** という．$y = f(x)$ のグラフを x 軸方向に a だけ平行移動すると $y = f(x - a)$ のグラフになり，y 軸方向に b だけ平行移動すると $y = f(x) + b$ のグラフになる．また，$y = f(x)$ のグラフを x 軸に関して対称移動すると $y = f(-x)$ のグラフになり，y 軸に関して対称移動すると $y = -f(x)$ のグラフになる．

1.6.2 多項式

$f(x) = x^3 + 4x^2 - 2x + 5$ や $g(x) = (x + 2)^4$ のように，定数 $a_0, a_1, \cdots, a_n$ に対して

$$f(x) = a_n x^n + a_{n-1} x^{n-1} + \cdots + a_1 x + a_0$$

と表される関数を多項式 (polynomial) という. 特に $a_n \neq 0$ であるとき, $f(x)$ を **n 次多項式**とよぶ. たとえば, 上の例で $f(x)$ は 3 次多項式, $g(x)$ は 4 次多項式である. 多項式はすべての実数 x に対して定義される. つまり, 定義域は $\mathbb{R}$ である.

　一般に, 定義域内の任意の x に対して $f(-x) = f(x)$ が成り立つとき, $f(x)$ を**偶関数** (even function) という. また, 定義域内の任意の x に対して $f(-x) = -f(x)$ が成り立つとき, $f(x)$ を**奇関数** (odd function) という. 偶関数のグラフは y 軸に関して対称であり, 奇関数のグラフは原点に関して対称である.

例 1.6.1　　$f(x) = x^4 - 3x^2 + 7$ は偶関数, $g(x) = x^5 - x$ は奇関数であることを示せ.

解答　まず
$$f(-x) = (-x)^4 - 3(-x)^2 + 7 = x^4 - 3x^2 + 7 = f(x)$$
より $f(x)$ は偶関数である. 一方
$$g(-x) = (-x)^5 - (-x) = -x^5 + x = -(x^5 - x) = -g(x)$$
より $g(x)$ は奇関数である.　　　　　　　　　　　　　　　　　**解答終了**

　同様にして x^{2k+1} $(k \geqq 0)$ を含まない多項式は偶関数であり, $g(x)$ のように x^{2k} $(k \geqq 0)$ を含まない多項式は奇関数であることがわかる.

1.6.3　有理関数

　2 つの多項式 $p(x), q(x)$ によって
$$f(x) = \frac{p(x)}{q(x)}$$
と表される関数を**有理関数** (rational function) という. たとえば, $f(x) = \dfrac{x^2 + 4x + 2}{x - 1}$ や $g(x) = \dfrac{x + 5}{x(x^2 + 2)}$ は有理関数である.

注意　有理関数は分母が 0 にならないよう, 定義域に注意しなくてはならない. たとえば,

$f(x) = \dfrac{x^2 + 4x + 2}{x - 1}$ の定義域に $x = 1$ を含むことはできない．同様に $g(x) = \dfrac{x + 5}{x(x^2 + 2)}$ についても $x = 0$ は定義域から除かなくてはならない．

例 1.6.2　$f(x) = \dfrac{x^3 + 2x}{x^2 + 1}$ は奇関数であることを示せ．

解答　任意の x に対して

$$f(-x) = \frac{(-x)^3 + 2(-x)}{(-x)^2 + 1} = -\frac{x^3 + 2x}{x^2 + 1} = -f(x)$$

が成り立つので $f(x)$ は奇関数である．　　　　　　　　　　　　解答終了

問 1.6.1　次の関数は偶関数か奇関数か，そのいずれでもないか調べよ．
(1) $f(x) = (x + 2)^2$　　(2) $f(x) = (x^2 - 2)^3$　　(3) $f(x) = (x^2 + x + 1)^2$
(4) $f(x) = \dfrac{1 - 3x^2}{(x^2 + 2)^3}$　　(5) $f(x) = \dfrac{x^5 - 4x}{(x^2 + 3)^2}$

1.6.4　無理関数

$f(x) = \sqrt{x}$ は $x \geqq 0$ で定義される関数である．このとき $y = f(x)$ のグラフは $x = y^2$ のグラフの $y \geqq 0$ の部分に等しいので下図のようになる．

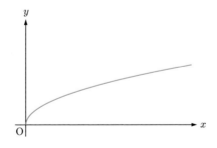

図 **1.4**　$y = \sqrt{x}$ のグラフ

一般に $p(x)$, $q(x)$ が多項式であるとき

$$f(x) = p(x)^{\frac{1}{n}}, \quad g(x) = \left(\frac{p(x)}{q(x)}\right)^{\frac{1}{n}}$$

のように表される関数を無理関数 (irrational function) という．最初の例でもわかるように，無理関数の定義域には制限がつくことがある．たとえば，無理関数 $f(x) = \sqrt{\dfrac{x+2}{3-x}}$ の定義域は，$\sqrt{}$ の中が負にならないことと分母が 0 にならないことから $-2 \leqq x < 3$ となる．

注意 無理関数を変形するときは注意が必要である．たとえば，$x \geqq -2$ で定義される無理関数 $f(x) = \sqrt{(x+2)(x+1)^2}$ に対して

$$f(x) = (x+1)\sqrt{x+2}$$

という式変形は $-2 \leqq x < -1$ のときに成り立たない．正しくは

$$f(x) = |x+1|\sqrt{x+2}$$

としなければならない．

問 **1.6.2** 次の関数の定義域を述べよ．

(1) $f(x) = \sqrt{(2x-1)(x+2)}$ 　　(2) $f(x) = \sqrt{(x-1)(x-2)(x+3)}$

(3) $f(x) = \sqrt{\dfrac{(x-3)^2}{2x+3}}$ 　　　(4) $f(x) = \sqrt{\dfrac{x+2}{x^2-9}}$

問 **1.6.3** 次の関数のグラフの概形を描け．

(1) $y = -\sqrt{x}$ 　　(2) $y = \sqrt{x+2}$ 　　(3) $y = \sqrt{1-x}$

1.6.5 逆関数

関数 $f(x)$ が定義域 D において

$$x_1 < x_2 \quad \text{ならば} \quad f(x_1) < f(x_2)$$

を満たすとき，$f(x)$ は D において単調増加 (monotone increasing) であるという．同様に $f(x)$ が D において

$$x_1 < x_2 \quad \text{ならば} \quad f(x_1) > f(x_2)$$

を満たすとき，$f(x)$ は D において単調減少 (monotone decreasing) であるという.

$f(x)$ が単調増加（または単調減少）関数であるとき，各 $y \in f(D)$ に対して $y = f(x)$ となるような $x \in D$ がただ 1 つ存在する．この対応を f の逆関数 (inverse function) といい，f^{-1} と表す．

$$x = f^{-1}(y) \quad (y \in f(D)) \quad \Longleftrightarrow \quad y = f(x) \quad (x \in D)$$

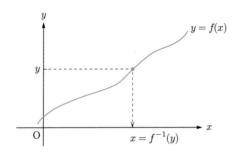

図 **1.5** 逆関数

注意 $y = f^{-1}(x)$ のグラフは，直線 $y = x$ に関して $y = f(x)$ のグラフと対称である.

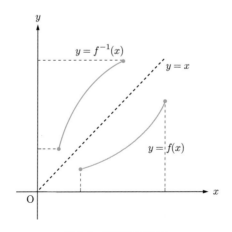

図 **1.6** 逆関数のグラフ

> **例 1.6.3** $f(x) = x^2$ の定義域を $D = \{(x, y) \mid x \geqq 0\}$ に制限したとき，$f(x)$ の逆関数を求めよ．

解答　$f(x)$ は D において単調増加なので逆関数が存在する．

$$y = x^2 \quad (x \geqq 0) \quad \Longleftrightarrow \quad x = \sqrt{y} \quad (y \geqq 0)$$

であるから，$f^{-1}(x) = \sqrt{x}$ である．

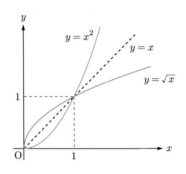

図 1.7　$y = \sqrt{x}$ のグラフ

解答終了

> **問 1.6.4** 次の関数の逆関数を求めよ．また，逆関数の定義域と値域を示し，グラフの概形を描け．
>
> (1) $f(x) = x^2 - 2x + 3 \quad (x \geqq 1)$ 　　(2) $f(x) = \dfrac{1}{x+1} \quad (x \geqq 0)$
>
> (3) $f(x) = \sqrt{x} + 2$ 　　　　　　　　　(4) $f(x) = -\sqrt{2-x}$

1.7　関数の極限と連続性

　簡単な関数について学んだところで，この節では関数の極限を定義する．あとで学ぶ関数の連続性や微分可能性は関数の極限を用いて定義されるので，概念をしっかり理解するとともに極限の計算にも慣れてほしい．

1.7.1　関数の極限

　関数 $f(x)$ と 実数 a が与えられたとする．定義域内の $x\ (\neq a)$ が a に限りなく近づくとき（このことを $\boldsymbol{x \to a}$ のときと表す），$f(x)$ がある値 A に限りなく近づくならば，$\boldsymbol{x \to a}$ のとき $\boldsymbol{f(x)}$ は $\boldsymbol{A}$ に収束するという．またこのとき，A を極限値とよび

$$\lim_{x \to a} f(x) = A \qquad \text{または} \qquad f(x) \longrightarrow A \qquad (x \to a)$$

と表す．また，x が a に限りなく近づくとき $f(x)$ が限りなく大きくなるならば，$\boldsymbol{x \to a}$ のとき，$\boldsymbol{f(x)}$ は 正の無限大に発散するといい

$$\lim_{x \to a} f(x) = \infty \qquad \text{または} \qquad f(x) \longrightarrow \infty \quad (x \to a)$$

と表す．同様に，x が a に限りなく近づくとき $-f(x)$ が限りなく大きくなるならば，$\boldsymbol{x \to a}$ のとき，$\boldsymbol{f(x)}$ は 負の無限大に発散するといい

$$\lim_{x \to a} f(x) = -\infty \qquad \text{または} \qquad f(x) \longrightarrow -\infty \quad (x \to a)$$

と表す．上の定義において「x が a に限りなく近づく」を「x が限りなく大きくなるとき」および「$-x$ が限りなく大きくなるとき」に置き換えたときの極限を，上と同様に定義し，それぞれ

$$\lim_{x \to \infty} f(x) = A \qquad \text{または} \qquad f(x) \longrightarrow A \quad (x \to \infty)$$

および

$$\lim_{x \to -\infty} f(x) = A \qquad \text{または} \qquad f(x) \longrightarrow A \quad (x \to -\infty)$$

と表すことにする．

　数列の極限と同様に，次の性質が成り立つ．証明は省略する．

定理 1.7.1　関数 $f(x)$, $g(x)$ に対して $\displaystyle\lim_{x \to a} f(x) = \alpha$, $\displaystyle\lim_{x \to a} g(x) = \beta$ であるとき，次が成り立つ.

(1)　$\displaystyle\lim_{x \to a}(kf(x) + \ell g(x)) = k\alpha + \ell\beta$ 　　　$(k, \ell$ は定数$)$

(2)　$\displaystyle\lim_{x \to a} f(x)g(x) = \alpha\beta$

(3)　$\displaystyle\lim_{x \to a} \frac{f(x)}{g(x)} = \frac{\alpha}{\beta}$ 　　　$($ただし，$\beta \neq 0)$

(4)　a の近くの任意の x に対して $f(x) \leqq h(x) \leqq g(x)$ であり，かつ $\alpha = \beta$ であるならば $\displaystyle\lim_{x \to a} h(x) = \alpha$ 　　$($はさみうちの原理$)$

定理 1.7.2　関数 $f(x)$, $g(x)$ が a の近くの任意の x に対して $f(x) \leqq g(x)$ を満たすとき，次が成り立つ.

(1)　$\displaystyle\lim_{x \to a} f(x) = \infty$ 　ならば　$\displaystyle\lim_{x \to a} g(x) = \infty$

(2)　$\displaystyle\lim_{x \to a} g(x) = -\infty$ 　ならば　$\displaystyle\lim_{x \to a} f(x) = -\infty$

$x > a$（または $x < a$）を保ったまま $x \to a$ としたときの関数 $f(x)$ の極限を右極限 (right-side limit)（または左極限 (left-side limit)）といい

$$\lim_{x \to a+0} f(x) \qquad \left(\text{または} \quad \lim_{x \to a-0} f(x)\right)$$

と表す.

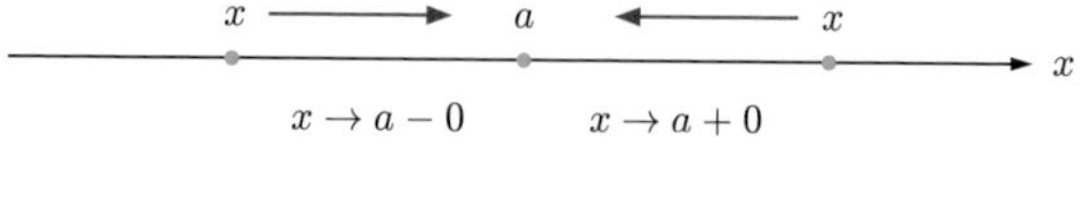

図 **1.8**　右極限と左極限の近づき方

定義から次のことがわかる.

$$\lim_{x \to a} f(x) = A \iff \lim_{x \to a+0} f(x) = \lim_{x \to a-0} f(x) = A$$

また，右極限および左極限についても，定理 1.7.1, 1.7.2 と同様の性質が成り立つ.

注意　特に $a = 0$ のときは，省略して $x \to +0$ および $x \to -0$ と書くことにする．

例 1.7.1　次の関数の極限を求めよ．

(1) $\displaystyle \lim_{x \to -1} \frac{x^2 - 1}{x(x+1)}$　　(2) $\displaystyle \lim_{x \to \infty} \frac{2x^2 - x + 3}{3x^2 - 1}$　　(3) $\displaystyle \lim_{x \to 2+0} \frac{2 - x}{\sqrt{(2-x)^2}}$

(4) $\displaystyle \lim_{x \to 0} \frac{\sqrt{x+4} - 2}{x}$　　(5) $\displaystyle \lim_{x \to \infty} \left(\sqrt{x+1} - \sqrt{x} \right)$

解答　(1) $\displaystyle \lim_{x \to -1} \frac{x^2 - 1}{x(x+1)} = \lim_{x \to -1} \frac{x - 1}{x} = 2$

(2) $\displaystyle \lim_{x \to \infty} \frac{2x^2 - x + 3}{3x^2 - 1} = \lim_{x \to \infty} \frac{2 - \dfrac{1}{x} + \dfrac{3}{x^2}}{3 - \dfrac{1}{x^2}} = \frac{2}{3}$

(3) $\displaystyle \lim_{x \to 2+0} \frac{2 - x}{\sqrt{(2-x)^2}} = \lim_{x \to 2+0} \frac{2 - x}{x - 2} = -1$

(4) $\displaystyle \lim_{x \to 0} \frac{\sqrt{x+4} - 2}{x} = \lim_{x \to 0} \frac{\left(\sqrt{x+4} - 2\right)\left(\sqrt{x+4} + 2\right)}{x\left(\sqrt{x+4} + 2\right)} = \lim_{x \to 0} \frac{1}{\sqrt{x+4} + 2}$
$\displaystyle \qquad = \frac{1}{4}$

(5) $\displaystyle \lim_{x \to \infty} \left(\sqrt{x+1} - \sqrt{x} \right) = \lim_{x \to \infty} \frac{\left(\sqrt{x+1} - \sqrt{x}\right)\left(\sqrt{x+1} + \sqrt{x}\right)}{\sqrt{x+1} + \sqrt{x}}$
$\displaystyle \qquad = \lim_{x \to \infty} \frac{1}{\sqrt{x+1} + \sqrt{x}} = 0$　　　解答終了

問 1.7.1　次の関数の極限を求めよ．

(1) $\displaystyle \lim_{x \to 2} \frac{x^2 - x - 2}{x^2 - 4}$　　(2) $\displaystyle \lim_{x \to -3} \frac{\sqrt{x^2 + 3} - \sqrt{12}}{x + 3}$　　(3) $\displaystyle \lim_{x \to 1} \frac{x - 1}{\sqrt{x^2 + 3} - 2x}$

(4) $\displaystyle \lim_{x \to \infty} \frac{2x - 3}{3x + 5}$　　(5) $\displaystyle \lim_{x \to \infty} \frac{\sqrt{x^2 + 3x + 2} - x}{x + 3}$　　(6) $\displaystyle \lim_{x \to 1+0} \frac{\sqrt{x - 1}}{\sqrt{x} - 1}$

(7) $\displaystyle \lim_{x \to \infty} x \left(\sqrt{x^2 + 3} - \sqrt{x^2 - 1} \right)$

1.7.2　関数の連続性

関数 $f : D \to \mathbb{R}$ が与えられたとする．定義域 D 内の a において

$$\lim_{x \to a} f(x) = f(a)$$

が成り立つとき，$f(x)$ は $x = a$ において連続 (continuous) であるという．また，$f(x)$ が定義域 D 内のすべての点において連続であるとき，$f(x)$ は D において連続であるまたは D 上の連続関数であるという．

定理 1.7.1 から，次の定理が成り立つことがわかる．

> **定理 1.7.3**　関数 $f(x), g(x)$ がともに D において連続ならば，$kf(x) + \ell g(x)$ (k, ℓ は定数)，$f(x)g(x)$ および $\dfrac{f(x)}{g(x)}$ (ただし，$g(x) = 0$ となる点を除く) も D において連続である．

次の定理の証明は省略する．

> **定理 1.7.4**　連続関数 $f(x)$ の逆関数 $f^{-1}(x)$ が存在するならば，$f^{-1}(x)$ も連続である．

注意　多項式，有理関数および無理関数は，その定義域において連続である．これは直観的には正しいと思えるが，数学的に厳密に証明するには，上で述べた連続性の定義（つまり，極限の定義）では不十分である．このテキストでは多項式，有理関数および以下で現れるさまざまな関数の連続性を認めて話を進める．

> **例 1.7.2**　$\mathbb{R}$ 上で $f(x) = [x]$ を考える．ただし，$[x]$ は $n \leqq x < n+1$ を満たす整数 n であり，ガウス記号 (Gauss symbol) という．この $f(x)$ は各 $x = n$ (n は整数) において連続ではないことを示せ．

解答　ガウス記号の定義より，整数 n に対して

$$\lim_{x \to n+0} [x] = n \qquad かつ \qquad \lim_{x \to n-0} [x] = n-1$$

であるから，$\lim_{x \to n} [x]$ が存在しない．よって，$x = n$ において連続ではない．　解答終了

$f(x) = [x]$ が不連続な様子は下図のグラフからも明らかである.

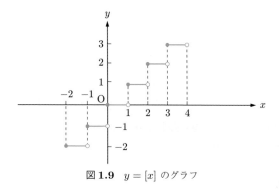

図 1.9 $y = [x]$ のグラフ

問 1.7.2 次の関数のグラフの概形を描け. ただし, [ ] はガウス記号とする.

(1) $y = 2[x]$ (2) $y = [2x]$ (3) $y = x - [x]$ (4) $y = \left[-\dfrac{x}{2}\right]$

1.7.3 閉区間で連続な関数の性質

$a < b$ である実数 a, b に対して

$$[a, b] = \{x \mid x \in \mathbb{R}, \ a \leqq x \leqq b\} \qquad \text{を閉区間 (closed interval)}$$

$$(a, b) = \{x \mid x \in \mathbb{R}, \ a < x < b\} \qquad \text{を開区間 (open interval)}$$

といい,

$$(a, b] = \{x \mid x \in \mathbb{R}, \ a < x \leqq b\}, \qquad [a, b) = \{x \mid x \in \mathbb{R}, \ a \leqq x < b\}$$

のような区間を半開区間 (half-open interval) とよぶ. これらをまとめて有界区間 (bounded interval) とよぶ. また

$$\{x \mid x \in \mathbb{R}, \ a \leqq x\} \quad \text{を} \quad [a, \infty)$$

$$\{x \mid x \in \mathbb{R}, \ a < x\} \quad \text{を} \quad (a, \infty)$$

$$\{x \mid x \in \mathbb{R}, \ x \leqq b\} \quad \text{を} \quad (-\infty, b]$$

$$\{x \mid x \in \mathbb{R}, \ x < b\} \quad \text{を} \quad (-\infty, b)$$

$$\{x \mid x \in \mathbb{R}\} \quad \text{を} \quad (-\infty, \infty)$$

と表し, これらを非有界区間 (unbounded interval) とよぶ.

閉区間上で連続な関数に対して，次の2つの定理が成り立つ．いずれも証明は省略する．

定理 1.7.5（中間値の定理 (intermediate value theorem)）
　関数 $f(x)$ が閉区間 $[a,b]$ において連続であり，$f(a) \neq f(b)$ であるとする．このとき $f(a)$ と $f(b)$ の間にある任意の k に対して $k = f(c)$ となるような c が開区間 (a,b) 内に少なくとも1つ存在する．

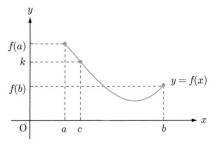

図 1.10　中間値の定理

定理 1.7.6（ワイエルシュトラスの定理 (Weierstrass theorem)）
　関数 $f(x)$ が有界閉区間 $[a,b]$ において連続であるならば，$f(x)$ は $[a,b]$ 内で最大値・最小値をもつ．

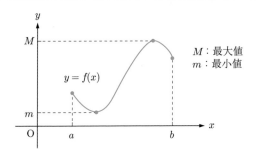

図 1.11　ワイエルシュトラスの定理

問 1.7.3　$f(x) = x^2 - 2x + 2$ について，次の問いに答えよ．
　(1) 閉区間 $[-2, 2]$ において，$f(-2)$ と $f(2)$ の間の数 k に対して，$f(c) = k$ となる $c \ (-2 < c < 2)$ を求めよ．
　(2) 開区間 $(-2, 2)$ において $f(x)$ の最大値・最小値があれば求めよ．

1.8 さまざまな関数 2 （三角関数，逆三角関数）

引き続き関数の例を見ていこう．この節では三角関数と逆三角関数を扱う．

1.8.1 弧度法

一般に，円の弧の長さはその弧に対する扇形の中心角に比例することがわかっている．そこで，半径が 1 の円（このような円を単位円 (unit circle) という）において，弧の長さが x である扇形の中心角を x (ラジアン (radian)) という．

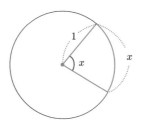

図 1.12 弧度法

このような角の測り方を弧度法 (radian system) という．これに対し，$90°$ のような角の表し方を度数法という．単位円の周の長さは 2π なので

$$2\pi(ラジアン) = 360°$$

となる．以後，角の大きさはすべて弧度法で測ることにする．また，単位のラジアンは省略する．

例 1.8.1 次の角度をそれぞれ弧度法で表せ．
  (1) $45°$ (2) $150°$ (3) $240°$

解答 (1) $2\pi : 360° = x : 45°$ より $x = \dfrac{90}{360}\pi = \dfrac{\pi}{4}$

(2) $2\pi : 360° = x : 150°$ より $x = \dfrac{300}{360}\pi = \dfrac{5}{6}\pi$

(3) $2\pi : 360° = x : 240°$ より $x = \dfrac{480}{360}\pi = \dfrac{4}{3}\pi$ 解答終了

問 1.8.1 次の表の空欄を埋めよ.

度数法	0°	30°	45°	60°	90°	120°	135°	150°
弧度法	0		$\dfrac{\pi}{4}$					$\dfrac{5}{6}\pi$

180°	210°	225°	240°	270°	300°	315°	330°	360°
			$\dfrac{4}{3}\pi$					2π

xy-平面において, 点 $(0,0)$ を端点とする半直線 l が, x 軸の正の部分を始線として反時計回りに回転しているとき, この半直線 l を動径とよぶ. 動径 l と単位円の交点を P とするとき, l の回転にともない点 P が描く軌跡の長さを, 動径 l が x 軸となす角と定義する.

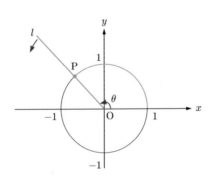

図 1.13　動径 l が x-軸となす角

さらに動径 l が始線から時計回りに回転するときは, 点 P の軌跡の長さに "$-$" (マイナスの符号) をつけたものを, 動径 l が x 軸となす角と定義する. これにより $0 \leqq \theta \leqq 2\pi$ 以外の角も定義できる. このような角を一般角 (general angle) という.

問 1.8.2 次の一般角と等しい閉区間 $[0, 2\pi]$ 内の角を示せ.

(1) $\dfrac{11}{2}\pi$　(2) $\dfrac{9}{4}\pi$　(3) $\dfrac{17}{5}\pi$　(4) $\dfrac{17}{3}\pi$　(5) $-\dfrac{\pi}{3}$　(6) $-\dfrac{7}{6}\pi$

(7) $-\dfrac{8}{3}\pi$　(8) $-\dfrac{23}{6}\pi$

1.8.2 三角関数

xy-平面上で上と同じように動径 l を考え, l が x 軸となす一般角を θ とする. 動径 l 上に点 $\mathrm{P}(x, y)$ をとり, $\mathrm{OP} = r \ (> 0)$ とするとき, $\dfrac{y}{r}, \dfrac{x}{r}, \dfrac{y}{x}$ の値は r によらず θ のみで決まることがわかる.

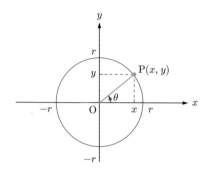

図 1.14 三角関数

そこで

$$\sin\theta = \frac{y}{r}$$

$$\cos\theta = \frac{x}{r}$$

$$\tan\theta = \frac{y}{x} = \frac{\sin\theta}{\cos\theta}$$

と定義し, それぞれ**正弦関数 (サイン (sine))**, **余弦関数 (コサイン (cosine))**, **正接関数 (タンジェント (tangent))** とよぶ. また, これらをまとめて**三角関数 (trigonometric function)** とよぶ.

注意

$$\sec x = \frac{1}{\cos x}, \quad \mathrm{cosec}\, x = \frac{1}{\sin x}, \quad \cot x = \frac{1}{\tan x}$$

などの記号も使われる.

$\sin\theta, \cos\theta$ は すべての θ に対して定義でき

$$-1 \leqq \sin\theta \leqq 1, \quad -1 \leqq \cos\theta \leqq 1$$

が成り立つ. 一方, $\tan\theta$ は $\cos\theta = 0$ となる θ, つまり, $\theta = \dfrac{\pi}{2} + n\pi$ (n は整数) に対しては定義できない. また, $\tan\theta$ はすべての値をとる.

　一般に，値域 $f(D)$ がある有限区間に含まれるとき，関数 $f(x)$ を有界な関数 (bounded function) とよぶ．$\sin\theta, \cos\theta$ は有界な関数であり，$\tan\theta$ は有界な関数ではない．

注意　2以上の自然数 m に対して，三角関数のべき乗は次のように表す．

$$(\sin\theta)^m = \sin^m\theta, \qquad (\cos\theta)^m = \cos^m\theta, \qquad (\tan\theta)^m = \tan^m\theta$$

例 **1.8.2**　次の値を求めよ．

　(1)　$\sin 0$　　(2)　$\cos\dfrac{\pi}{2}$　　(3)　$\sin\left(-\dfrac{\pi}{2}\right)$　　(4)　$\cos\pi$

解答　下図より，それぞれ

(1)　$\sin 0 = 0$　　(2)　$\cos\dfrac{\pi}{2} = 0$　　(3)　$\sin\left(-\dfrac{\pi}{2}\right) = -1$　　(4)　$\cos\pi = -1$

となる．

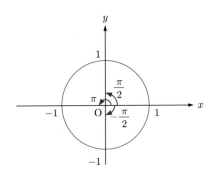

図 **1.15**　例 1.8.2

解答終了

例 **1.8.3**　次の値を求めよ．

　(1)　$\sin\dfrac{\pi}{3}$　　(2)　$\cos\left(-\dfrac{\pi}{4}\right)$　　(3)　$\sin\dfrac{\pi}{6}$　　(4)　$\cos\dfrac{5}{3}\pi$

解答　いずれも次の2つの直角三角形の辺の長さの比を用いて求めることができる．

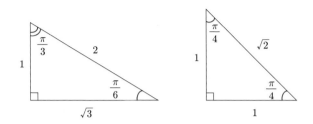

図 **1.16** 典型的な直角三角形の辺の長さの比

下図より，それぞれ

(1) $\sin\dfrac{\pi}{3} = \dfrac{\sqrt{3}}{2}$ (2) $\cos\left(-\dfrac{\pi}{4}\right) = \dfrac{1}{\sqrt{2}}$ (3) $\sin\dfrac{\pi}{6} = \dfrac{1}{2}$ (4) $\cos\dfrac{5}{3}\pi = \dfrac{1}{2}$

となる.

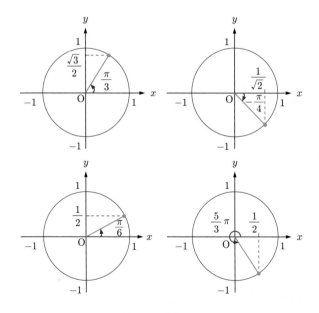

図 **1.17** 例 1.8.3

解答終了

問 1.8.3 次の値を求めよ.

(1) $\tan \pi$

(2) $\cos \dfrac{2}{3}\pi$

(3) $\sin \dfrac{5}{6}\pi$

(4) $\sin \dfrac{\pi}{4}$

(5) $\sin \dfrac{7}{3}\pi$

(6) $\cos \dfrac{11}{2}\pi$

(7) $\tan \dfrac{19}{6}\pi$

(8) $\sin \left(-\dfrac{15}{4}\pi\right)$

(9) $\cos \left(-\dfrac{16}{3}\pi\right)$

(10) $\tan \left(-\dfrac{17}{6}\pi\right)$

三角関数には次のような性質がある. いずれも定義よりただちに示される.

定理 1.8.1　次が成り立つ.

$$\sin (-x) = -\sin x, \qquad \cos (-x) = \cos x, \qquad \tan (-x) = -\tan x$$

つまり, $\sin x$, $\tan x$ は奇関数であり $\cos x$ は偶関数である.

定理 1.8.2　次が成り立つ.

$$\sin (x + 2\pi) = \sin x, \qquad \cos (x + 2\pi) = \cos x$$

$$\sin (x + \pi) = -\sin x, \qquad \cos (x + \pi) = -\cos x, \qquad \tan (x + \pi) = \tan x$$

$$\sin \left(\frac{\pi}{2} + x\right) = \cos x, \qquad \cos \left(\frac{\pi}{2} + x\right) = -\sin x$$

$$\sin \left(\frac{\pi}{2} - x\right) = \cos x, \qquad \cos \left(\frac{\pi}{2} - x\right) = \sin x$$

　一般に, ある正の数 c が存在して, 任意の x に対して $f(x+c) = f(x)$ が成り立つとき, $f(x)$ を周期関数 (periodic function) とよび, c をこの周期関数の **周期 (period)** という. さらに, 周期のうち最小のものを, その周期関数の基本周期 (fundamental period) という. 定理 1.8.2 より $\sin x$, $\cos x$, $\tan x$ は周期関数であることがわかる. 基本周期はそれぞれ 2π, 2π, π である.

　三角関数のグラフは次のようになる.

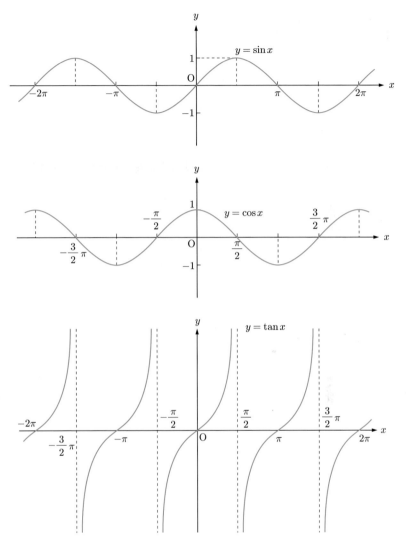

図 **1.18** 三角関数のグラフ

問 **1.8.4** 次の関数のグラフの概形を描け.

(1) $y = \sin\left(x + \dfrac{\pi}{3}\right)$　　(2) $y = \cos\left(x + \dfrac{\pi}{2}\right)$　　(3) $y = \tan\left(x - \dfrac{\pi}{4}\right)$

(4) $y = \sin 2x$　　　　　　(5) $y = -\cos\dfrac{x}{2}$　　　　(6) $y = 2\sin 2x - 2$

1.8.3　三角関数の性質

まず，三角関数の定義と三平方の定理から，次のことが成り立つ．

$$\sin^2 x + \cos^2 x = 1, \qquad 1 + \tan^2 x = \frac{1}{\cos^2 x}$$

あとの等式は，最初の等式の両辺を $\cos^2 x$ で割ることで得られる．

さらに次の定理が成り立つ．

定理 1.8.3（加法定理 (trigonometric addition formulas)）

次が成り立つ．

$$\sin(\alpha + \beta) = \sin\alpha\cos\beta + \cos\alpha\sin\beta$$

$$\sin(\alpha - \beta) = \sin\alpha\cos\beta - \cos\alpha\sin\beta$$

$$\cos(\alpha + \beta) = \cos\alpha\cos\beta - \sin\alpha\sin\beta$$

$$\cos(\alpha - \beta) = \cos\alpha\cos\beta + \sin\alpha\sin\beta$$

$$\tan(\alpha + \beta) = \frac{\tan\alpha + \tan\beta}{1 - \tan\alpha\tan\beta}$$

$$\tan(\alpha - \beta) = \frac{\tan\alpha - \tan\beta}{1 + \tan\alpha\tan\beta}$$

証明　まず，α, β のいずれかが 0 の場合は明らかなので，$\alpha \neq 0$, $\beta \neq 0$ と仮定する．また，$0 < \alpha < \dfrac{\pi}{2}$, $0 < \beta < \dfrac{\pi}{2}$ の場合に

$$\cos(\alpha + \beta) = \cos\alpha\cos\beta - \sin\alpha\sin\beta$$

を示せば十分である．実際，それ以外の場合は定理 1.8.2 などを用いれば示される．

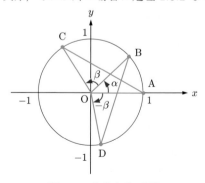

図 1.19　加法定理の証明

図 1.19 のように単位円上に 4 点 A$(1,0)$, B$(\cos\alpha, \sin\alpha)$, C$(\cos(\alpha+\beta), \sin(\alpha+\beta))$, D$(\cos\beta, -\sin\beta)$ をとると, $\triangle$OAC と $\triangle$ODB は合同であるから, 特に AC $=$ DB が成り立つ. また

$$
\begin{aligned}
\mathrm{AC}^2 &= (\cos(\alpha+\beta) - 1)^2 + \sin^2(\alpha+\beta) \\
&= \cos^2(\alpha+\beta) - 2\cos(\alpha+\beta) + 1 + \sin^2(\alpha+\beta) \\
&= 2 - 2\cos(\alpha+\beta) \\
\mathrm{DB}^2 &= (\cos\alpha - \cos\beta)^2 + (\sin\alpha + \sin\beta)^2 \\
&= \cos^2\alpha - 2\cos\alpha\cos\beta + \cos^2\beta + \sin^2\alpha + 2\sin\alpha\sin\beta + \sin^2\beta \\
&= 2 - 2\cos\alpha\cos\beta + 2\sin\alpha\sin\beta
\end{aligned}
$$

であるから

$$
2 - 2\cos(\alpha+\beta) = 2 - 2\cos\alpha\cos\beta + 2\sin\alpha\sin\beta
$$

となり, これより

$$
\cos(\alpha+\beta) = \cos\alpha\cos\beta - \sin\alpha\sin\beta
$$

が得られる. 　　　　　　　　　　　　　　　　　　　　　　　　**証明終了**

次の定理の等式は, いずれも加法定理から導くことができる重要な公式である.

定理 1.8.4　次が成り立つ.

$$
\sin 2\alpha = 2\sin\alpha\cos\alpha
$$

$$
\cos 2\alpha = \cos^2\alpha - \sin^2\alpha = 2\cos^2\alpha - 1 = 1 - 2\sin^2\alpha
$$

$$
\sin^2\alpha = \frac{1 - \cos 2\alpha}{2}
$$

$$
\cos^2\alpha = \frac{1 + \cos 2\alpha}{2}
$$

$$
\sin\alpha\sin\beta = -\frac{\cos(\alpha+\beta) - \cos(\alpha-\beta)}{2}
$$

$$
\cos\alpha\cos\beta = \frac{\cos(\alpha+\beta) + \cos(\alpha-\beta)}{2}
$$

$$
\sin\alpha\cos\beta = \frac{\sin(\alpha+\beta) + \sin(\alpha-\beta)}{2}
$$

例 1.8.4   次の値を求めよ.
  (1) $\sin \dfrac{\pi}{12}$ (2) $\sin \dfrac{\pi}{8}$

解答   (1) $\sin \dfrac{\pi}{3} = \dfrac{\sqrt{3}}{2}$, $\cos \dfrac{\pi}{3} = \dfrac{1}{2}$, $\sin \dfrac{\pi}{4} = \cos \dfrac{\pi}{4} = \dfrac{1}{\sqrt{2}}$ であるから, 加法定理より

$$\sin \frac{\pi}{12} = \sin \left(\frac{\pi}{3} - \frac{\pi}{4} \right) = \sin \frac{\pi}{3} \cos \frac{\pi}{4} - \cos \frac{\pi}{3} \sin \frac{\pi}{4}$$
$$= \frac{\sqrt{3}}{2} \cdot \frac{1}{\sqrt{2}} - \frac{1}{2} \cdot \frac{1}{\sqrt{2}} = \frac{\sqrt{6} - \sqrt{2}}{4}$$

となる.

(2) 定理 1.8.4 より

$$\sin^2 \frac{\pi}{8} = \frac{1 - \cos \dfrac{\pi}{4}}{2} = \frac{2 - \sqrt{2}}{4}$$

であり, また $0 < \dfrac{\pi}{8} < \pi$ であるから $\sin \dfrac{\pi}{8} > 0$. よって

$$\sin \frac{\pi}{8} = \frac{\sqrt{2 - \sqrt{2}}}{2}$$

となる.   **解答終了**

問 1.8.5 次の値を求めよ.
  (1) $\cos \dfrac{\pi}{8}$ (2) $\sin \left(-\dfrac{\pi}{12} \right)$ (3) $\sin \dfrac{5}{12}\pi$ (4) $\tan \dfrac{7}{12}\pi$ (5) $\tan \left(-\dfrac{\pi}{8} \right)$

次の定理も, 加法定理からただちに示される.

定理 1.8.5   次が成り立つ.
$$a \sin x + b \cos x = \sqrt{a^2 + b^2} \sin (x + \alpha)$$
ただし, α は
$$\cos \alpha = \frac{a}{\sqrt{a^2 + b^2}}, \quad \sin \alpha = \frac{b}{\sqrt{a^2 + b^2}}$$
を満たす角とする.

例 **1.8.5** $\sin x + \cos x = \sqrt{2}$ を満たす x を求めよ.

解答

$$\frac{1}{\sqrt{2}} \sin x + \frac{1}{\sqrt{2}} \cos x = 1$$

であり $\sin \dfrac{\pi}{4} = \cos \dfrac{\pi}{4} = \dfrac{1}{\sqrt{2}}$ なので，定理 1.8.5 より

$$\frac{1}{\sqrt{2}} \sin x + \frac{1}{\sqrt{2}} \cos x = \sin\left(x + \frac{\pi}{4}\right) = 1$$

となる．したがって，$x + \dfrac{\pi}{4} = \dfrac{\pi}{2} + 2n\pi$，すなわち $x = \dfrac{\pi}{4} + 2n\pi$（$n$ は整数）となる.
　　　　　　　　　　　　　　　　　　　　　　　　　　　　　　　　　　解答終了

問 **1.8.6** 次の式を $r \sin(x + \alpha)$ の形で表せ.

(1) $\dfrac{1}{\sqrt{2}} \sin x - \dfrac{1}{\sqrt{2}} \cos x$　　(2) $\sin x + \sqrt{3} \cos x$　　(3) $\sqrt{6} \sin x - \sqrt{2} \cos x$

この項の最後に，三角関数の極限に関する重要な公式について述べる.

定理 **1.8.6** $\displaystyle\lim_{\theta \to 0} \frac{\sin \theta}{\theta} = 1$

証明　まず $\dfrac{\sin \theta}{\theta}$ は偶関数なので，$\displaystyle\lim_{\theta \to +0} \frac{\sin \theta}{\theta} = \lim_{\theta \to -0} \frac{\sin \theta}{\theta}$ が成り立つ．したがって，$\theta \to +0$ の場合だけ考えればよい.

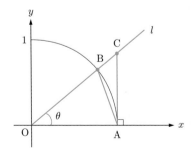

図 **1.20** 定理 1.8.6 の証明

図 1.20 のように $0 < \theta < \dfrac{\pi}{2}$ となる θ を 1 つとり，θ に対する動径 l を考える．また単位円と l の交点を B とし，点 A$(1,0)$ を通り x 軸に垂直な直線と l との交点を C とする．このとき，図より

（△OAB の面積）＜（扇形 OAB の面積）＜（△OAC の面積）

が成り立つ．扇形の面積は，（円の面積）$\times \dfrac{\text{（中心角）}}{2\pi}$ であるから，それぞれを θ を用いて表すと

$$\frac{1}{2}\sin\theta < \frac{1}{2}\theta < \frac{1}{2}\tan\theta$$

が得られる．左の不等式から $\dfrac{\sin\theta}{\theta} < 1$，右の不等式から $\cos\theta < \dfrac{\sin\theta}{\theta}$ がわかるので，まとめると

$$\cos\theta < \frac{\sin\theta}{\theta} < 1$$

が成り立つ．また，$\displaystyle\lim_{\theta \to +0}\cos\theta = 1$ であるから，はさみうちの原理より

$$\lim_{\theta \to +0}\frac{\sin\theta}{\theta} = 1$$

が成り立つ． 証明終了

例 1.8.6　次の関数の極限を求めよ．

(1) $\displaystyle\lim_{x\to 0}\frac{\sin 3x}{\sin 2x}$　　　(2) $\displaystyle\lim_{x\to 0}\frac{x}{\tan x}$　　　(3) $\displaystyle\lim_{x\to 0}\frac{1-\cos x}{x^2}$

解答　(1) $\displaystyle\lim_{x\to 0}\frac{\sin 3x}{\sin 2x} = \lim_{x\to 0}\frac{\sin 3x}{3x}\frac{2x}{\sin 2x}\frac{3}{2} = \frac{3}{2}$

(2) $\displaystyle\lim_{x\to 0}\frac{x}{\tan x} = \lim_{x\to 0}\frac{x}{\sin x}\cos x = 1$

(3) $\displaystyle\lim_{x\to 0}\frac{1-\cos x}{x^2} = \lim_{x\to 0}\frac{1-\cos^2 x}{x^2(1+\cos x)} = \lim_{x\to 0}\left(\frac{\sin x}{x}\right)^2\frac{1}{1+\cos x} = \frac{1}{2}$

解答終了

問 1.8.7　次の関数の極限を求めよ．

(1) $\displaystyle\lim_{x\to 0}\frac{\sin^2 3x}{x^2}$　　(2) $\displaystyle\lim_{x\to \frac{\pi}{2}}\frac{\cos^2 x}{1-\sin x}$　　(3) $\displaystyle\lim_{x\to \frac{\pi}{2}-0}\left(\frac{\pi}{2}-x\right)\tan x$

(4) $\displaystyle\lim_{x\to 0}\frac{1}{x}\sin 2x$　　(5) $\displaystyle\lim_{x\to \infty}x\sin\frac{2}{x}$

1.8.4 逆三角関数

ここでは逆三角関数を定義する．グラフからもわかるように，三角関数はいずれも定義域において単調増加でも単調減少でもない．しかし，定義域を狭い区間に制限すれば単調増加または単調減少な関数になり逆関数を定義することができる．

閉区間 $\left[-\dfrac{\pi}{2}, \dfrac{\pi}{2}\right]$ において $\sin x$ を考える．つまり

$$\sin \ : \ \left[-\frac{\pi}{2}, \frac{\pi}{2}\right] \to [-1, 1]$$

とする．このとき $\sin x$ は $\left[-\dfrac{\pi}{2}, \dfrac{\pi}{2}\right]$ において単調増加な関数なのでその逆関数が存在する．これを逆正弦関数 (arcsine) といい，$\arcsin x$ と表す．$\arcsin x$ の定義域は $[-1, 1]$ であり値域は $\left[-\dfrac{\pi}{2}, \dfrac{\pi}{2}\right]$ となる．

$$y = \arcsin x \quad (-1 \leqq x \leqq 1) \quad \Longleftrightarrow \quad x = \sin y \quad \left(-\frac{\pi}{2} \leqq y \leqq \frac{\pi}{2}\right)$$

$\sin x$ が連続であるから，その逆関数 $\arcsin x$ も連続であり，$y = \arcsin x$ のグラフは $y = \sin x$ のグラフと，直線 $y = x$ に関して対称になっている．

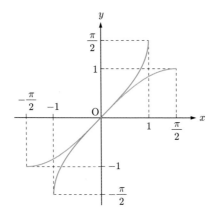

図 1.21 $y = \arcsin x$ のグラフ

例 1.8.7 次の値を求めよ．

(1) $\arcsin(-1)$ (2) $\arcsin \dfrac{1}{2}$ (3) $\arcsin\left(-\dfrac{\sqrt{3}}{2}\right)$

解答　(1)　$\sin x = -1$ となる x $\left(-\dfrac{\pi}{2} \leqq x \leqq \dfrac{\pi}{2}\right)$ は $x = -\dfrac{\pi}{2}$ であるから $\arcsin(-1) = -\dfrac{\pi}{2}$ である.

(2)　$\sin x = \dfrac{1}{2}$ となる x $\left(-\dfrac{\pi}{2} \leqq x \leqq \dfrac{\pi}{2}\right)$ は $x = \dfrac{\pi}{6}$ であるから $\arcsin \dfrac{1}{2} = \dfrac{\pi}{6}$ である.

(3)　$\sin x = -\dfrac{\sqrt{3}}{2}$ となる x $\left(-\dfrac{\pi}{2} \leqq x \leqq \dfrac{\pi}{2}\right)$ は $x = -\dfrac{\pi}{3}$ であるから $\arcsin\left(-\dfrac{\sqrt{3}}{2}\right) = -\dfrac{\pi}{3}$ である.　　　　　　　　**解答終了**

例 1.8.8　$\arcsin x$ は奇関数であることを示せ.

解答　$y = \arcsin(-x)$ $(-1 \leqq x \leqq 1)$ とすると $-x = \sin y$ であるから $x = \sin(-y)$ が成り立つ. また $-\dfrac{\pi}{2} \leqq y \leqq \dfrac{\pi}{2}$ であるから $-\dfrac{\pi}{2} \leqq -y \leqq \dfrac{\pi}{2}$ である. したがって, $-y = \arcsin x$ となり

$$y = -\arcsin x \qquad \text{すなわち} \qquad \arcsin(-x) = -\arcsin x$$

が成り立つ. したがって, $\arcsin x$ は奇関数である.　　　　　　　**解答終了**

次に, 閉区間 $[0, \pi]$ において $\cos x$ を考える. つまり

$$\cos \ : \ [0, \pi] \to [-1, 1]$$

とする. このとき $\cos x$ は $[0, \pi]$ において単調減少な関数なのでその逆関数が存在する. これを逆余弦関数 (arccosine) といい, $\arccos x$ と表す. $\arcsin$ の場合と同様に $\arccos x$ の定義域は $[-1, 1]$ であり値域は $[0, \pi]$ となる.

$$y = \arccos x \quad (-1 \leqq x \leqq 1) \quad \Longleftrightarrow \quad x = \cos y \quad (0 \leqq y \leqq \pi)$$

$\cos x$ が連続であるからその逆関数 $\arccos x$ も連続であり, $y = \arccos x$ のグラフは $y = \cos x$ のグラフと, 直線 $y = x$ に関して対称になっている.

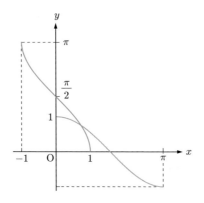

図 **1.22**　$y = \arccos x$ のグラフ

例 **1.8.9**　次の値を求めよ.
  (1) $\arccos 0$　　(2) $\arccos \dfrac{1}{2}$　　(3) $\arccos \left(-\dfrac{1}{2}\right)$

解答　(1)　$\cos x = 0$ となる $x\ (0 \leqq x \leqq \pi)$ は $x = \dfrac{\pi}{2}$ であるから $\arccos 0 = \dfrac{\pi}{2}$ である.

(2)　$\cos x = \dfrac{1}{2}$ となる $x\ (0 \leqq x \leqq \pi)$ は $x = \dfrac{\pi}{3}$ であるから $\arccos \dfrac{1}{2} = \dfrac{\pi}{3}$ である.

(3)　$\cos x = -\dfrac{1}{2}$ となる $x\ (0 \leqq x \leqq \pi)$ は $x = \dfrac{2}{3}\pi$ であるから $\arccos \left(-\dfrac{1}{2}\right) = \dfrac{2}{3}\pi$ である.　　　**解答終了**

注意　上の例からわかるように, $\arccos x$ は偶関数でも奇関数でもない.

例 **1.8.10**　任意の $x\ (-1 \leq x \leq 1)$ に対して $\arcsin x + \arccos x = \dfrac{\pi}{2}$ が成り立つことを示せ.

解答　$y = \arcsin x$ とおくと $x = \sin y\ \left(-\dfrac{\pi}{2} \leq y \leq \dfrac{\pi}{2}\right)$ であり, 定理 1.8.2 より

$$x = \sin y = \cos \left(\dfrac{\pi}{2} - y\right)$$

となる．また $-\dfrac{\pi}{2} \leqq y \leqq \dfrac{\pi}{2}$ より $0 \leqq \dfrac{\pi}{2} - y \leqq \pi$ であるから

$$\frac{\pi}{2} - y = \arccos x$$

すなわち

$$\arcsin x + \arccos x = \frac{\pi}{2}$$

が成り立つ． 解答終了

　上の例は，$0 < x < 1$ の場合は「斜辺が 1 で他の一辺が x である直角三角形に対して，内角のうちの 2 つの鋭角の和が $\dfrac{\pi}{2}$ である」という事実を意味している．

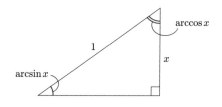

図 **1.23**　$0 < x < 1$ の場合の例 1.8.10 の図形的解釈

　最後に，開区間 $\left(-\dfrac{\pi}{2}, \dfrac{\pi}{2}\right)$ において $\tan x$ を考える．つまり

$$\tan \ : \ \left(-\frac{\pi}{2}, \frac{\pi}{2}\right) \to \mathbb{R}$$

とする．このとき $\tan x$ は $\left(-\dfrac{\pi}{2}, \dfrac{\pi}{2}\right)$ において単調増加な関数なのでその逆関数が存在する．これを逆正接関数 (**arctangent**) といい，$\arctan x$ と表す．$\arctan x$ の定義域は $\mathbb{R}$ であり値域は $\left(-\dfrac{\pi}{2}, \dfrac{\pi}{2}\right)$ となる．

$$y = \arctan x \quad (x \in \mathbb{R}) \quad \Longleftrightarrow \quad x = \tan y \quad \left(-\frac{\pi}{2} < y < \frac{\pi}{2}\right)$$

が成り立つ．連続性，グラフの対称性についても arcsin, arccos と同様に成り立つ．

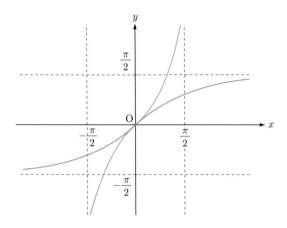

図 **1.24** $y = \arctan x$ のグラフ

例 1.8.11 次の値を求めよ．

(1) $\arctan 1$ (2) $\arctan\left(-\sqrt{3}\right)$ (3) $\arctan\dfrac{1}{\sqrt{3}}$

解答 (1) $\tan x = 1$ となる x $\left(-\dfrac{\pi}{2} < x < \dfrac{\pi}{2}\right)$ は $x = \dfrac{\pi}{4}$ であるから $\arctan 1 = \dfrac{\pi}{4}$ である．

(2) $\tan x = -\sqrt{3}$ となる x $\left(-\dfrac{\pi}{2} < x < \dfrac{\pi}{2}\right)$ は $x = -\dfrac{\pi}{3}$ であるから $\arctan\left(-\sqrt{3}\right) = -\dfrac{\pi}{3}$ である．

(3) $\tan x = \dfrac{1}{\sqrt{3}}$ となる x $\left(-\dfrac{\pi}{2} < x < \dfrac{\pi}{2}\right)$ は $x = \dfrac{\pi}{6}$ であるから $\arctan\dfrac{1}{\sqrt{3}} = \dfrac{\pi}{6}$ である． **解答終了**

例 1.8.12 $x > 0$ であるとき $\arctan x + \arctan\dfrac{1}{x}$ の値を求めよ．

解答 $y = \arctan x$ とおくと，$x > 0$ であるから $0 < y < \dfrac{\pi}{2}$ であり，$x = \tan y$

となる．定理 1.8.2 より

$$\frac{1}{x} = \frac{1}{\tan y} = \frac{\cos y}{\sin y} = \frac{\sin\left(\frac{\pi}{2} - y\right)}{\cos\left(\frac{\pi}{2} - y\right)} = \tan\left(\frac{\pi}{2} - y\right)$$

が成り立つ．また，$0 < \frac{\pi}{2} - y < \frac{\pi}{2}$ であるから $\frac{\pi}{2} - y = \arctan\frac{1}{x}$ となり，したがって

$$\arctan x + \arctan\frac{1}{x} = \frac{\pi}{2}$$

が成り立つ．　　　　　　　　　　　　　　　　　　　　　　　　　　解答終了

　上の例は，「直角を挟む 2 辺が 1 と x である直角三角形に対して，内角のうちの 2 つの鋭角の和が $\frac{\pi}{2}$ である」という事実を意味している．

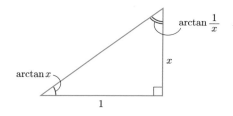

図 1.25　例 1.8.12 の図形的解釈

注意　逆三角関数を $\sin^{-1} x$, $\cos^{-1} x$, $\tan^{-1} x$ と表すこともあるが，この表現は

$$\sin^{-1} x = \frac{1}{\sin x}$$

という誤解を招きやすいので，このテキストでは使わない．

問 1.8.8 次の表の空欄を埋めよ.

x	-1	$-\dfrac{\sqrt{3}}{2}$	$-\dfrac{1}{\sqrt{2}}$	$-\dfrac{1}{2}$	0	$\dfrac{1}{2}$	$\dfrac{1}{\sqrt{2}}$	$\dfrac{\sqrt{3}}{2}$	1
$\arcsin x$					0				
$\arccos x$					$\dfrac{\pi}{2}$				

x	$-\sqrt{3}$	-1	$-\dfrac{1}{\sqrt{3}}$	0	$\dfrac{1}{\sqrt{3}}$	1	$\sqrt{3}$
$\arctan x$				0			

問 1.8.9 次の値を求めよ.

(1) $\sin\left(\arccos\left(-\dfrac{1}{2}\right)\right)$　　(2) $\sin\left(\arctan\sqrt{3}\right)$　　(3) $\tan\left(\arccos\dfrac{1}{\sqrt{2}}\right)$

(4) $\arccos\left(\tan\dfrac{\pi}{4}\right)$　　(5) $\arccos\left(\sin\dfrac{7}{6}\pi\right)$　　(6) $\arctan\left(\tan\dfrac{3}{4}\pi\right)$

問 1.8.10 次の値を求めよ.

(1) $\cos\left(\arctan\sqrt{2}\right)$　　(2) $\sin\left(\arccos\left(-\dfrac{1}{3}\right)\right)$　　(3) $\arcsin\dfrac{1}{\sqrt{5}}+\arcsin\dfrac{2}{\sqrt{5}}$

1.9 さまざまな関数 3 （指数関数，対数関数）

この節では指数関数と対数関数について見てみよう．

1.9.1 指数関数

正の数 a に対して $f(x) = a^x$ を指数関数 (exponential function) という．指数関数はすべての実数に対して定義される．

たとえば，$f(x) = 2^x$ を考える．x にいくつか具体的な値を代入してみると下の表のようになる．

x	$(-\infty)$	$\cdots$	-3	$\cdots$	-2	$\cdots$	-1	$\cdots$	0
2^x	(0)	$\cdots$	$\dfrac{1}{8}$	$\cdots$	$\dfrac{1}{4}$	$\cdots$	$\dfrac{1}{2}$	$\cdots$	1

	$\cdots$	1	$\cdots$	2	$\cdots$	3	$\cdots$	4	$\cdots$	(∞)
	$\cdots$	2	$\cdots$	4	$\cdots$	8	$\cdots$	16	$\cdots$	(∞)

この表から，$y = 2^x$ のグラフはおおよそ下図のようになることがわかる．

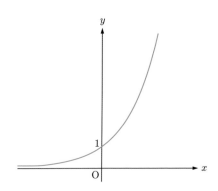

図 1.26 $y = 2^x$ のグラフ

一般に $a > 1$ である a に対して，$y = a^x$ のグラフは上図と同じようになる．つまり，$f(x) = a^x$ は次の性質をもつ．

(1) $\displaystyle\lim_{x\to\infty} f(x) = \infty, \quad \lim_{x\to-\infty} f(x) = 0$

(2) $f(0) = 1$

(3) $f(x)$ は単調増加関数である

また $0 < a < 1$ に対して $y = a^x$ のグラフは下図のようになり，性質も (1) と (3) が

(1)$'$ $\displaystyle\lim_{x\to\infty} f(x) = 0, \quad \lim_{x\to-\infty} f(x) = \infty$

(3)$'$ $f(x)$ は単調減少関数である

に変わる．

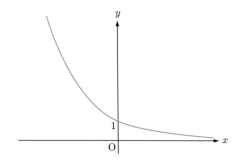

図 1.27 $y = a^x$ $(0 < a < 1)$ のグラフ

注意 $a \neq 1$ のとき，指数関数の値域は $(0, \infty)$ である．

指数関数について次の指数法則が成り立つ．証明は省略する．

定理 1.9.1 a, b を正の数とするとき，任意の x, y に対して次が成り立つ．

(1) $a^x a^y = a^{x+y}$ (2) $(a^x)^y = a^{xy}$ (3) $a^{-x} = \dfrac{1}{a^x}$

(4) $a^0 = 1$ (5) $(ab)^x = a^x b^x$

問 1.9.1 次の値を求めよ．

(1) 2^{10} (2) $9^{\frac{3}{2}}$ (3) $3^2 \left(\dfrac{1}{3}\right)^5$ (4) $\dfrac{2^3 20^{-2}}{4^2}$ (5) $\dfrac{(2 \cdot 4 \cdot 6 \cdot 8)^3}{2^{10}(1 \cdot 2 \cdot 3 \cdot 4)^2}$

1.9.2　対数関数

正の数 a $(\neq 1)$ に対して，指数関数 $f(x) = a^x$ は $\mathbb{R}$ 上で単調増加（または単調減少）関数なので，その逆関数が定義できる．そこで，$f(x) = a^x$ の逆関数を対数関数 (logarithmic function) といい，$f^{-1}(x) = \log_a x$ と表す．また a を底 (base) とよぶ．対数関数の定義域は $(0, \infty)$ である．

$$y = \log_a x \quad (0 < x < \infty) \quad \Longleftrightarrow \quad x = a^y \quad (-\infty < y < \infty)$$

なお対数関数のグラフは下図のようになる．

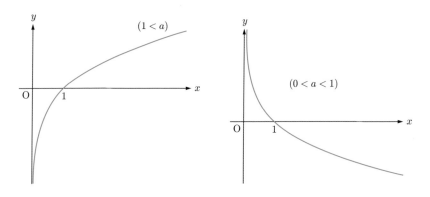

図 **1.28**　$y = \log_a x$ のグラフ

指数関数の指数法則から，対数関数に関する次の性質が導かれる．

> **定理 1.9.2**　正の数 A, B, a, b （ただし，$a, b \neq 1$）および実数 p に対して次が成り立つ．
> (1) $\log_a A^p = p \log_a A$, 特に　$\log_a 1 = 0$
> (2) $\log_a(AB) = \log_a A + \log_a B$
> (3) $\log_a \dfrac{A}{B} = \log_a A - \log_a B$
> (4) $\log_a A = \dfrac{\log_b A}{\log_b a}$, 特に　$\log_a a = 1$
> (5) $A = a^{\log_a A}$

証明　(1) $X = \log_a A$ とおくと，$A = a^X$ であり $A^p = (a^X)^p = a^{pX}$ となる．したがって，$\log_a A^p = pX = p \log_a A$ となる．

(2) $X = \log_a A$, $Y = \log_a B$ とおくと, $A = a^X$, $B = a^Y$ であるから $AB = a^X a^Y = a^{X+Y}$ となる. したがって, $\log_a(AB) = X + Y = \log_a A + \log_a B$ である.

(3) $\log_a \dfrac{A}{B} = \log_a AB^{-1} = \log_a A + \log_a B^{-1} = \log_a A - \log_a B$ である.

(4) $X = \log_a A$ とおくと, $A = a^X$ であるから $\log_b A = \log_b a^X = X \log_b a = \log_a A \log_b a$ である.

(5) $X = \log_a A$ とおくと, $A = a^X = a^{\log_a A}$ である.　　　　　　　　証明終了

例 1.9.1　次の値を求めよ.

(1) $\log_2 32$　　　(2) $\log_4 2$　　　(3) $\log_3 \dfrac{1}{3\sqrt{3}}$

解答　(1) $\log_2 32 = \log_2 2^5 = 5 \log_2 2 = 5$

(2) $\log_4 2 = \log_4 4^{\frac{1}{2}} = \dfrac{1}{2} \log_4 4 = \dfrac{1}{2}$

(3) $\log_3 \dfrac{1}{3\sqrt{3}} = \log_3 3^{-\frac{3}{2}} = -\dfrac{3}{2} \log_3 3 = -\dfrac{3}{2}$　　　　　　解答終了

問 1.9.2　次の値を求めよ.

(1) $\log_3 \dfrac{1}{9}$　　　　　　　(2) $\log_5 \sqrt[3]{5}$　　　　　　　(3) $\log_8 \dfrac{1}{4}$

(4) $\log_5 \dfrac{1}{25} - \log_{\frac{1}{5}} 25$　　(5) $3 \log_4 2 - \log_2 \dfrac{1}{8}$　　(6) $\log_2 1024 + \log_3 81 - \log_4 32$

問 1.9.3　次の関数のグラフの概形を描け.

(1) $y = \log_3 x$　　　(2) $y = \log_{\frac{1}{3}} x$　　　(3) $y = \log_3 \dfrac{1}{x}$

1.9.3　自然対数

例 1.5.5 で, 数列 $\displaystyle\lim_{n\to\infty}\left(1 + \dfrac{1}{n}\right)^n$ は収束し, 極限値は 2 と 3 の間の数であることを示したが, この極限値は無理数 $2.7182\cdots$ であることがわかっている. この極限値をネピアの数 (**Napier's number**) といい e と表す.

e について次の定理が成り立つ.

定理 1.9.3　(1) $\displaystyle\lim_{x\to\infty}\left(1+\frac{1}{x}\right)^x=e$　　(2) $\displaystyle\lim_{x\to-\infty}\left(1+\frac{1}{x}\right)^x=e$

(3) $\displaystyle\lim_{x\to 0}(1+x)^{\frac{1}{x}}=e$

注意　(1) は e の定義と似ているが, 数列の極限 $\displaystyle\lim_{n\to\infty}f(n)$ が存在しても, 関数の極限 $\displaystyle\lim_{x\to\infty}f(x)$ が存在するとは限らない. たとえば $f(x)=\sin\pi x$ がその一例である.

証明　(1) 各 $x>1$ に対して, $n\leqq x<n+1$ となる自然数 n をとると, $x\to\infty$ のとき $n\to\infty$ となる. また

$$1+\frac{1}{n+1}<1+\frac{1}{x}\leqq 1+\frac{1}{n}$$

であるから

$$\left(1+\frac{1}{n+1}\right)^n<\left(1+\frac{1}{x}\right)^n\leqq\left(1+\frac{1}{x}\right)^x<\left(1+\frac{1}{x}\right)^{n+1}\leqq\left(1+\frac{1}{n}\right)^{n+1}$$

が成り立つ. ここで

$$\lim_{n\to\infty}\left(1+\frac{1}{n+1}\right)^n=\lim_{n\to\infty}\left(1+\frac{1}{n+1}\right)^{n+1}\cdot\left(1+\frac{1}{n+1}\right)^{-1}=e$$

$$\lim_{n\to\infty}\left(1+\frac{1}{n}\right)^{n+1}=\lim_{n\to\infty}\left(1+\frac{1}{n}\right)^n\cdot\left(1+\frac{1}{n}\right)=e$$

であるから, はさみうちの原理より (1) が成り立つ.

(2) $t=-x$ とおくと $x\to-\infty$ のとき $t\to\infty$ であり

$$\left(1+\frac{1}{x}\right)^x=\left(1-\frac{1}{t}\right)^{-t}=\left(\frac{t-1}{t}\right)^{-t}=\left(\frac{t}{t-1}\right)^t=\left(1+\frac{1}{t-1}\right)^t$$

であるから, (1) より

$$\lim_{x\to-\infty}\left(1+\frac{1}{x}\right)^x=\lim_{t\to\infty}\left(1+\frac{1}{t-1}\right)^{t-1}\cdot\left(1+\frac{1}{t-1}\right)=e$$

となる.

(3) (1) より $\displaystyle\lim_{x\to+0}(1+x)^{\frac{1}{x}}=e$ がわかり, (2) より $\displaystyle\lim_{x\to-0}(1+x)^{\frac{1}{x}}=e$ がわかるので, (3) が成り立つ.　　　　　　　　　　　　　　　　　　　　　証明終了

ネピアの数 e に対して指数関数 e^x, 対数関数 $\log_e x$ を考えることが多い. その理由は, 他の指数関数, 対数関数にはない特殊な性質を有するからである. なお, こ

の対数関数を自然対数 (natural logarithm) とよび，簡単のため $\log_e x = \log x$ と表すことにする．

注意　$e^{f(x)}$ を $\exp(f(x))$，$\log f(x)$ を $\ln f(x)$ と表すこともある．

　指数関数，対数関数について次の定理が成り立つ．

定理 1.9.4　　(1)　$\displaystyle \lim_{x \to 0} \frac{\log(1+x)}{x} = 1$　　(2)　$\displaystyle \lim_{x \to 0} \frac{e^x - 1}{x} = 1$

証明　(1)　対数関数の連続性と定理 1.9.3 (3) より

$$\lim_{x \to 0} \frac{\log(1+x)}{x} = \lim_{x \to 0} \log(1+x)^{\frac{1}{x}} = \log\left(\lim_{x \to 0}(1+x)^{\frac{1}{x}}\right) = \log e = 1$$

となる．

(2)　$e^x - 1 = X$ とおくと，$x \to 0$ のとき $X \to 0$ となり，また $x = \log(1+X)$ である．よって，(1) より

$$\lim_{x \to 0} \frac{e^x - 1}{x} = \lim_{X \to 0} \frac{X}{\log(1+X)} = 1$$

となる．　　　　　　　　　　　　　　　　　　　　　　　　証明終了

例 1.9.2　次の関数の極限を求めよ．

(1)　$\displaystyle \lim_{x \to 0} \frac{\log(1+5x)}{x}$　　(2)　$\displaystyle \lim_{x \to 0} \frac{e^x - 1}{\sin x}$

解答　(1)　$\displaystyle \lim_{x \to 0} \frac{\log(1+5x)}{x} = \lim_{x \to 0} \frac{\log(1+5x)}{5x} \cdot 5 = 5$

(2)　$\displaystyle \lim_{x \to 0} \frac{e^x - 1}{\sin x} = \lim_{x \to 0} \frac{e^x - 1}{x} \frac{x}{\sin x} = \lim_{x \to 0} \frac{e^x - 1}{x} \cdot \lim_{x \to 0} \frac{x}{\sin x} = 1$　　解答終了

問 1.9.4　次の値を求めよ．

(1)　$\log e^{-4}$　　(2)　$\log \sqrt{e}$　　(3)　$\log \dfrac{1}{e\sqrt{e}}$　　(4)　$e^{\log 3}$　　(5)　$e^{-2\log 4}$

(6)　$\log e^2 + 3\log \dfrac{1}{\sqrt{e}} - \log e^3$

問 1.9.5　次の関数の極限を求めよ．

(1) $\displaystyle\lim_{x\to\infty}\left(1+\frac{3}{x}\right)^x$　　(2) $\displaystyle\lim_{x\to\infty}\left(1-\frac{1}{x}\right)^{3x}$　　(3) $\displaystyle\lim_{x\to-\infty}\left(\frac{x}{x-2}\right)^x$

(4) $\displaystyle\lim_{x\to1}\frac{\log(2x-1)}{x-1}$　　(5) $\displaystyle\lim_{x\to0}\frac{\log(1+5x)}{e^{-3x}-1}$　　(6) $\displaystyle\lim_{x\to0}\frac{e^{\sin x}-1}{x}$

(7) $\displaystyle\lim_{x\to\infty}x(\log(3x+5)-\log 3x)$

余談　不連続な関数

関数 $f : D \to \mathbb{R}$ が定義域 D 内の点 a において連続であるとは

$$\lim_{x\to a}f(x)=f(a) \tag{$*$}$$

が成立することであった．微分積分学で扱うほとんどの関数が連続関数なのでその存在を忘れがちだが，当然のことながら不連続関数もある．たとえば例 1.7.2 で示したように，ガウス記号による関数 $f(x)=[x]$ はすべての整数 n において不連続な関数である．直感的には「連続な点においてはグラフが繋がっている，不連続な点においてはグラフが繋がっていない」と理解するとわかりやすく，この $f(x)$ が各整数 n において不連続な様子もグラフから確認することができる．しかし，これは直感に頼った説明であり，関数の連続性はあくまでも $(*)$ が成立するかどうかで決まる．たとえば，

$$f(x)=\begin{cases}\cos\left(\dfrac{1}{x}\right) & (x\neq 0)\\ 0 & (x=0)\end{cases}$$

は，極限 $\displaystyle\lim_{x\to0}\cos\left(\frac{1}{x}\right)$ は存在せず $(*)$ が成立しないので $x=0$ で不連続である．興味のある人は是非この関数のグラフの概形を描いてみてほしい．はたしてグラフから $x=0$ での不連続性を確認できるであろうか．

また，ディリクレ関数とよばれる次の関数

$$f(x)=\begin{cases}1 & (x\text{ は有理数})\\ 0 & (x\text{ は無理数})\end{cases}$$

はすべての点で不連続な関数である．もはやグラフの概形を描くことはできないので，視覚的に不連続性を確認することはできないが，この関数はすべての点で $(*)$ が成立しないことを示してみよう．

この他にも，実数全体で定義された関数で (a) $x=0$ のみで連続な関数，(b) 無理数のみで連続な関数，なども作ることができる．どのように作るか考えてみよう（解答例は解答サイトで）．

演習問題 1

【A】

1. 集合 A, B, C について，次のことを図で確かめよ.
 (1) $A \cap (B \cup C) = (A \cap B) \cup (A \cap C)$　　(2) $A \cup (B \cap C) = (A \cup B) \cap (A \cup C)$

2. A, B, C, D, E, F の 6 人が横一列に並ぶとき，次の問いに答えよ.
 (1) 並び方は何通りあるか.
 (2) A と B が隣り合わない並び方は何通りか.
 (3) A, B, C がいずれも端にならない並び方は何通りか.

3. 次の値を二項定理を用いて求めよ.
 (1) 102^3　　　(2) 999^4　　　(3) 9^{20} を 25 で割ったときの余り

4. 次の数列の一般項を求めよ.
 (1) 第 2 項が 50, 第 50 項が -46 の等差数列.
 (2) 初項が正の数であり，第 4 項が -4, 第 6 項が -12 の等比数列.
 (3) $1, 4, 10, 22, 46, 94, 190, \cdots$

5. 次の値をシグマ記号を用いないで表せ.
 (1) $\displaystyle\sum_{i=2}^{n+1} 2i$　　(2) $\displaystyle\sum_{j=1}^{n} 3$　　(3) $\displaystyle\sum_{i=1}^{n} i(i-1)$　　(4) $\displaystyle\sum_{k=0}^{n} \frac{1}{4^k}$　　(5) $\displaystyle\sum_{i=-1}^{n} \left(\frac{3}{4}\right)^{i-1}$

6. 次の数列の極限を求めよ.
 (1) $\displaystyle\lim_{n\to\infty} \frac{-2n^3 + n}{(-2n+1)(n^2+2)}$　　(2) $\displaystyle\lim_{n\to\infty} \frac{(2n-1)(3-n-2n^2)}{n^3+3n^2-4n+5}$
 (3) $\displaystyle\lim_{n\to\infty} \frac{\sqrt{3n+2}}{\sqrt{2n-3}-\sqrt{n+5}}$　　(4) $\displaystyle\lim_{n\to\infty} \left(\sqrt{n^2+2n+3} - \sqrt{n^2-1}\right)$
 (5) $\displaystyle\lim_{n\to\infty} \frac{2^n+5}{3^n-1}$　　(6) $\displaystyle\lim_{n\to\infty} \frac{2^{2n}-3^n}{3^n+4^n}$

7. 次の級数の和を求めよ.
 (1) $\displaystyle\sum_{n=1}^{\infty} \frac{1}{10^n}$　　(2) $\displaystyle\sum_{n=0}^{\infty} \left(\frac{4}{5}\right)^{n-1}$　　(3) $\displaystyle\sum_{n=3}^{\infty} \left(-\frac{1}{2}\right)^n$　　(4) $\displaystyle\sum_{n=0}^{\infty} \left(\frac{1}{3}\right)^{2n}$
 (5) $\displaystyle\sum_{n=1}^{\infty} \frac{2^n-3^n}{5^n}$　　(6) $\displaystyle\sum_{n=1}^{\infty} \frac{1+3^{n-1}}{4^n}$

8. 次の関数の極限を求めよ.

(1) $\displaystyle\lim_{x\to-2}\frac{x^2+4x+4}{x^2-x-6}$

(2) $\displaystyle\lim_{x\to4}\frac{x-4}{\sqrt{x}-2}$

(3) $\displaystyle\lim_{x\to0}\frac{\sqrt{1-x}-\sqrt{1+x^2}}{\sqrt{1-x}-\sqrt{1-x^2}}$

(4) $\displaystyle\lim_{x\to-\infty}\frac{2x-3}{\sqrt{x^2+2x-3}}$

(5) $\displaystyle\lim_{x\to+0}\frac{\sqrt{1+\sqrt{x}}-\sqrt{1-2\sqrt{x}}}{\sqrt{x^2+x}}$

(6) $\displaystyle\lim_{x\to0}\frac{\sin x^2}{\sin^2 x}$

(7) $\displaystyle\lim_{x\to\pi}\frac{\sin 2x}{\pi-x}$

(8) $\displaystyle\lim_{x\to\infty}x\tan\frac{1}{x}$

(9) $\displaystyle\lim_{x\to0}x\sin\frac{2}{x}$

(10) $\displaystyle\lim_{x\to0}\frac{\arcsin x}{x}$

(11) $\displaystyle\lim_{x\to-\infty}\frac{4^x+5^x}{2^x+3^x}$

(12) $\displaystyle\lim_{x\to\infty}\left(1+\frac{1}{x}\right)^{3x}$

(13) $\displaystyle\lim_{x\to\infty}\left(1-\frac{3}{x}\right)^x$

(14) $\displaystyle\lim_{x\to-\infty}\left(\frac{2x}{2x-1}\right)^x$

(15) $\displaystyle\lim_{x\to0}\frac{\log(1-x)}{e^{3x}-1}$

(16) $\displaystyle\lim_{x\to0}\frac{\log(1+2x)}{x}$

(17) $\displaystyle\lim_{x\to0}\frac{\log(3-2x)-\log 3}{x}$

(18) $\displaystyle\lim_{x\to\infty}x^2\left(\log\sqrt{x^2+3}-\log x\right)$

(19) $\displaystyle\lim_{x\to\infty}x^2(2\log x-\log(x^2+1))$

9. 次の値を求めよ.

(1) $\tan\left(\arccos\left(-\dfrac{1}{\sqrt{2}}\right)-\dfrac{\pi}{2}\right)$

(2) $\cos\left(\arcsin\left(-\dfrac{1}{2}\right)\right)$

(3) $\arctan\left(\tan\dfrac{5}{6}\pi\right)$

(4) $\arccos\left(\sin\dfrac{\pi}{5}\right)$

(5) $\sin\left(\arccos\dfrac{1}{3}\right)$

(6) $\sin(\arctan 3)$

【B】

1. 二項定理（定理 1.2.1）を数学的帰納法によって証明せよ.

2. 二項定理を用いて, 任意の自然数 n に対して次の等式が成り立つことを示せ.

(1) $\ {}_n\mathrm{C}_0+{}_n\mathrm{C}_1+\cdots+{}_n\mathrm{C}_{n-1}+{}_n\mathrm{C}_n=2^n$

(2) $\ \left({}_n\mathrm{C}_0\right)^2+\left({}_n\mathrm{C}_1\right)^2+\cdots+\left({}_n\mathrm{C}_{n-1}\right)^2+\left({}_n\mathrm{C}_n\right)^2={}_{2n}\mathrm{C}_n$

3. 次の等式を示せ.

(1) $\arctan\dfrac{1}{2}+\arctan\dfrac{1}{3}=\dfrac{\pi}{4}$

(2) $4\arctan\dfrac{1}{5}-\arctan\dfrac{1}{239}=\dfrac{\pi}{4}$

4. 数列 $\{a_n\}_{n=1}^{\infty}$ を次の漸化式

$$\begin{cases} a_1=1 \\ a_{n+1}=1+\dfrac{1}{a_n} \quad (n\geqq 1) \end{cases}$$

で定める. このとき次の問いに答えよ.

(1) 最初の 10 項を求めよ.

(2) $n \geqq 2$ のとき $\dfrac{3}{2} \leqq a_n \leqq 2$ であることを数学的帰納法で示せ.

(3) $x = 1 + \dfrac{1}{x}$ の正の解を α とする. $n \geqq 2$ のとき $\alpha a_n > 2$ であることを示せ.

(4) $n \geqq 2$ のとき $|a_{n+1} - \alpha| < \dfrac{1}{2}|a_n - \alpha|$ であることを示せ.

(5) $\displaystyle\lim_{n \to \infty} a_n = \alpha$ を示せ.

5. 次の漸化式で与えられる数列をフィボナッチ数列 (Fibonacci sequence) という.

$$\begin{cases} F_1 = 1 \\ F_2 = 1 \\ F_{n+2} = F_{n+1} + F_n \quad (n \geqq 1) \end{cases}$$

このとき次の問いに答えよ.

(1) 最初の 20 項を求めよ.

(2) すべての自然数はフィボナッチ数列の異なるいくつかの項の和で表せることを示せ.

(3) $\displaystyle\lim_{n \to \infty} \dfrac{F_n}{F_{n-1}} = \dfrac{1 + \sqrt{5}}{2}$ を示せ.(前問 **4** 参照) この極限値は黄金比とよばれる.

(4) $F_n = \dfrac{1}{\sqrt{5}}\left(\left(\dfrac{1 + \sqrt{5}}{2}\right)^n - \left(\dfrac{1 - \sqrt{5}}{2}\right)^n \right)$ であることを数学的帰納法で示せ.

余談　フィボナッチ数列

　フィボナッチ数列はいずれの項も自然数であるのに,その一般項は上の【B】**5.**(4) で示したとおり無理数を用いて表されるところが興味深い.また,フィボナッチ数列と黄金比は関係が深く,さまざまな自然法則をつかさどる数として知られている.なお,一般項 F_n は,線形代数学の理論を用いれば数学的帰納法ではなく直接導くことができる.$\boldsymbol{F}_n = \begin{pmatrix} F_{n+1} \\ F_n \end{pmatrix}$ とおくと,漸化式より

$$\boldsymbol{F}_n = \begin{pmatrix} 1 & 1 \\ 1 & 0 \end{pmatrix}\boldsymbol{F}_{n-1}$$

が成り立つので,$F_1 = F_2 = 1$ より

$$\boldsymbol{F}_n = \begin{pmatrix} 1 & 1 \\ 1 & 0 \end{pmatrix}^{n-1}\begin{pmatrix} 1 \\ 1 \end{pmatrix}$$

となることがわかる.したがって $\begin{pmatrix} 1 & 1 \\ 1 & 0 \end{pmatrix}^{n-1} = \begin{pmatrix} a_n & b_n \\ c_n & d_n \end{pmatrix}$ となる a_n, b_n, c_n, d_n がわかれば F_n もわかるのだが,その求め方は線形代数学で学ぶ.

2

微分とその応用

　この章では微分について解説しよう．与えられた関数のグラフの概形や近似値を求める場合に，微分は重要な役割を果たす．この章の目的は，関数の多項式による近似を与えるテイラーの定理を理解することである．

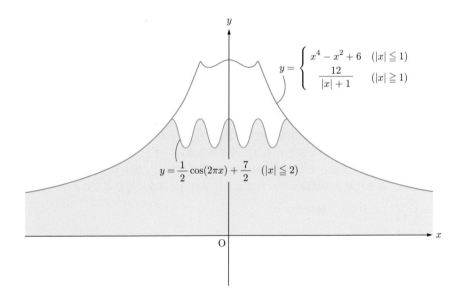

$$y = \begin{cases} x^4 - x^2 + 6 & (|x| \leqq 1) \\ \dfrac{12}{|x| + 1} & (|x| \geqq 1) \end{cases}$$

$$y = \frac{1}{2}\cos(2\pi x) + \frac{7}{2} \quad (|x| \leqq 2)$$

関数のグラフを描かせる静岡大学の入試問題（2000 年前期日程）．
静岡大学らしい出題だが，宝永山がないのでこれは山梨県側から見
た富士なのでは，との指摘が相次いだ．

■ 2.1 微分

2.1.1 微分係数

関数 $f(x)$ とその定義域 D 内の a に対して，極限

$$\lim_{h \to 0} \frac{f(a+h) - f(a)}{h}$$

が収束するならば，$f(x)$ は $x = a$ において微分可能 (differentiable) であるという．またこのとき，上の極限値を $f(x)$ の $x = a$ における 微分係数 (differential coefficient) といい，$f'(a)$ または $\dfrac{df}{dx}(a)$ と表す．

微分係数を与える極限の式において，$x = a + h$ とおくことにより，$f'(a)$ は

$$f'(a) = \lim_{x \to a} \frac{f(x) - f(a)}{x - a}$$

と表すこともできる．また，$f(x)$ が D 内のすべての点において微分可能であるとき，$f(x)$ は D において微分可能であるという．

例 2.1.1　次の関数の指定された点における微分可能性を調べ，微分可能ならばその微分係数を求めよ．

(1) $f(x) = \sqrt{x}$　　$[\, x = 1 \,]$　　(2) $f(x) = |x - 2|$　　$[\, x = 2 \,]$

解答　(1)

$$\lim_{h \to 0} \frac{f(1+h) - f(1)}{h} = \lim_{h \to 0} \frac{\sqrt{1+h} - 1}{h} = \lim_{h \to 0} \frac{\left(\sqrt{1+h} - 1\right)\left(\sqrt{1+h} + 1\right)}{h\left(\sqrt{1+h} + 1\right)}$$

$$= \lim_{h \to 0} \frac{h}{h\left(\sqrt{1+h} + 1\right)} = \lim_{h \to 0} \frac{1}{\sqrt{1+h} + 1} = \frac{1}{2}$$

であるから，$f(x)$ は $x = 1$ において微分可能であり $f'(1) = \dfrac{1}{2}$ である．

(2) $\displaystyle \lim_{h \to 0} \frac{f(2+h) - f(2)}{h} = \lim_{h \to 0} \frac{|h|}{h}$ であり，$\displaystyle \lim_{h \to +0} \frac{|h|}{h} = 1$, $\displaystyle \lim_{h \to -0} \frac{|h|}{h} = -1$ となるので，この極限は存在しない．よって，$f(x)$ は $x = 2$ において微分可能ではない．

解答終了

関数が微分可能であるとはどういうことか，また微分係数は何を表しているのかについて考える．

$f(x)$ が $x = a$ において微分可能であるとき，$f'(a) = \lim\limits_{x \to a} \dfrac{f(x) - f(a)}{x - a}$ が存在するので a の近くの x に対して

$$f(x) = f(a) + f'(a)(x - a) + \varepsilon(x), \qquad ただし，\quad \lim_{x \to a} \frac{\varepsilon(x)}{x - a} = 0$$

となるような $\varepsilon(x)$ が存在する．関数 $\varepsilon(x)$ が $\lim\limits_{x \to a} \dfrac{\varepsilon(x)}{x - a} = 0$ を満たすとき，$\varepsilon(x) = o(x - a)$ $(x \to a)$ と表すことにすると，$f(x)$ が $x = a$ において微分可能であるならば

$$f(x) = f(a) + f'(a)(x - a) + o(x - a) \quad (x \to a)$$

が成り立つ．上の "o" は**スモール・オーダー**と読み，ランダウの記号 (Landau symbol) という．

逆に，ある定数 A が存在して

$$f(x) = f(a) + A(x - a) + o(x - a) \quad (x \to a)$$

が成り立つならば，$f(x)$ は $x = a$ において微分可能であり $f'(a) = A$ となる．

$x \to a$ としたとき，$o(x - a)$ が $x - a$ よりも速く 0 に近づくことから，上の式は $y = f(x)$ が a の近くの x において 1 次式 $y = f(a) + A(x - a)$ によって近似されていることを表している．すなわち，微分可能性は 1 次式による近似の可能性を意味している．

なお，$f(x)$ が $x = a$ において微分可能であるとき，直線

$$y = f'(a)(x - a) + f(a)$$

を，曲線 $y = f(x)$ の点 $(a, f(a))$ における**接線** (tangential line) とよぶ．

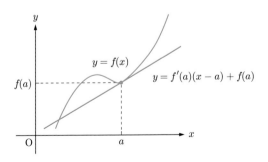

図 **2.1**　接線

例 **2.1.2**　曲線 $y = e^x$ の点 $(0,1)$ における接線の方程式を求めよ.

解答　$f(x) = e^x$ とすると, 定理
1.9.4 より

$$f'(0) = \lim_{h \to 0} \frac{e^h - 1}{h} = 1$$

となる. したがって, 求める接線の方
程式は

$$y = x + 1$$

である.　　　　　解答終了

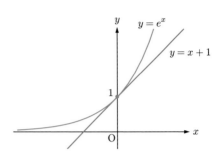

図 **2.2**　$y = e^x$ と接線のグラフ

微分可能性と連続性に関して次の定理が成り立つ.

定理 **2.1.1**　関数 $f(x)$ が $x = a$ において微分可能であるならば, $f(x)$ は $x = a$ において連続である.

証明　$f(x)$ が $x = a$ において微分可能であるならば, $f'(a)$ が存在するから

$$\lim_{x \to a} f(x) = \lim_{x \to a} (f(x) - f(a)) + f(a)$$
$$= \lim_{x \to a} \frac{f(x) - f(a)}{x - a}(x - a) + f(a)$$
$$= f'(a) \cdot 0 + f(a)$$
$$= f(a)$$

となり, $f(x)$ は $x = a$ において連続である.　　　　　証明終了

注意　この定理の逆, つまり,「連続ならば微分可能である」が一般に正しくないことは, た
とえば, 例 2.1.1 (2) の $f(x) = |x - 2|$ などから明らかである.

問 **2.1.1**　次の関数の $x = -2$ における微分係数を定義にしたがって求めよ.

(1) $f(x) = x^2$　　(2) $f(x) = \dfrac{x}{x - 2}$　　(3) $f(x) = xe^x$　　(4) $f(x) = \log x^2$

問 **2.1.2**　次の関数が $x = 2$ において微分可能であることを示し, 曲線 $y = f(x)$ の点
$(2, f(2))$ における接線の方程式を求めよ.

(1) $f(x) = (x + 1)^3$　　(2) $f(x) = e^x$　　(3) $f(x) = \log x$　　(4) $f(x) = \sin \dfrac{\pi}{3} x$

■ 2.2 導関数

2.2.1 導関数とその性質

関数 $f(x)$ が集合 D において微分可能であるとき，D 内の各 x に対して $f'(x)$ を対応させる関数が定義できる．この関数を $f(x)$ の**導関数** (derivative) といい，$f'(x)$ や $\dfrac{df}{dx}(x)$ などと表す．また $y = f(x)$ とおくことが多いので，y' や $\dfrac{dy}{dx}$ という表現もよく使われる．なお，関数 $f(x)$ の導関数を求めることを $f(x)$ を**微分する** (differentiate) という．

微分係数と導関数は，定義も表記法も似ているので混同しがちだが，導関数の各点における値が微分係数であると理解するとよい．

導関数を求める上で，次の微分公式は重要である．

> **定理 2.2.1**　関数 $f(x), g(x)$ が微分可能であるとき，次が成り立つ．
> (1) $(kf(x) + \ell g(x))' = kf'(x) + \ell g'(x)$　　　(k, ℓ は定数)
> (2) $(f(x)g(x))' = f'(x)g(x) + f(x)g'(x)$
> (3) $\left(\dfrac{f(x)}{g(x)}\right)' = \dfrac{f'(x)g(x) - f(x)g'(x)}{(g(x))^2}$　　　($g(x) \neq 0$)

証明　すべて同様に示されるので (2) のみ証明する．

$(f(x)g(x))'$

$$= \lim_{h \to 0} \frac{f(x+h)g(x+h) - f(x)g(x)}{h}$$

$$= \lim_{h \to 0} \frac{f(x+h)g(x+h) - f(x)g(x+h) + f(x)g(x+h) - f(x)g(x)}{h}$$

$$= \lim_{h \to 0} \left(\frac{f(x+h) - f(x)}{h}g(x+h)\right) + f(x)\lim_{h \to 0}\frac{g(x+h) - g(x)}{h}$$

$$= f'(x)g(x) + f(x)g'(x)$$

となり (2) が成り立つ．なお最後の式変形で $g(x)$ の連続性を使っている．　**証明終了**

2.2.2　多項式・有理関数の導関数

定理 **2.2.2**　　(1) $(c)' = 0$　（c は定数）　　(2) $(x^n)' = nx^{n-1}$　（n は整数）

証明　(1)

$$(c)' = \lim_{h \to 0} \frac{c - c}{h} = 0$$

となる.

(2) $n = 0$ の場合は (1) で示したので $n \neq 0$ とする. まず $n > 0$ の場合, 恒等式

$$a^n - b^n = (a - b)(a^{n-1} + a^{n-2}b + a^{n-3}b^2 + \cdots + a^2b^{n-3} + ab^{n-2} + b^{n-1})$$

において, $a = x + h, b = x$ とおくことにより

$$\begin{aligned}
(x^n)' &= \lim_{h \to 0} \frac{(x + h)^n - x^n}{h} \\
&= \lim_{h \to 0}((x + h)^{n-1} + (x + h)^{n-2}x + \cdots + (x + h)x^{n-2} + x^{n-1}) \\
&= nx^{n-1}
\end{aligned}$$

となる. 一方, $n < 0$ の場合は $n = -m$ とすると, 上で示したことと定理 2.2.1 (3) より

$$(x^n)' = \left(\frac{1}{x^m}\right)' = \frac{(1)' \cdot x^m - 1 \cdot (x^m)'}{x^{2m}} = \frac{-mx^{m-1}}{x^{2m}} = -\frac{m}{x^{m+1}} = nx^{n-1}$$

となる.　　　　　　　　　　　　　　　　　　　　　　　　　　　　　証明終了

例 **2.2.1**　次の関数を微分せよ.
 (1) $x^3 - 6x^2 - 3x + 5$　　(2) $\dfrac{x}{x^2 + 1}$　　(3) $\dfrac{2}{x} + \dfrac{1}{x^3}$

解答

(1) $(x^3 - 6x^2 - 3x + 5)' = (x^3)' - 6(x^2)' - 3(x)' + (5)' = 3x^2 - 12x - 3$

(2) $\left(\dfrac{x}{x^2 + 1}\right)' = \dfrac{(x)'(x^2 + 1) - x(x^2 + 1)'}{(x^2 + 1)^2} = \dfrac{1 - x^2}{(x^2 + 1)^2}$

(3) $\left(\dfrac{2}{x} + \dfrac{1}{x^3}\right)' = (2x^{-1} + x^{-3})' = -2x^{-2} - 3x^{-4} = -\dfrac{2}{x^2} - \dfrac{3}{x^4}$　　解答終了

問 **2.2.1**　次の関数を微分せよ.

(1)　$x^2 + 5x - 1$　　(2)　$2x^4 + 2x$　　(3)　$x^3(x^2 - 3)$　　(4)　$x(x + 3)(x^3 - 1)$

(5)　$\dfrac{x - 1}{x + 1}$　　　　(6)　$\dfrac{x^2 + 2x}{x + 3}$　　(7)　$\dfrac{x^2}{x^2 + 2}$　　(8)　$\dfrac{x - 2}{x^2 + x - 6}$

2.2.3　三角関数の導関数

定理 **2.2.3**　　(1)　$(\sin x)' = \cos x$　　　　(2)　$(\cos x)' = -\sin x$

(3)　$(\tan x)' = \dfrac{1}{\cos^2 x}$

証明　(1)　定理 1.8.4 より

$$
\begin{aligned}
(\sin x)' &= \lim_{h \to 0} \frac{\sin(x + h) - \sin x}{h} \\
&= \lim_{h \to 0} \frac{2 \sin \dfrac{h}{2} \cos\left(x + \dfrac{h}{2}\right)}{h} \\
&= \lim_{h \to 0} \frac{\sin \dfrac{h}{2}}{\dfrac{h}{2}} \cos\left(x + \dfrac{h}{2}\right) \\
&= \cos x
\end{aligned}
$$

となり (1) が成り立つ.

(2)　(1) と同様に証明できる.

(3)　上の (1), (2) および定理 2.2.1 (3) より

$$
\begin{aligned}
(\tan x)' &= \left(\frac{\sin x}{\cos x}\right)' = \frac{(\sin x)' \cos x - \sin x \, (\cos x)'}{\cos^2 x} \\
&= \frac{\sin^2 x + \cos^2 x}{\cos^2 x} = \frac{1}{\cos^2 x}
\end{aligned}
$$

となる.　　　　　　　　　　　　　　　　　　　　　　　　　　　　**証明終了**

例 **2.2.2** 次の関数を微分せよ.

(1) $x^3 \cos x$ (2) $\dfrac{x}{1 + \cos x}$

解答 (1) $(x^3 \cos x)' = (x^3)' \cos x + x^3 (\cos x)' = 3x^2 \cos x - x^3 \sin x$

(2) $\left(\dfrac{x}{1 + \cos x}\right)' = \dfrac{(x)'(1 + \cos x) - x(1 + \cos x)'}{(1 + \cos x)^2} = \dfrac{1 + \cos x + x \sin x}{(1 + \cos x)^2}$

解答終了

問 **2.2.2** 次の関数を微分せよ.

(1) $\sin x \cos x$ (2) $x^2 \sin x$ (3) $\sin x \tan x$ (4) $x(\sin x + x \cos x)$

(5) $\dfrac{1}{\sin x}$ (6) $\dfrac{\cos x}{\cos x + 2}$ (7) $\dfrac{1}{\tan x}$ (8) $\dfrac{x}{\cos x}$

2.2.4 指数関数・対数関数の導関数

定理 **2.2.4**   (1) $(e^x)' = e^x$ (2) $(\log x)' = \dfrac{1}{x}$

証明 (1) 定理 1.9.4 より

$$(e^x)' = \lim_{h \to 0} \frac{e^{x+h} - e^x}{h} = e^x \lim_{h \to 0} \frac{e^h - 1}{h} = e^x$$

となる.

(2) 定理 1.9.2 より

$$(\log x)' = \lim_{h \to 0} \frac{\log(x + h) - \log x}{h} = \lim_{h \to 0} \frac{\log\left(1 + \dfrac{h}{x}\right)}{h}$$

となる. ここで $k = \dfrac{h}{x}$ とおくと, $h = kx$ であり, また $h \to 0$ のとき $k \to 0$ となるので定理 1.9.4 より

$$(\log x)' = \frac{1}{x} \lim_{k \to 0} \frac{\log(1 + k)}{k} = \frac{1}{x}$$

となる.

証明終了

例 **2.2.3**　次の関数を微分せよ.

(1)　$(x^2 - x)e^x$　　　(2)　$\dfrac{\log x}{x}$

解答

(1)　$\begin{aligned}\left((x^2 - x)e^x\right)' &= (x^2 - x)'e^x + (x^2 - x)(e^x)' \\ &= (2x - 1)e^x + (x^2 - x)e^x = (x^2 + x - 1)e^x\end{aligned}$

(2)　$\left(\dfrac{\log x}{x}\right)' = \dfrac{(\log x)'x - \log x(x)'}{x^2} = \dfrac{1 - \log x}{x^2}$

解答終了

問 **2.2.3**　次の関数を微分せよ.

(1)　e^{x+3}　　　(2)　$(x^2 - 1)e^x$　　　(3)　$\dfrac{e^x}{e^x + 3}$　　　(4)　$e^x \log x$

(5)　$x^2 \log x$　　　(6)　$\sin x \log x$　　　(7)　$\dfrac{2x + 4}{\log x}$　　　(8)　$\dfrac{\log x^5}{x}$

2.3 合成関数の微分法

前節で微分公式および基本的な関数の導関数について述べた．この節ではさらに複雑な関数の導関数を求めてみよう．

2.3.1 合成関数

関数 $y = e^{x^2+2x}$ は $y = f(u) = e^u$, $u = g(x) = x^2 + 2x$ とおくと，$y = f(g(x))$ と表すことができる．これを g と f の合成関数 (composite function) という．

例 2.3.1 次の関数を g と f の合成関数として表せ．

(1) $y = (x^2 + 1)^5$ (2) $y = \tan 3x$ (3) $y = \log(2 - \sin x)$

解答 (1) $f(u) = u^5$, $u = g(x) = x^2 + 1$ とおくと $y = (g(x))^5 = f(g(x))$

(2) $f(u) = \tan u$, $u = g(x) = 3x$ とおくと $y = \tan g(x) = f(g(x))$

(3) $f(u) = \log u$, $u = g(x) = 2 - \sin x$ とおくと $y = \log g(x) = f(g(x))$

解答終了

合成関数の微分公式は，次の定理で与えられる．この定理は非常に使用頻度が高い．

定理 2.3.1 関数 $y = f(u)$ は u について，関数 $u = g(x)$ は x についてそれぞれ微分可能であるとする．このとき，合成関数 $y = f(g(x))$ は x について微分可能であり，次が成り立つ．

$$\left(f\big((g(x)\big)\right)' = f'(g(x))g'(x) \qquad \left(\frac{dy}{dx} = \frac{dy}{du}\frac{du}{dx}\right)$$

証明 導関数の定義より

$$\left(f\big(g(x)\big)\right)' = \lim_{h \to 0} \frac{f\big(g(x+h)\big) - f\big(g(x)\big)}{h}$$

$$= \lim_{h \to 0} \frac{f\big(g(x+h)\big) - f\big(g(x)\big)}{g(x+h) - g(x)} \frac{g(x+h) - g(x)}{h}$$

であり，$v = g(x+h), u = g(x)$ とおくと，$h \to 0$ のとき $v \to u$ であるから

$$\big(f(g(x))\big)' = \lim_{v \to u} \frac{f(v) - f(u)}{v - u} \lim_{h \to 0} \frac{g(x+h) - g(x)}{h}$$
$$= f'(u)g'(x) = f'\big(g(x)\big)g'(x)$$

となる.　　　　　　　　　　　　　　　　　　　　　　　　　　　　　　証明終了

例 2.3.2　例 2.3.1 の関数を微分せよ.

解答　(1)　$u = x^2 + 1$ とおくと $y = u^5$ であり，$\dfrac{dy}{du} = 5u^4$, $\dfrac{du}{dx} = 2x$ である. したがって

$$\frac{dy}{dx} = 5u^4 \cdot 2x = 10x(x^2 + 1)^4$$

となる.

(2)　$u = 3x$ とおくと $y = \tan u$ であり，$\dfrac{dy}{du} = \dfrac{1}{\cos^2 u}$, $\dfrac{du}{dx} = 3$ である. したがって

$$\frac{dy}{dx} = \frac{1}{\cos^2 u} \cdot 3 = \frac{3}{\cos^2(3x)}$$

となる.

(3)　$u = 2 - \sin x$ とおくと $y = \log u$ であり，$\dfrac{dy}{du} = \dfrac{1}{u}$, $\dfrac{du}{dx} = -\cos x$ である. したがって

$$\frac{dy}{dx} = \frac{1}{u} \cdot (-\cos x) = -\frac{\cos x}{2 - \sin x}$$

となる.　　　　　　　　　　　　　　　　　　　　　　　　　　　　　　解答終了

次の定理も重要な公式である.

定理 2.3.2　関数 $f(x)$ が微分可能であるとき

$$(\log |f(x)|)' = \frac{f'(x)}{f(x)}$$

が成り立つ.

証明　$f(x) > 0$ であるとき，$u = f(x)$ とすると $y = \log |f(x)| = \log u$ であり $\dfrac{dy}{du} = \dfrac{1}{u}, \dfrac{du}{dx} = f'(x)$ となる. したがって

$$\frac{dy}{dx} = \frac{1}{u} \cdot f'(x) = \frac{f'(x)}{f(x)}$$

である. 一方, $f(x) < 0$ であるとき, $u = -f(x)$ とすると, $y = \log |f(x)| = \log u$ であり $\dfrac{dy}{du} = \dfrac{1}{u}, \quad \dfrac{du}{dx} = -f'(x)$ となる. したがって

$$\frac{dy}{dx} = \frac{1}{u} \cdot (-f'(x)) = \frac{f'(x)}{f(x)}$$

である.　　　　　　　　　　　　　　　　　　　　　　　　　　　　　証明終了

例 **2.3.3**　$\log |x^3 - 4x + 1|$ を微分せよ.

解答　$(x^3 - 4x + 1)' = 3x^2 - 4$ であるから, 定理 2.3.2 より

$$(\log |x^3 - 4x + 1|)' = \frac{3x^2 - 4}{x^3 - 4x + 1}$$

となる.　　　　　　　　　　　　　　　　　　　　　　　　　　　　　解答終了

問 **2.3.1**　次の関数を微分せよ.

(1) $(2x + 3)^5$　　(2) $\dfrac{1}{(3x + 1)^7}$　　(3) $(x^2 + 3)^5$　　(4) $(x^2 + 3x + 1)^{10}$

(5) $(x^2 + 1)e^{2x}$　　(6) $\sin \dfrac{1}{x}$　　(7) $\cos^2(1 - 2x^2)$　　(8) $e^{x^2 - 3x}$

(9) $\log (x^2 + 3)$　　(10) $\log |\cos x|$　　(11) $\log |\tan x|$　　(12) $\log (\log (x^2 + 3))$

2.3.2　対数微分法

$f(x)$ を微分するよりも, $\log |f(x)|$ を微分する方が簡単な場合がある. このときに有効な微分法が対数微分法 (**logarithmic differentiation**) である. たとえば, 次の定理を証明するのに用いられる.

定理 **2.3.3**　次が成り立つ.
(1)　実数 α に対して　$(x^\alpha)' = \alpha x^{\alpha-1}$　$(x > 0)$
(2)　$a > 0$ に対して　$(a^x)' = a^x \log a$

証明　(1)　$f(x) = x^\alpha > 0$ より $\log f(x) = \log x^\alpha = \alpha \log x$ が成り立つ. よっ

て, 定理 2.3.2 より

$$(\log f(x))' = (\alpha \log x)'$$
$$\frac{f'(x)}{f(x)} = \frac{\alpha}{x}$$

であるから

$$f'(x) = x^{\alpha} \cdot \frac{\alpha}{x} = \alpha x^{\alpha-1}$$

となる.

(2)　$f(x) = a^x > 0$ より $\log f(x) = \log a^x = x \log a$ が成り立つ. よって, 定理 2.3.2 より

$$(\log f(x))' = (x \log a)'$$
$$\frac{f'(x)}{f(x)} = \log a$$

であるから

$$f'(x) = a^x \log a$$

となる. 証明終了

注意　この定理は $x^a = e^{a \log x}$, $a^x = e^{x \log a}$ として, 合成関数の微分公式を用いても導くことができる.

例 **2.3.4**　次の関数を微分せよ.
(1)　$\sqrt{3-2x}$　　(2)　$\dfrac{1}{\sqrt[3]{x^2+1}}$　　(3)　$4^{\frac{1}{x}}$

解答　(1)　$y = \sqrt{3-2x}$, $u = 3-2x$ とおくと $y = \sqrt{u} = u^{\frac{1}{2}}$ であり

$$\frac{dy}{du} = \frac{1}{2}u^{-\frac{1}{2}} = \frac{1}{2\sqrt{u}}, \quad \frac{du}{dx} = -2$$

である. したがって, 定理 2.3.1 より

$$\frac{dy}{dx} = \frac{1}{2\sqrt{u}} \cdot (-2) = -\frac{1}{\sqrt{3-2x}}$$

となる.

(2)　$y = \dfrac{1}{\sqrt[3]{x^2+1}}$, $u = x^2 + 1$ とおくと $y = \dfrac{1}{\sqrt[3]{u}} = u^{-\frac{1}{3}}$ であり

$$\frac{dy}{du} = -\frac{1}{3}u^{-\frac{4}{3}} = -\frac{1}{3\sqrt[3]{u^4}}, \quad \frac{du}{dx} = 2x$$

である．したがって，定理 2.3.1 より

$$\frac{dy}{dx} = -\frac{1}{3\sqrt[3]{u^4}} \cdot (2x) = -\frac{2x}{3\sqrt[3]{(x^2+1)^4}}$$

となる．

(3) $y = 4^{\frac{1}{x}},\ u = \dfrac{1}{x} = x^{-1}$ とおくと $y = 4^u$ であり

$$\frac{dy}{du} = 4^u \log 4, \quad \frac{du}{dx} = -x^{-2} = -\frac{1}{x^2}$$

である．したがって，定理 2.3.1 より

$$\frac{dy}{dx} = 4^u \log 4 \cdot \left(-\frac{1}{x^2}\right) = -\frac{4^{\frac{1}{x}} \log 4}{x^2}$$

となる． 解答終了

例 2.3.5　 $x^x\ (x > 0)$ を対数微分法により微分せよ．

解答　 $f(x) = x^x$ とおくと

$$\log f(x) = \log x^x = x \log x$$

となる．よって，定理 2.3.2 より

$$(\log f(x))' = (x \log x)'$$
$$\frac{f'(x)}{f(x)} = \log x + 1$$

であるから

$$(x^x)' = f'(x) = x^x (\log x + 1)$$

となる． 解答終了

問 2.3.2　次の関数を微分せよ．

(1) $x^{\sqrt{2}}$　　(2) $x^{-\frac{3}{2}}$　　(3) $\sqrt[3]{x^2+1}$　　(4) $\dfrac{x}{\sqrt{x^2+3}}$

(5) $x 2^{-x}$　　(6) $3^{\log x}$　　(7) $x^{\sin x}$　　(8) $\left(1 + \dfrac{1}{x}\right)^x$

▌ 2.4 逆関数の微分法

　この節では，逆三角関数の導関数を考える．そのために，一般的な逆関数の導関数を与える公式を用意しておく．

2.4.1　逆関数の導関数

> **定理 2.4.1**　関数 $f(y)$ は y について微分可能であり，逆関数をもつとする．このとき，逆関数 $f^{-1}(x)$ は $f'(y) \neq 0$ となる $x = f(y)$ において微分可能であり，次が成り立つ．
> $$(f^{-1}(x))' = \frac{1}{f'(y)} \qquad \left(\frac{dy}{dx} = \frac{1}{\frac{dx}{dy}} \right)$$

証明　$y = f^{-1}(x)$ とすると $x = f(y)$ である．また，$k = f^{-1}(x+h) - f^{-1}(x)$ とおくと，逆関数の連続性より $h \to 0$ のとき $k \to 0$ となり，

$$f^{-1}(x+h) = f^{-1}(x) + k = y + k$$

であるから $x + h = f(y+k)$，特に $h = f(y+k) - f(y)$ となる．したがって

$$
\begin{aligned}
(f^{-1}(x))' &= \lim_{h \to 0} \frac{f^{-1}(x+h) - f^{-1}(x)}{h} \\
&= \lim_{k \to 0} \frac{k}{f(y+k) - f(y)} \\
&= \lim_{k \to 0} \frac{1}{\dfrac{f(y+k) - f(y)}{k}} \\
&= \frac{1}{f'(y)}
\end{aligned}
$$

である．　　　　　　　　　　　　　　　　　　　　　　　　**証明終了**

　たとえば，定理 2.2.4 は (1) と (2) を別々に証明したが，(2) が得られたら，(1) は定理 2.4.1 からただちにわかる．実際，$y = e^x$ とすると $x = \log y$ であるから

$$(e^x)' = \frac{1}{\dfrac{dx}{dy}} = \frac{1}{\dfrac{1}{y}} = y = e^x$$

となる.

この定理より逆三角関数の導関数が求められる.

定理 2.4.2　次が成り立つ.

(1)　$(\arcsin x)' = \dfrac{1}{\sqrt{1-x^2}}$　　$(-1 < x < 1)$

(2)　$(\arccos x)' = -\dfrac{1}{\sqrt{1-x^2}}$　　$(-1 < x < 1)$

(3)　$(\arctan x)' = \dfrac{1}{1+x^2}$　　$(-\infty < x < \infty)$

証明　(1)　$y = \arcsin x$ とおくと $x = \sin y$ であり, $-1 < x < 1$ のとき $-\dfrac{\pi}{2} < y < \dfrac{\pi}{2}$ となる. したがって, 特に $\cos y > 0$ である. よって, 定理 2.4.1 より

$$(\arcsin x)' = \frac{1}{\dfrac{dx}{dy}} = \frac{1}{\cos y} = \frac{1}{\sqrt{1-\sin^2 y}} = \frac{1}{\sqrt{1-x^2}}$$

となる.

(2)　(1) と同様に示される.

(3)　$y = \arctan x$ とおくと $x = \tan y$ である. よって, 定理 2.4.1 より

$$(\arctan x)' = \frac{1}{\dfrac{dx}{dy}} = \frac{1}{\dfrac{1}{\cos^2 y}} = \frac{1}{1+\tan^2 y} = \frac{1}{1+x^2}$$

となる.　　　　　　　　　　　　　　　　　　　　　　　　**証明終了**

例 2.4.1　次の関数を微分せよ.

(1)　$\arcsin \sqrt{x}$　　(2)　$\arccos(\sin x)$　　(3)　$\arctan e^x$

解答　(1)　$y = \arcsin \sqrt{x},\ u = \sqrt{x}$ とおくと $y = \arcsin u$ であり

$$\frac{dy}{du} = \frac{1}{\sqrt{1-u^2}}, \quad \frac{du}{dx} = \frac{1}{2\sqrt{x}}$$

である. したがって, 定理 2.3.1 より

$$\frac{dy}{dx} = \frac{1}{\sqrt{1-u^2}} \cdot \frac{1}{2\sqrt{x}} = \frac{1}{2\sqrt{x(1-x)}}$$

となる.

(2) $y = \arccos(\sin x)$, $u = \sin x$ とおくと $y = \arccos u$ であり，

$$\frac{dy}{du} = -\frac{1}{\sqrt{1-u^2}}, \quad \frac{du}{dx} = \cos x$$

である．したがって，定理 2.3.1 より

$$\frac{dy}{dx} = -\frac{1}{\sqrt{1-u^2}} \cdot \cos x = -\frac{\cos x}{\sqrt{1-\sin^2 x}} = -\frac{\cos x}{|\cos x|}$$

となる．

(3) $y = \arctan e^x$, $u = e^x$ とおくと $y = \arctan u$ であり

$$\frac{dy}{du} = \frac{1}{1+u^2}, \quad \frac{du}{dx} = e^x$$

である．したがって，定理 2.3.1 より

$$\frac{dy}{dx} = \frac{1}{1+u^2} \cdot e^x = \frac{e^x}{1+e^{2x}}$$

となる．　　　　　　　　　　　　　　　　　　　　　　　　　解答終了

問 2.4.1　次の関数を微分せよ．

(1) $\arcsin 2x$　　(2) $\arccos x^2$　　(3) $\arccos(x+1)$　　(4) $\arctan \dfrac{2}{x}$

(5) $x \arcsin x$　　(6) $\dfrac{x}{\arccos x}$　　(7) $\dfrac{1}{\arctan x}$　　(8) $\arcsin \dfrac{1}{\sqrt{x}}$

■ **2.5　高次導関数**

2.5.1　高次導関数

関数 $f(x)$ に対して，導関数 $f'(x)$ もまた1つの関数であるから，その微分可能性を考えることができる．$f'(x)$ が微分可能であるとき，$f(x)$ は **2 回微分可能で**あるという．またその導関数を**第 2 次導関数** とよび，

$$\frac{d}{dx}\left(\frac{df}{dx}(x)\right) = \frac{d^2f}{dx^2}(x) \quad \text{または} \quad \left(f'(x)\right)' = f''(x) = f^{(2)}(x)$$

などと表す．以下，帰納的に 2 以上の自然数 n に対して $f(x)$ の 第 $(n-1)$ 次導関数が微分可能であるとき，$f(x)$ は n 回微分可能 (*n*-times differentiable) であるという．またその導関数を $f(x)$ の第 n 次導関数 (*n*-th derivative) とよび，

$$\frac{d}{dx}\left(\frac{d^{n-1}f}{dx^{n-1}}(x)\right) = \frac{d^nf}{dx^n}(x) \quad \text{または} \quad \left(f^{(n-1)}(x)\right)' = f^{(n)}(x)$$

などと表す．あるいは $y = f(x)$ として，$\dfrac{d^ny}{dx^n}$ または $y^{(n)}$ と表すこともある．

$f(x)$ が n 回微分可能であり，かつ $f^{(n)}(x)$ が連続であるとき，$f(x)$ は C^n -級 (C^n-class) であるという．また，$f(x)$ が何回でも微分可能であるとき，$f(x)$ を C^∞ -級 (C^∞-class) であるという．多項式，有理関数，三角関数，指数関数，対数関数などはその定義域において C^∞-級である．

例 2.5.1　$f(x) = x|x|$ は 1 回微分可能だが 2 回微分可能ではないことを示せ．

解答　$x > 0$ のとき $f(x) = x^2$ であるから $f'(x) = 2x$ である．一方，$x < 0$ のときは $f(x) = -x^2$ であるから $f'(x) = -2x$ である．また $x = 0$ においては

$$\lim_{h \to 0} \frac{f(h) - f(0)}{h} = \lim_{h \to 0} \frac{h|h|}{h} = \lim_{h \to 0} |h| = 0$$

となり微分可能であり $f'(0) = 0$ である．以上より，$f(x)$ は 1 回微分可能であり $f'(x) = 2|x|$ となる．ところが，例 2.1.1 で見たように，$f'(x)$ は $x = 0$ において微分可能ではない．したがって，$f(x)$ は 2 回微分可能ではない．　　　**解答終了**

問 **2.5.1**　次の関数の第 2 次導関数を求めよ.

(1)　$f(x) = x^4 + 3x^2 - 4x$　　(2)　$f(x) = \dfrac{2x}{x^2 - 3x + 2}$　　(3)　$f(x) = \tan x$

(4)　$f(x) = x^2 e^{-3x}$　　　　　(5)　$f(x) = x^2 \log (x + 1)$　　(6)　$f(x) = \arcsin x$

2.5.2　高次導関数の求め方

　あとに述べるテイラーの定理では関数の高次導関数を用いるので, 与えられた関数の第 n 次導関数を n の式で表すことが必要となる. この節では関数の第 n 次導関数の求め方について解説する.

例 **2.5.2**　次の関数の第 n 次導関数を求めよ.

(1)　$f(x) = \sin x$　　(2)　$f(x) = \log (2x + 1)$

解答　(1) 定理 1.8.2 より

$$f'(x) = \cos x = \sin \left(x + \frac{\pi}{2} \right)$$

$$f''(x) = \cos \left(x + \frac{\pi}{2} \right) = \sin \left(x + \frac{2}{2}\pi \right)$$

$$f'''(x) = \cos \left(x + \frac{2}{2}\pi \right) = \sin \left(x + \frac{3}{2}\pi \right)$$

$$\vdots$$

$$f^{(n)}(x) = \sin \left(x + \frac{n}{2}\pi \right)$$

となる.

(2)

$$f'(x) = \frac{1}{2x + 1} \cdot 2 = 2(2x + 1)^{-1}$$

$$f''(x) = (-1)(2x + 1)^{-2} \cdot 2^2$$

$$f'''(x) = (-1)(-2)(2x + 1)^{-3} \cdot 2^3$$

$$\vdots$$

$$f^{(n)}(x) = (-1)^{n-1} 2^n (n - 1)! (2x + 1)^{-n} = \frac{(-1)^{n-1} 2^n (n - 1)!}{(2x + 1)^n}$$

となる.

解答終了

この例からわかるように，$f(x)$ の第 $3, 4$ 次くらいまでの導関数を求めて，第 n 次導関数の形を推測するのが一般的な求め方である．厳密にはその推測が正しいことを数学的帰納法などによって示さなければならないが，ここでは議論の厳密さよりも計算の速さと正確さが重要なので，そこまでは要求しない．ただし，得られた式の検算は $n = 1, 2$ のときに必ず行なうこと．

また，関数を繰り返し何度も微分する際には次のことに注意すること．

(a)　関数をべき乗の形に直す

たとえば，$f(x) = \sqrt{x-1}$ よりも $f(x) = (x-1)^{\frac{1}{2}}$ とした方が繰り返し微分しやすい．

(b)　微分して出てきた係数はまとめずそのままにしておく

例 2.5.2 (2) の解答で，$f'''(x) = 16(2x+1)^{-3}$ と表すと係数の規則が推測できない．

次の例のように，微分する前に工夫するとうまくいく場合もある．

例 2.5.3　次の関数の第 n 次導関数を求めよ．
　(1) $f(x) = \dfrac{x}{x+3}$　　　(2) $f(x) = \dfrac{1}{x^2-1}$

解答　(1) $f(x) = \dfrac{x}{x+3} = \dfrac{x+3-3}{x+3} = 1 - 3(x+3)^{-1}$ であるから

$$f'(x) = (-3)(-1)(x+3)^{-2}$$

$$f''(x) = (-3)(-1)(-2)(x+3)^{-3}$$

$$f'''(x) = (-3)(-1)(-2)(-3)(x+3)^{-4}$$

$$\vdots$$

$$f^{(n)}(x) = \frac{(-1)^{n+1}3 \cdot n!}{(x+3)^{n+1}}$$

である．

(2) $f(x) = \dfrac{1}{(x-1)(x+1)} = \dfrac{1}{2}\left((x-1)^{-1} - (x+1)^{-1}\right)$ であるから

$$f'(x) = \frac{1}{2}(-1)\big((x-1)^{-2} - (x+1)^{-2}\big)$$

$$f''(x) = \frac{1}{2}(-1)(-2)\big((x-1)^{-3} - (x+1)^{-3}\big)$$

$$f'''(x) = \frac{1}{2}(-1)(-2)(-3)\big((x-1)^{-4} - (x+1)^{-4}\big)$$

$$\vdots$$

$$f^{(n)}(x) = \frac{(-1)^n n!}{2}\left(\frac{1}{(x-1)^{n+1}} - \frac{1}{(x+1)^{n+1}}\right)$$

である.　　　　　　　　　　　　　　　　　　　　　　　　　解答終了

問 2.5.2　次の関数の第 n 次導関数を求めよ.

(1)　$f(x) = \dfrac{1}{(1+x)^2}$　　(2)　$f(x) = \dfrac{1}{2x-3}$　　(3)　$f(x) = \sin(2x-1)$

(4)　$f(x) = e^{-3x+1}$　　(5)　$f(x) = \log(x+5)$　　(6)　$f(x) = \log\dfrac{x^2}{\sqrt{x+3}}$

2.5.3　ライプニッツの公式

関数 $f(x)$ が $f(x) = g(x)h(x)$ と表されるとき, $f^{(n)}(x)$ はどのように表される
か考える. 定理 2.2.1 より

$$(g(x)h(x))' = g'(x)h(x) + g(x)h'(x)$$

$$(g(x)h(x))'' = g''(x)h(x) + 2g'(x)h'(x) + g(x)h''(x)$$

$$(g(x)h(x))''' = g'''(x)h(x) + 3g''(x)h'(x) + 3g'(x)h''(x) + g(x)h'''(x)$$

である. この係数に注目すると, $(a+b)^n$ の展開式の係数とまったく同じであるこ
とに気づく. 証明は省略するが, 実際次の定理が成り立つ.

定理 2.5.1（ライプニッツの公式 (Leibniz rule)）
　関数 $g(x), h(x)$ がそれぞれ n 回微分可能であるとき, $g(x)h(x)$ も n 回微分
可能であり, 次の式が成り立つ.

$$(g(x)h(x))^{(n)} = \sum_{k=0}^{n} {}_n\mathrm{C}_k\, g^{(n-k)}(x) h^{(k)}(x)$$

ただし, $g^{(0)}(x) = g(x)$, $h^{(0)}(x) = h(x)$ とする.

例 **2.5.4**　$f(x) = x^2 e^x$ の第 n 次導関数を求めよ.

解答　$g(x) = e^x, h(x) = x^2$ とすると

$$g^{(k)}(x) = e^x$$

$$h'(x) = 2x, \quad h''(x) = 2, \quad h^{(k)}(x) = 0 \quad (k \geqq 3)$$

であるから定理 2.5.1 より

$$
\begin{aligned}
f^{(n)}(x) &= \sum_{k=0}^{n} {}_n\mathrm{C}_k \, g^{(n-k)}(x) h^{(k)}(x) \\
&= {}_n\mathrm{C}_0 \, g^{(n)}(x) h(x) + {}_n\mathrm{C}_1 \, g^{(n-1)}(x) h'(x) + {}_n\mathrm{C}_2 \, g^{(n-2)}(x) h''(x) \\
&= x^2 e^x + 2nx e^x + \frac{n(n-1)}{2} \cdot 2 e^x \\
&= e^x (x^2 + 2nx + n(n-1)) \qquad\qquad (n \geqq 2)
\end{aligned}
$$

(${}_n\mathrm{C}_2$ を用いているので, 上の計算は $n \geqq 2$ に対してのみ成り立つことに注意.)
　一方

$$f'(x) = e^x (x^2 + 2x)$$

であり, これは上の $f^{(n)}(x)$ の式において $n = 1$ としたものに等しい. 以上より

$$f^{(n)}(x) = e^x (x^2 + 2nx + n(n-1))$$

となる.　　　　　　　　　　　　　　　　　　　　　　　　　　　　**解答終了**

問 2.5.3　次の関数の第 n 次導関数を求めよ.

(1) $f(x) = x^2 \sin x$　　(2) $f(x) = x \cos(2x + 3)$　　(3) $f(x) = (x+2)e^{-3x}$

(4) $f(x) = x^3 e^{2x}$　　　(5) $f(x) = x^2 \log x$　　　(6) $f(x) = x^2 \log \dfrac{1}{\sqrt{x+1}}$

▌ 2.6 テイラーの定理

2.6.1 平均値の定理

定理 2.6.1 （ロルの定理 (Rolle's theorem)）

関数 $f(x)$ が閉区間 $[a,b]$ で連続であり，かつ開区間 (a,b) で微分可能であるとする．このとき，$f(a) = f(b)$ が成り立つならば，$f'(c) = 0$ を満たす c が開区間 (a,b) 内に少なくとも1つ存在する．

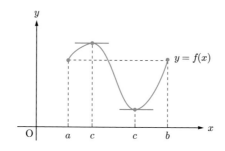

図 **2.3** ロルの定理

証明 $f(x)$ が定数関数であるときは恒等的に $f'(x) = 0$ となるので，求める c は無数に存在する．一方，$f(x)$ が定数関数でないときは，ワイエルシュトラスの定理より $f(x)$ は $[a,b]$ において最大値 M および最小値 m をもち $M > m$ となる．このとき，$f(a) = f(b)$ より $f(x_m) = m$ となる点 x_m か $f(x_M) = M$ となる点 x_M のうち少なくとも一方は開区間 (a,b) 内に存在する．たとえば，$a < x_m < b$ と仮定すると，m は $f(x)$ の $[a,b]$ における最小値であるから，$a < x_m + h < b$ となる任意の h に対して，$f(x_m + h) \geqq f(x_m)$ が成り立つ．

このとき

$$h > 0 \quad \text{ならば} \quad \frac{f(x_m + h) - f(x_m)}{h} \geqq 0$$

$$h < 0 \quad \text{ならば} \quad \frac{f(x_m + h) - f(x_m)}{h} \leqq 0$$

であり，$f(x)$ は x_m において微分可能であるから

$$f'(x_m) = \lim_{h \to +0} \frac{f(x_m + h) - f(x_m)}{h} \geqq 0$$

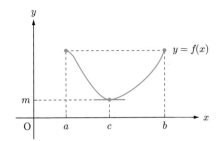

図 **2.4** 開区間 (a, b) の内部で最小値をとる場合

かつ

$$f'(x_m) = \lim_{h \to -0} \frac{f(x_m + h) - f(x_m)}{h} \leqq 0$$

となる．したがって，$f'(x_m) = 0$ となり $c = x_m$ ととればよいことがわかる．
$a < x_M < b$ の場合も同様である． **証明終了**

注意 下図のように，(a, b) 内に 1 つでも微分可能でない点があれば，定理の主張を満たす c は存在するとは限らない．

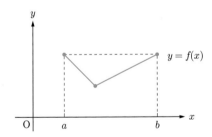

図 **2.5** $f'(c) = 0$ となる c が存在しない関数の例

ロルの定理より，次の平均値の定理が導かれる．

定理 2.6.2（平均値の定理 (mean value theorem)）

関数 $f(x)$ が閉区間 $[a, b]$ で連続であり，かつ開区間 (a, b) で微分可能である
ならば

$$f(b) = f(a) + f'(c)(b - a) \qquad \text{すなわち} \qquad \frac{f(b) - f(a)}{b - a} = f'(c)$$

を満たす c が開区間 (a, b) 内に少なくとも 1 つ存在する．

証明

$$F(x) = f(x) + \frac{f(b) - f(a)}{b - a}(b - x)$$

とおくと，$F(x)$ は閉区間 $[a, b]$ において連続，開区間 (a, b) において微分可能であり，かつ $F(a) = F(b) \ (= f(b))$ となる．したがって，ロルの定理より $F'(c) = 0$ となる c が (a, b) 内に存在する．一方

$$F'(x) = f'(x) - \frac{f(b) - f(a)}{b - a}$$

であるから $f'(c) = \dfrac{f(b) - f(a)}{b - a}$ となる．　　　　　　　　　　証明終了

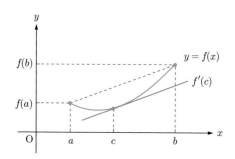

図 2.6　平均値の定理

注意　$b < a$ のときは，平均値の定理より

$$f'(c) = \frac{f(a) - f(b)}{a - b} = \frac{f(b) - f(a)}{b - a}$$

を満たす c が (b, a) 内に存在する．すなわち平均値の定理の式は a と b の大小に関係なく成り立つ．

平均値の定理より，次の定理が導かれる．

定理 2.6.3　関数 $f(x)$ が 区間 I で微分可能であるとする．このとき次が成り立つ．

(1) I において $f'(x) > 0$ ならば $f(x)$ は I において単調増加である．

(2) I において $f'(x) < 0$ ならば $f(x)$ は I において単調減少である．

(3) I において $f'(x) = 0$ ならば $f(x)$ は I において定数である．

証明　(1) $x_1,\ x_2 \in I\ (x_1 < x_2)$ に対して，区間 $[x_1, x_2]$ において平均値の定理を適用すると

$$f(x_2) = f(x_1) + f'(c)(x_2 - x_1)$$

を満たす c が (x_1, x_2) 内に存在する．このとき，仮定より $f'(c)(x_2 - x_1) > 0$ であるから

$$f(x_2) > f(x_1)$$

となり，$f(x)$ は I において単調増加である．

(2), (3) も同様に示される．　　　　　　　　　　　　　　　　**証明終了**

> **問 2.6.1**　次の各 $f(x)$ について，開区間 $(-1, 1)$ における増加・減少を判別せよ．
>
> (1) $f(x) = \dfrac{x}{x^2 + 1}$　　(2) $f(x) = \arctan\left(\dfrac{x+1}{x-1}\right)$

2.6.2　テイラー展開

次の定理がこの章の最大の目的である．

> **定理 2.6.4**　(テイラーの定理 (Taylor's theorem))
>
> 関数 $f(x)$ は閉区間 $[a, b]$ を含む開区間において $(n+1)$ 回微分可能であるとする．このとき
>
> $$f(b) = f(a) + f'(a)(b-a) + \frac{f''(a)}{2!}(b-a)^2 + \cdots$$
>
> $$\cdots + \frac{f^{(n)}(a)}{n!}(b-a)^n + \frac{f^{(n+1)}(c)}{(n+1)!}(b-a)^{n+1}$$
>
> $$= \sum_{k=0}^{n} \frac{f^{(k)}(a)}{k!}(b-a)^k + \frac{f^{(n+1)}(c)}{(n+1)!}(b-a)^{n+1}$$
>
> を満たす c が開区間 (a, b) 内に少なくとも 1 つ存在する．

証明　簡単のために $n = 2$ として証明する．一般の自然数 n に対しても同様に示すことができる．

$$F(x) = f(b) - \left(f(x) + f'(x)(b-x) + \frac{f''(x)}{2!}(b-x)^2 + k(b-x)^3 \right)$$

とおく．ただし，k は $F(a) = 0$ を満たす定数とする．この k が開区間 (a, b) 内

のある c によって $k = \dfrac{f^{(3)}(c)}{3!}$ と表されればよい.

　$F(x)$ は閉区間 $[a, b]$ で連続, 開区間 (a, b) で 微分可能であり, かつ $F(b) = F(a)$ $(= 0)$ が成り立つので, ロルの定理より $F'(c) = 0$ を満たす c が (a, b) 内に存在する. 一方

$$F'(x) = -\Bigg(f'(x) - f'(x) + f''(x)(b - x) - f''(x)(b - x)$$
$$+ \frac{f^{(3)}(x)}{2!}(b - x)^2 - 3k(b - x)^2\Bigg)$$
$$= -\frac{f^{(3)}(x)}{2!}(b - x)^2 + 3k(b - x)^2$$

であるから, $F'(c) = 0$ より

$$(b - c)^2\left(3k - \frac{f^{(3)}(c)}{2!}\right) = 0$$

となり, さらに $c \neq b$ より

$$k = \frac{f^{(3)}(c)}{3!}$$

がわかる. 　　　　　　　　　　　　　　　　　　　　　　証明終了

注意 　テイラーの定理において $n = 0$ とすると, 平均値の定理と一致する.

注意 　$b < a$ の場合も, 上の証明を少し修正すれば同じ式が成り立つことが示される. すなわち, テイラーの定理の式は a と b の大小に関係なく成り立つ.

　テイラーの定理において, b を x に置き換えて変数だと思うと, 次のように書き換えられる.

定理 2.6.5　関数 $f(x)$ は a を内部に含む区間 I において $(n+1)$ 回微分可能であるとする. このとき, I 内の任意の x に対して

$$f(x) = f(a) + f'(a)(x-a) + \frac{f''(a)}{2!}(x-a)^2 + \cdots$$

$$\cdots + \frac{f^{(n)}(a)}{n!}(x-a)^n + R_{n+1}(x)$$

$$= \sum_{k=0}^{n} \frac{f^{(k)}(a)}{k!}(x-a)^k + R_{n+1}(x)$$

$$R_{n+1}(x) = \frac{f^{(n+1)}(c)}{(n+1)!}(x-a)^{n+1}$$

を満たす c が a と x の間に少なくとも 1 つ存在する.

　この式を, $f(x)$ の a **を中心とする**第 n 次テイラー展開 (Taylor expansion of n-th order) といい, $R_{n+1}(x)$ を剰余項 (remainder term) という. 剰余項の中の c は a と x の間にあるから, $R_{n+1}(x)$ は

$$R_{n+1}(x) = \frac{f^{(n+1)}(a + \theta(x-a))}{(n+1)!}(x-a)^{n+1} \qquad (0 < \theta < 1)$$

と表すこともできる.

　$f(x)$ の a を中心とする第 n 次テイラー展開の右辺は一見 x の多項式のようだが, 剰余項の中の c が x に依存するので多項式ではない. しかしながら多くの場合, n が大きく $x - a$ が 0 に近ければ, $R_{n+1}(x)$ は他の項に比べて無視できるほど小さくなる. そこで, 現実問題として $f(x)$ の近似値や, グラフの大まかな挙動を捉えるには, 剰余項 $R_{n+1}(x)$ を誤差として無視し

$$f(x) \fallingdotseq \sum_{k=0}^{n} \frac{f^{(k)}(a)}{k!}(x-a)^k$$

と考えるのである. このようにして, テイラー展開から $f(x)$ の多項式近似を導くことができる.

　定理 2.6.5 において $a = 0$ とすると, 次の定理が得られる.

定理 **2.6.6** 関数 $f(x)$ は 0 を内部に含む区間 I において $(n+1)$ 回微分可能であるとする. このとき, I 内の任意の x に対して

$$f(x) = f(0) + f'(0)x + \frac{f''(0)}{2!}x^2 + \cdots + \frac{f^{(n)}(0)}{n!}x^n + R_{n+1}(x)$$

$$= \sum_{k=0}^{n} \frac{f^{(k)}(0)}{k!}x^k + R_{n+1}(x)$$

$$R_{n+1}(x) = \frac{f^{(n+1)}(c)}{(n+1)!}x^{n+1}$$

を満たす c が 0 と x の間に少なくとも 1 つ存在する.

　この式を, $f(x)$ の第 n 次マクローリン展開 (Maclaurin expansion of n-th order) という. この場合も剰余項は

$$R_{n+1}(x) = \frac{f^{(n+1)}(\theta x)}{(n+1)!}x^{n+1} \qquad (0 < \theta < 1)$$

と表すことができる.

例 **2.6.1** 　次の関数の第 n 次マクローリン展開を求めよ.

(1) $f(x) = e^x$ 　　　(2) $f(x) = \sin x$ 　　　(3) $f(x) = \cos x$

(4) $f(x) = \dfrac{1}{1-x}$ 　　(5) $f(x) = \log(1+x)$

解答 　(1) $f^{(k)}(x) = e^x$ であるから $f^{(k)}(0) = 1 \ (k = 0, 1, \cdots, n)$, $f^{(n+1)}(c) = e^c$ となる. したがって

$$e^x = 1 + x + \frac{1}{2!}x^2 + \frac{1}{3!}x^3 + \cdots + \frac{1}{n!}x^n + \frac{e^c}{(n+1)!}x^{n+1}$$

を満たす c が 0 と x の間に存在する.

(2) $f^{(k)}(x) = \sin\left(x + \dfrac{k}{2}\pi\right)$ であるから

$$f^{(k)}(0) = \sin\frac{k}{2}\pi = \begin{cases} 0 & (k = 0, 4, 8, \cdots) \\ 1 & (k = 1, 5, 9, \cdots) \\ 0 & (k = 2, 6, 10, \cdots) \\ -1 & (k = 3, 7, 11, \cdots) \end{cases}, \quad f^{(n+1)}(c) = \sin\left(c + \frac{n+1}{2}\pi\right)$$

となる. したがって

$$\sin x = x - \frac{1}{3!}x^3 + \frac{1}{5!}x^5 - \frac{1}{7!}x^7 + \cdots + \frac{\sin\frac{n}{2}\pi}{n!}x^n + \frac{\sin\left(c + \frac{n+1}{2}\pi\right)}{(n+1)!}x^{n+1}$$

を満たす c が 0 と x の間に存在する.

(3) $f^{(k)}(x) = \cos\left(x + \frac{k}{2}\pi\right)$ であるから

$$f^{(k)}(0) = \cos\frac{k}{2}\pi = \begin{cases} 1 & (k = 0, 4, 8, \cdots) \\ 0 & (k = 1, 5, 9, \cdots) \\ -1 & (k = 2, 6, 10, \cdots) \\ 0 & (k = 3, 7, 11, \cdots) \end{cases}, \quad f^{(n+1)}(c) = \cos\left(c + \frac{n+1}{2}\pi\right)$$

となる. したがって

$$\cos x = 1 - \frac{1}{2!}x^2 + \frac{1}{4!}x^4 - \frac{1}{6!}x^6 + \cdots + \frac{\cos\frac{n}{2}\pi}{n!}x^n + \frac{\cos\left(c + \frac{n+1}{2}\pi\right)}{(n+1)!}x^{n+1}$$

を満たす c が 0 と x の間に存在する.

(4) $f^{(k)}(x) = \dfrac{k!}{(1-x)^{k+1}}$ であるから

$$f^{(k)}(0) = k! \quad (k = 0, 1, 2, \cdots, n), \quad f^{(n+1)}(c) = \frac{(n+1)!}{(1-c)^{n+2}}$$

となる. したがって

$$\frac{1}{1-x} = 1 + x + x^2 + x^3 + x^4 + \cdots + x^n + \frac{1}{(1-c)^{n+2}}x^{n+1}$$

を満たす c が 0 と x の間に存在する.

(5) $f(0) = 0$ であり, $k \geqq 1$ のとき $f^{(k)}(x) = \dfrac{(-1)^{k-1}(k-1)!}{(1+x)^k}$ であるから

$$f^{(k)}(0) = (-1)^{k-1}(k-1)! \quad (k = 1, 2, \cdots, n), \quad f^{(n+1)}(c) = \frac{(-1)^n n!}{(1+c)^{n+1}}$$

となる. したがって

$$\log(1+x) = x - \frac{1}{2}x^2 + \frac{1}{3}x^3 - \cdots + \frac{(-1)^{n-1}}{n}x^n + \frac{(-1)^n}{(n+1)(1+c)^{n+1}}x^{n+1}$$

を満たす c が 0 と x の間に存在する.

解答終了

> **問 2.6.2** 次の関数の第 3 次マクローリン展開を求めよ．ただし，剰余項は $R_4(x)$ とし，具体的に求めなくてよい．
>
> (1) $f(x) = \sqrt{1-x^2}$ (2) $f(x) = \tan x$ (3) $f(x) = x\sqrt{1-x}$
>
> (4) $f(x) = \log(x^2+1)$ (5) $f(x) = \arcsin x$ (6) $f(x) = \arctan x$

2.6.3　テイラーの定理による近似式

マクローリン展開から，$x \fallingdotseq 0$ のとき以下のような近似多項式が得られる．

(a) $\dfrac{1}{1-x} \fallingdotseq 1+x,$ $\dfrac{1}{1-x} \fallingdotseq 1+x+x^2,$ $\dfrac{1}{1-x} \fallingdotseq 1+x+x^2+x^3$

(b) $e^x \fallingdotseq 1+x,$ $e^x \fallingdotseq 1+x+\dfrac{1}{2}x^2,$ $e^x \fallingdotseq 1+x+\dfrac{1}{2}x^2+\dfrac{1}{6}x^3$

(c) $\sin x \fallingdotseq x,$ $\sin x \fallingdotseq x-\dfrac{1}{6}x^3$

(d) $\cos x \fallingdotseq 1-\dfrac{x^2}{2}$

(e) $\log(1+x) \fallingdotseq x-\dfrac{1}{2}x^2,$ $\log(1+x) \fallingdotseq x-\dfrac{1}{2}x^2+\dfrac{1}{3}x^3$

(f) $(1+x)^\alpha \fallingdotseq 1+\alpha x,$ $(1+x)^\alpha \fallingdotseq 1+\alpha x+\dfrac{\alpha(\alpha-1)}{2}x^2,$

$(1+x)^\alpha \fallingdotseq 1+\alpha x+\dfrac{\alpha(\alpha-1)}{2}x^2+\dfrac{\alpha(\alpha-1)(\alpha-2)}{6}x^3$

ただし，(f) については演習問題 2【B】を参照せよ．

たとえば (b) の近似多項式において $x=0.05$ とすると，近似値はそれぞれ

$$e^{0.05} \fallingdotseq 1+0.05 = 1.05$$

$$e^{0.05} \fallingdotseq 1+0.05+\frac{1}{2}(0.05)^2 = 1.05125$$

$$e^{0.05} \fallingdotseq 1+0.05+\frac{1}{2}(0.05)^2+\frac{1}{6}(0.05)^3 = 1.051270833\cdots$$

となるが，正しい値は $e^{0.05} = 1.051271096\cdots$ であるから，近似多項式の次数が高いほど誤差が小さくなっていることがわかる．工学的計算では正確な値でなくても，誤差の小さな近似値が求められればよいことが多い．

また，次の例のように近似式を組み合わせて使うこともある．

例 **2.6.2** $x \coloneqq 0$ のとき，次の関数を 3 次以下の多項式で近似せよ．

(1) $x \cos x$ (2) $e^x \sin x$ (3) $\dfrac{x}{\sin x}$ (4) $\log\left(1 + x + x^2\right)$

解答 (1) $x \cos x \coloneqq x \left(1 - \dfrac{1}{2}x^2\right) = x - \dfrac{1}{2}x^3$

(2) $e^x \sin x \coloneqq \left(1 + x + \dfrac{1}{2}x^2\right)\left(x - \dfrac{1}{6}x^3\right) \coloneqq x + x^2 + \dfrac{1}{3}x^3$

(3) $\dfrac{x}{\sin x} \coloneqq \dfrac{x}{x - \dfrac{1}{6}x^3} = \dfrac{1}{1 - \dfrac{1}{6}x^2} \coloneqq 1 + \dfrac{1}{6}x^2$

(4) $\log\left(1 + x + x^2\right) \coloneqq (x + x^2) - \dfrac{1}{2}(x + x^2)^2 + \dfrac{1}{3}(x + x^2)^3 \coloneqq x + \dfrac{1}{2}x^2 - \dfrac{2}{3}x^3$

解答終了

問 **2.6.3** $x \coloneqq 0$ のとき，次の関数を 3 次以下の多項式で近似せよ．

(1) $\sin 2x \cos 3x$ (2) $\dfrac{1}{\sqrt{1 - x^2}}$ (3) $\dfrac{\sin 2x}{\cos 3x}$ (4) $\dfrac{\log\left(1 - x\right)}{1 - 2x}$

■ 2.7　テイラー級数

テイラーの定理では，右辺の最後に剰余項が付いていたが，工学的には剰余項を無視して近似値を求めることが多い．しかしながら，数学的にはどれだけ値が 0 に近くても剰余項を無視すればテイラーの定理の等号は成り立たない．この節では，数学的に剰余項をどう回避するのかについて議論しよう．

2.7.1　テイラー級数

関数 $f(x)$ が a を内部に含む区間 I において C^∞-級であるとする．$f(x)$ の a を中心とする第 $(n-1)$ 次テイラー展開は

$$f(x) = \sum_{k=0}^{n-1} \frac{f^{(k)}(a)}{k!}(x-a)^k + R_n(x)$$

であった．このとき，$\lim_{n\to\infty} R_n(x) = 0$ が成り立つならば，$f(x)$ は

$$f(x) = \sum_{k=0}^{\infty} \frac{f^{(k)}(a)}{k!}(x-a)^k$$

と表すことができる．これを $f(x)$ の **a を中心とする**テイラー級数 (**Taylor series at a**) といい，$f(x)$ は **a においてテイラー級数展開可能**であるという．また $a = 0$ の場合はマクローリン級数 (**Maclaurin series**) という．

例 2.6.1 において，e^x のマクローリン展開の剰余項については

$$0 \leqq |R_n(x)| \leqq e^{|x|}\frac{|x|^n}{n!}$$

が成り立ち，また $\sin x, \cos x$ のマクローリン展開の剰余項についてはいずれも

$$0 \leqq |R_n(x)| \leqq \frac{|x|^n}{n!}$$

が成り立つ．例 1.5.4 により任意の x に対して $\lim_{n\to\infty} \frac{|x|^n}{n!} = 0$ であるから，はさみうちの原理よりいずれの剰余項についても $\lim_{n\to\infty} R_n(x) = 0$ が成り立つ．したがって，任意の x に対して

$$e^x = 1 + x + \frac{1}{2!}x^2 + \frac{1}{3!}x^3 + \frac{1}{4!}x^4 + \cdots + \frac{1}{n!}x^n + \cdots$$

$$\sin x = x - \frac{1}{3!}x^3 + \frac{1}{5!}x^5 - \frac{1}{7!}x^7 + \cdots + \frac{(-1)^n}{(2n+1)!}x^{2n+1} + \cdots$$

$$\cos x = 1 - \frac{1}{2!}x^2 + \frac{1}{4!}x^4 - \frac{1}{6!}x^6 + \cdots + \frac{(-1)^n}{(2n)!}x^{2n} + \cdots$$

が成り立つ．一方，$\dfrac{1}{1-x}$ のマクローリン展開の剰余項は

$$\begin{aligned}
R_n(x) &= \frac{1}{(1-c)^{n+1}}x^n \\
&= \frac{1}{1-x} - (1 + x + x^2 + \cdots + x^{n-1}) \\
&= \frac{x^n}{1-x}
\end{aligned}$$

となるから，定理 1.5.3 より $-1 < x < 1$ のときに限り $\displaystyle\lim_{n\to\infty} R_n(x) = 0$ が成り立つ．つまり，$-1 < x < 1$ のとき

$$\frac{1}{1-x} = 1 + x + x^2 + x^3 + x^4 + \cdots + x^n + \cdots$$

が成り立つ．これは例 1.5.6 の等比級数の和の公式と等しい．

　最後に，$\log(1+x)$ のマクローリン展開については，証明は演習問題に譲るが $-1 < x \leqq 1$ のとき $\displaystyle\lim_{n\to\infty} R_n(x) = 0$ が成り立つことがわかっている．つまり，$-1 < x \leqq 1$ のとき

$$\log(1+x) = x - \frac{1}{2}x^2 + \frac{1}{3}x^3 - \frac{1}{4}x^4 + \cdots + \frac{(-1)^{n-1}}{n}x^n + \cdots$$

が成り立つ．

　上に挙げた 5 つのマクローリン級数は，今後もよく使われる展開公式なので覚えておくと便利である．また，これらのマクローリン級数を利用して，他の関数のテイラー級数やマクローリン級数を求めることができる．

例 2.7.1　次の関数のマクローリン級数を求めよ．

(1) e^{x^2}　　(2) $x\cos 2x$　　(3) $\dfrac{1}{2+x}$　　(4) $\dfrac{x+1}{x-1}$　　(5) $\log(5+x)$

解答 マクローリン級数の式に，形式的に別の変数を代入して求めることができる．ただし，$\dfrac{1}{1-x}$ および $\log(1+x)$ の展開式を用いるときは変数の動く範囲に注意を要する．

(1) $e^{x^2} = 1 + (x^2) + \dfrac{1}{2!}(x^2)^2 + \dfrac{1}{3!}(x^2)^3 + \cdots + \dfrac{1}{n!}(x^2)^n + \cdots$

$\quad = 1 + x^2 + \dfrac{1}{2!}x^4 + \dfrac{1}{3!}x^6 + \cdots + \dfrac{1}{n!}x^{2n} + \cdots \qquad (-\infty < x < \infty)$

(2) $x\cos 2x$

$\quad = x\left(1 - \dfrac{1}{2!}(2x)^2 + \dfrac{1}{4!}(2x)^4 - \dfrac{1}{6!}(2x)^6 + \cdots + \dfrac{(-1)^n}{(2n)!}(2x)^{2n} + \cdots\right)$

$\quad = x - \dfrac{2^2}{2!}x^3 + \dfrac{2^4}{4!}x^5 - \cdots + \dfrac{(-1)^n 2^{2n}}{(2n)!}x^{2n+1} + \cdots \qquad (-\infty < x < \infty)$

(3) $\dfrac{1}{2+x} = \dfrac{1}{2}\cdot\dfrac{1}{1-\left(-\dfrac{x}{2}\right)}$

$\quad = \dfrac{1}{2}\left(1 + \left(-\dfrac{x}{2}\right) + \left(-\dfrac{x}{2}\right)^2 + \left(-\dfrac{x}{2}\right)^3 + \cdots + \left(-\dfrac{x}{2}\right)^n + \cdots\right)$

$\quad = \dfrac{1}{2} - \dfrac{1}{2^2}x + \dfrac{1}{2^3}x^2 - \dfrac{1}{2^4}x^3 + \cdots + \dfrac{(-1)^n}{2^{n+1}}x^n + \cdots \qquad (-2 < x < 2)$

(4) $\dfrac{x+1}{x-1} = 1 - \dfrac{2}{1-x}$

$\quad = 1 - 2(1 + x + x^2 + x^3 + x^4 + \cdots + x^n + \cdots)$

$\quad = -1 - 2x - 2x^2 - 2x^3 - 2x^4 - \cdots - 2x^n - \cdots \qquad (-1 < x < 1)$

(5) $\log(5+x) = \log\left(5\left(1+\dfrac{x}{5}\right)\right) = \log 5 + \log\left(1+\dfrac{x}{5}\right)$

$\quad = \log 5 + \dfrac{x}{5} - \dfrac{1}{2}\left(\dfrac{x}{5}\right)^2 + \dfrac{1}{3}\left(\dfrac{x}{5}\right)^3 - \cdots + \dfrac{(-1)^{n-1}}{n}\left(\dfrac{x}{5}\right)^n + \cdots$

$\quad = \log 5 + \dfrac{1}{5}x - \dfrac{1}{2\cdot 5^2}x^2 + \cdots + \dfrac{(-1)^{n-1}}{n\cdot 5^n}x^n + \cdots \qquad (-5 < x \leqq 5)$

解答終了

問 2.7.1 次の関数のマクローリン級数を求めよ．

(1) e^{-3x} (2) $\dfrac{x}{3-x}$ (3) $\log(2+3x)$ (4) $x\sin x^2$ (5) $\sin x\cos 2x$

■ 2.8 ロピタルの定理

ロルの定理の応用の1つとしてロピタルの定理を述べる．分数関数の極限で，$\dfrac{0}{0}$ や $\dfrac{\infty}{\infty}$ となるものを不定形という．ロピタルの定理は不定形の極限を求めるときに有効な定理である．

2.8.1 コーシーの平均値の定理

ロピタルの定理を証明するための準備として，次の定理を用意しておく．

> **定理 2.8.1** （コーシーの平均値の定理 (Cauchy's mean value theorem)）
> 関数 $f(x)$, $g(x)$ はともに閉区間 $[a,b]$ で連続であり，開区間 (a,b) で微分可能であるとする．また (a,b) において $g'(x) \neq 0$ であるとする．このとき
> $$\frac{f(b) - f(a)}{g(b) - g(a)} = \frac{f'(c)}{g'(c)}$$
> を満たす c が (a,b) 内に少なくとも1つ存在する．

証明 まず，平均値の定理より

$$g(b) = g(a) + g'(d)(b - a)$$

を満たす d が (a,b) 内に存在するが，$g'(d) \neq 0$ より特に $g(b) - g(a) \neq 0$ である．さて

$$F(x) = (g(b) - g(a))f(x) - (f(b) - f(a))g(x)$$

とおくと，$F(x)$ は $[a,b]$ で連続であり，かつ (a,b) で微分可能である．また

$$F(a) = f(a)g(b) - f(b)g(a) = F(b)$$

が成り立つので，ロルの定理より $F'(c) = 0$ を満たす c が (a,b) 内に存在する．

$$F'(x) = (g(b) - g(a))f'(x) - (f(b) - f(a))g'(x)$$

であるから，$F'(c) = 0$ より

$$(g(b) - g(a))f'(c) = (f(b) - f(a))g'(c)$$

である．上で注意したように $g(b) - g(a) \neq 0$ であるから

$$\frac{f(b) - f(a)}{g(b) - g(a)} = \frac{f'(c)}{g'(c)}$$

が成り立つ． 証明終了

注意 $\dfrac{f(b) - f(a)}{g(b) - g(a)} = \dfrac{f(a) - f(b)}{g(a) - g(b)}$ であるから，$b < a$ の場合にも定理の式を満たす c が開区間 (b, a) 内に少なくとも 1 つ存在する．

2.8.2　ロピタルの定理

> **定理 2.8.2**（ロピタルの定理 (l'Hospital's rule) **1** ）
>
> I は a を内部に含む開区間とし，関数 $f(x)$, $g(x)$ がともに a を除く任意の $x \in I$ において微分可能であり，かつ $g'(x) \neq 0$ とする．さらに $\displaystyle\lim_{x \to a} f(x) = \lim_{x \to a} g(x) = 0$ が成り立つとする．このとき $\displaystyle\lim_{x \to a} \dfrac{f'(x)}{g'(x)}$ が存在するならば
> $$\lim_{x \to a} \frac{f(x)}{g(x)} = \lim_{x \to a} \frac{f'(x)}{g'(x)}$$
> が成り立つ．

証明　関数 $F(x)$, $G(x)$ をそれぞれ

$$F(x) = \begin{cases} f(x) & (x \neq a,\ x \in I) \\ 0 & (x = a) \end{cases} \qquad G(x) = \begin{cases} g(x) & (x \neq a,\ x \in I) \\ 0 & (x = a) \end{cases}$$

と定義すると，$F(x)$, $G(x)$ はともに I で連続である．また a を除く任意の $x \in I$ において微分可能であり

$$F(x) = f(x), \quad G(x) = g(x), \quad F'(x) = f'(x), \quad G'(x) = g'(x)$$

が成り立つ．よって，閉区間 $[a, x]$ または $[x, a]$ に定理 2.8.1 を適用すると

$$\frac{f(x)}{g(x)} = \frac{F(x)}{G(x)} = \frac{F(x) - F(a)}{G(x) - G(a)} = \frac{F'(c)}{G'(c)} = \frac{f'(c)}{g'(c)}$$

を満たす c が a と x の間に存在する．特に $x \to a$ とすると，$c \to a$ であるから

$$\lim_{x \to a} \frac{f(x)}{g(x)} = \lim_{c \to a} \frac{f'(c)}{g'(c)}$$

が成り立つ．　　　　　　　　　　　　　　　　　　　　　　　　　　　証明終了

注意 上の証明からわかるように，定理 2.8.2 は $x \to a$ を $x \to a - 0$, $x \to a + 0$ に置き換えても成り立つ．

例 **2.8.1** 次の関数の極限を求めよ.

(1) $\displaystyle\lim_{x\to 0}\frac{\arcsin x}{\arctan x}$　　(2) $\displaystyle\lim_{x\to 1-0}\frac{1-\sqrt{x}}{\sqrt{1-x}}$　　(3) $\displaystyle\lim_{x\to 0}\frac{x-\sin x}{x^3}$

解答 (1) $\displaystyle\lim_{x\to 0}\frac{\arcsin x}{\arctan x}=\lim_{x\to 0}\frac{\dfrac{1}{\sqrt{1-x^2}}}{\dfrac{1}{1+x^2}}=1$

(2) $\displaystyle\lim_{x\to 1-0}\frac{1-\sqrt{x}}{\sqrt{1-x}}=\lim_{x\to 1-0}\frac{\dfrac{-1}{2\sqrt{x}}}{\dfrac{-1}{2\sqrt{1-x}}}=\lim_{x\to 1-0}\frac{\sqrt{1-x}}{\sqrt{x}}=0$

(3) $\displaystyle\lim_{x\to 0}\frac{x-\sin x}{x^3}=\lim_{x\to 0}\frac{1-\cos x}{3x^2}=\lim_{x\to 0}\frac{\sin x}{6x}=\frac{1}{6}$ 　　　　**解答終了**

注意 (3) のように, ロピタルの定理は繰り返し適用することができる.

問 **2.8.1** 次の関数の極限を求めよ.

(1) $\displaystyle\lim_{x\to 2}\frac{x^2+x-6}{x^2-4}$　　(2) $\displaystyle\lim_{x\to 0}\frac{e^{3x}-e^{-3x}}{x}$　　(3) $\displaystyle\lim_{x\to 2}\frac{\sqrt{x-1}-1}{\sqrt{x+2}-2}$

(4) $\displaystyle\lim_{x\to 1}\frac{(x+3)\log x}{x-1}$　　(5) $\displaystyle\lim_{x\to 0}\frac{\log(1+x+x^2)}{x}$　　(6) $\displaystyle\lim_{x\to +0}\frac{\arcsin\sqrt{x}}{\tan\sqrt{x}}$

証明は省略するが, 次の定理も同様に成り立つ.

定理 2.8.3（ロピタルの定理 **2**）

関数 $f(x)$, $g(x)$ がともに開区間 $I=(M,\infty)$ において微分可能であり, かつ $g'(x)\neq 0$ とする. さらに $\displaystyle\lim_{x\to\infty}f(x)=\lim_{x\to\infty}g(x)=0$ が成り立つとする. このとき $\displaystyle\lim_{x\to\infty}\frac{f'(x)}{g'(x)}$ が存在するならば

$$\lim_{x\to\infty}\frac{f(x)}{g(x)}=\lim_{x\to\infty}\frac{f'(x)}{g'(x)}$$

が成り立つ.

$I=(-\infty,M)$, $x\to-\infty$ の場合も同様のことが成り立つ.

定理 2.8.4（ロピタルの定理 **3**）

I は a を内部に含む開区間とし，関数 $f(x)$, $g(x)$ がともに a を除く任意の $x \in I$ において微分可能であり，かつ $g'(x) \neq 0$ とする．さらに $\lim\limits_{x \to a} f(x) = \pm\infty$, $\lim\limits_{x \to a} g(x) = \pm\infty$ が成り立つとする．このとき $\lim\limits_{x \to a} \dfrac{f'(x)}{g'(x)}$ が存在するならば

$$\lim_{x \to a} \frac{f(x)}{g(x)} = \lim_{x \to a} \frac{f'(x)}{g'(x)}$$

が成り立つ．

定理 2.8.5（ロピタルの定理 **4**）

関数 $f(x), g(x)$ がともに開区間 $I = (M, \infty)$ において微分可能であり，かつ $g'(x) \neq 0$ とする．さらに $\lim\limits_{x \to \infty} f(x) = \pm\infty$, $\lim\limits_{x \to \infty} g(x) = \pm\infty$ が成り立つとする．このとき $\lim\limits_{x \to \infty} \dfrac{f'(x)}{g'(x)}$ が存在するならば

$$\lim_{x \to \infty} \frac{f(x)}{g(x)} = \lim_{x \to \infty} \frac{f'(x)}{g'(x)}$$

が成り立つ．

$I = (-\infty, M)$, $x \to -\infty$ の場合も同様のことが成り立つ．

例 **2.8.2**　次の関数の極限を求めよ．

(1) $\lim\limits_{x \to \frac{\pi}{2} - 0} \dfrac{\tan x}{\log\left(\dfrac{\pi}{2} - x\right)}$　(2) $\lim\limits_{x \to \infty} \dfrac{e^x}{x^2}$　(3) $\lim\limits_{x \to \infty} \dfrac{\log x}{\sqrt{x}}$

解答　(1) $\displaystyle\lim_{x \to \frac{\pi}{2} - 0} \frac{\tan x}{\log\left(\dfrac{\pi}{2} - x\right)} = \lim_{x \to \frac{\pi}{2} - 0} \frac{\dfrac{1}{\cos^2 x}}{\dfrac{-1}{\dfrac{\pi}{2} - x}} = \lim_{x \to \frac{\pi}{2} - 0} \frac{x - \dfrac{\pi}{2}}{\cos^2 x}$

$$= \lim_{x \to \frac{\pi}{2} - 0} \frac{1}{-2\sin x \cos x} = -\infty$$

(2) $\displaystyle\lim_{x \to \infty} \frac{e^x}{x^2} = \lim_{x \to \infty} \frac{e^x}{2x} = \lim_{x \to \infty} \frac{e^x}{2} = \infty$

(3) $\displaystyle\lim_{x \to \infty} \frac{\log x}{\sqrt{x}} = \lim_{x \to \infty} \frac{\dfrac{1}{x}}{\dfrac{1}{2\sqrt{x}}} = \lim_{x \to \infty} \frac{2}{\sqrt{x}} = 0$

解答終了

注意 不定形ではない場合にロピタルの定理を適用してはならない．たとえば

$$\lim_{x \to 0} \frac{x}{(x+1)^2} = 0$$

だが

$$\lim_{x \to 0} \frac{(x)'}{((x+1)^2)'} = \lim_{x \to 0} \frac{1}{2(x+1)} = \frac{1}{2}$$

となり，2 つの極限は一致しない．

問 **2.8.2** 次の関数の極限を求めよ．

(1) $\displaystyle \lim_{x \to \infty} \frac{x^4}{e^x}$ (2) $\displaystyle \lim_{x \to \infty} \frac{e^x - e^{-x}}{e^x + e^{-x}}$ (3) $\displaystyle \lim_{x \to \infty} \frac{x^3 \log x}{e^x}$

(4) $\displaystyle \lim_{x \to \infty} \frac{(\log x)^3}{x^2}$ (5) $\displaystyle \lim_{x \to \infty} \frac{\log(2x+3)}{\log(x+5)}$ (6) $\displaystyle \lim_{x \to \infty} \frac{\log(x^3 + x^2)}{x}$

不定形には $\dfrac{0}{0}$, $\dfrac{\infty}{\infty}$ の他に $0 \times \infty$, $\infty - \infty$, ∞^0, 1^∞, 0^0 などの形の不定形がある．これらの場合は工夫してロピタルの定理 1〜4 を適用する．

例 **2.8.3** 次の関数の極限を求めよ．

(1) $\displaystyle \lim_{x \to +0} x \log x$ (2) $\displaystyle \lim_{x \to 0} \left(\frac{1}{x} - \frac{1}{\sin x} \right)$ (3) $\displaystyle \lim_{x \to \infty} x^{\frac{1}{x}}$

解答 (1) $\displaystyle \lim_{x \to +0} x \log x = \lim_{x \to +0} \frac{\log x}{\frac{1}{x}} = \lim_{x \to +0} \frac{\frac{1}{x}}{-\frac{1}{x^2}} = \lim_{x \to +0} (-x) = 0$

(2) $\displaystyle \lim_{x \to 0} \left(\frac{1}{x} - \frac{1}{\sin x} \right) = \lim_{x \to 0} \frac{\sin x - x}{x \sin x} = \lim_{x \to 0} \frac{\cos x - 1}{\sin x + x \cos x}$
$\displaystyle = \lim_{x \to 0} \frac{-\sin x}{2 \cos x - x \sin x} = 0$

(3) $\displaystyle \lim_{x \to \infty} x^{\frac{1}{x}} = \lim_{x \to \infty} e^{\log x^{\frac{1}{x}}} = \lim_{x \to \infty} e^{\frac{\log x}{x}}$
ここで

$$\lim_{x \to \infty} \frac{\log x}{x} = \lim_{x \to \infty} \frac{\frac{1}{x}}{1} = 0$$

であるから

$$\lim_{x \to \infty} x^{\frac{1}{x}} = e^0 = 1$$

解答終了

問 2.8.3 次の関数の極限を求めよ.

(1) $\displaystyle\lim_{x \to +0} \sqrt{x} \log x$　　(2) $\displaystyle\lim_{x \to \infty} x \sin \frac{1}{x}$　　(3) $\displaystyle\lim_{x \to 1} \left(\frac{x}{x-1} - \frac{1}{\log x} \right)$

(4) $\displaystyle\lim_{x \to -\infty} (1-x)^{\frac{1}{x}}$　　(5) $\displaystyle\lim_{x \to 1+0} (\log x)^{x-1}$　　(6) $\displaystyle\lim_{x \to \infty} x \left(\frac{\pi}{2} - \arctan x \right)$

余談　有用だが注意を要するロピタルの定理

　ロピタルの定理は非常に有用であるが，不定形であることを確認してすぐにロピタルの定理に飛び付くとひどい目に遭うこともあるので注意が必要である．たとえば，

$$\lim_{x \to \infty} \frac{x + \cos x}{x} \text{ を求めよ}$$

という問に対して，$\dfrac{\infty}{\infty}$ 型の不定形だからといってロピタルの定理を使うと

$$\lim_{x \to \infty} \frac{x + \cos x}{x} = \lim_{x \to \infty} \frac{(x + \cos x)'}{(x)'} = \lim_{x \to \infty} \frac{1 - \sin x}{1}$$

となり，「$\displaystyle\lim_{x \to \infty} \sin x$ は存在しないので，$\displaystyle\lim_{x \to \infty} \frac{x + \cos x}{x}$ は存在しない」となってしまう．しかし，実際には

$$\lim_{x \to \infty} \left| \frac{\cos x}{x} \right| \leqq \lim_{x \to \infty} \frac{1}{|x|} = 0$$

なので，はさみうちの原理により $\displaystyle\lim_{x \to \infty} \frac{\cos x}{x} = 0$ がわかる．したがって，

$$\lim_{x \to \infty} \frac{x + \cos x}{x} = 1$$

である．本書で取り上げているロピタルの定理の仮定をよく見ればわかるが，そこに

$$\lim_{x \to \infty} \frac{f'(x)}{g'(x)} \text{ が存在するならば}$$

という条件があることを忘れないでほしい.

　また，ロピタルの定理を適用する際には次のような点にも注意しなくてはならない．たとえば定理 1.8.6 で示した事実を

$$\lim_{x \to 0} \frac{\sin x}{x} = \lim_{x \to 0} \frac{(\sin x)'}{(x)'} = \lim_{x \to 0} \frac{\cos x}{1} = 1$$

とロピタルの定理を用いて計算すれば容易に示されたように見えるが，実は

$$(\sin x)' = \cos x$$

であることの証明に定理 1.8.6 を使っているのである．このような論理展開を循環論法といい，専門家でもついやってしまう誤りである．・・・あっ．(この続きは解答サイトで.)

2.9 関数の増減と凹凸

この節では，テイラーの定理を利用して関数のグラフの概形をつかむことを目標とする．グラフの概形は大まかにいって増減，極値，凹凸および無限遠での挙動がわかれば描くことができる．

2.9.1 増減表

定理 2.6.3 より，x が増加するときの $f(x)$ の増減が $f'(x)$ の符号により判定できる．

例 2.9.1 次の関数の増減を調べよ．
(1) $f(x) = x^2 + 4x + 5$　　(2) $g(x) = xe^{-x}$

解答 (1) $f'(x) = 2x + 4 = 2(x+2)$ より

$$f'(x) > 0 \iff x > -2$$
$$f'(x) < 0 \iff x < -2$$

となる．したがって，$f(x)$ は $(-\infty, -2)$ において単調減少であり，$(-2, \infty)$ において単調増加である．

(2) $g'(x) = e^{-x} - xe^{-x} = (1-x)e^{-x}$ より

$$g'(x) > 0 \iff x < 1$$
$$g'(x) < 0 \iff x > 1$$

となる．したがって，$g(x)$ は $(-\infty, 1)$ において単調増加であり，$(1, \infty)$ において単調減少である．　　　　　　　　　　　　　**解答終了**

この例でわかったことを，下のように表すとその関数の増減がよりわかりやすくなる．この表のことを増減表とよぶ．"↗"，"↘" はそれぞれ単調増加，単調減少を意味している．

	x	$\cdots$	-2	$\cdots$
(1)	$f'(x)$	$-$	0	$+$
	$f(x)$	$\searrow$	1	$\nearrow$

	x	$\cdots$	1	$\cdots$
(2)	$g'(x)$	$+$	0	$-$
	$g(x)$	$\nearrow$	$\dfrac{1}{e}$	$\searrow$

2.9.2　関数の極値

関数 $f(x)$ とその定義域内の a が与えられたとする．このとき，a の近くの任意の x $(\neq a)$ に対して $f(x) > f(a)$ が成り立つとき，$f(a)$ を**極小値 (minimal value)** という．また $f(x)$ は $x = a$ において極小値 $f(a)$ をとるともいう．同様に，a の近くの任意の x $(\neq a)$ に対して $f(x) < f(a)$ が成り立つとき，$f(a)$ を**極大値 (maximal value)** という．また $f(x)$ は $x = a$ において極大値をとるともいう．極小値と極大値をあわせて**極値 (extremum)** とよぶ．

定義より，極値とは関数 $f(x)$ の $x = a$ 近くにおける最大値・最小値といえる．したがって，ロルの定理の証明と同様にして次の定理が示される．

> **定理 2.9.1**　微分可能な関数 $f(x)$ が $x = a$ において極値をとるならば $f'(a) = 0$ が成り立つ．

しかし，$f'(a) = 0$ であっても $f(a)$ が極値であるとは限らない．たとえば，$f(x) = x^3$ に対して $f'(0) = 0$ だが $f(0) = 0$ は極値ではない．

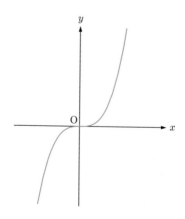

図 2.7　$y = x^3$ のグラフ

$f(x)$ が $f'(a) = 0$ を満たす a において極大値をとるのか，極小値をとるのか，あるいは極値をとらないのかは，関数の増減を調べればわかる．すなわち次の定理が成り立つ．

> **定理 2.9.2**   微分可能な関数 $f(x)$ に対して，$f'(a) = 0$ であるとき次が成り立つ．
> (1) $x = a$ の前後で $f'(x)$ の符号が正から負に転じるならば $f(a)$ は極大値
> (2) $x = a$ の前後で $f'(x)$ の符号が負から正に転じるならば $f(a)$ は極小値

たとえば，例 2.9.1 において，$f(-2) = 1$ は極小値であり，$g(1) = \dfrac{1}{e}$ は極大値である．

> **例 2.9.2**   次の関数の極値を求めよ．
> (1) $f(x) = x^3 - 6x^2 + 9x - 4$ (2) $f(x) = 3x^4 - 4x^3 + 3$

解答   (1) $f'(x) = 3x^2 - 12x + 9 = 3(x-1)(x-3)$ より，$f'(x) = 0$ となるのは $x = 1, 3$ である．このとき増減表は

x	$\cdots$	1	$\cdots$	3	$\cdots$
$f'(x)$	+	0	−	0	+
$f(x)$	↗	0	↘	−4	↗

となるので，$f(x)$ は $x = 1$ において極大値 $f(1) = 0$ をとり，$x = 3$ において極小値 $f(3) = -4$ をとる．

(2) $f'(x) = 12x^3 - 12x^2 = 12x^2(x-1)$ より，$f'(x) = 0$ となるのは $x = 0, 1$ である．このとき増減表は

x	$\cdots$	0	$\cdots$	1	$\cdots$
$f'(x)$	−	0	−	0	+
$f(x)$	↘	3	↘	2	↗

となるので，$f(x)$ は $x = 1$ において極小値 $f(1) = 2$ をとる．   解答終了

注意   上の例の (2) において，$f'(0) = 0$ であるが，その前後で導関数 $f'(x)$ の符号が変わっていないので $f(0) = 3$ は極値ではない．

問 **2.9.1** 次の関数の極値を求めよ.

(1) $f(x) = x^4 + 2x^3 + 3$ 　　(2) $f(x) = x^2(1-x)^3$ 　　(3) $f(x) = x^2 - \log x^4$

(4) $f(x) = xe^{-x^2}$ 　　　　　　(5) $f(x) = x^2 e^{-x}$ 　　　　　(6) $f(x) = \dfrac{x^2}{x^2+2}$

2.9.3　関数の凹凸

　ある区間 I 内の任意の x において $f''(x) > 0$ であると仮定する. このとき, テイラーの定理で $n = 1$ とすると, I 内の任意の $a,\ x\ (a \neq x)$ に対して

$$f(x) = f(a) + f'(a)(x-a) + \frac{1}{2}f''(c)(x-a)^2$$

を満たす c が a と x の間に存在する. 特に $c \in I$ であるから, 上の仮定より $f''(c)(x-a)^2 > 0$ となり

$$f(x) > f(a) + f'(a)(x-a)$$

が成り立つ. $y = f'(a)(x-a) + f(a)$ は曲線 $y = f(x)$ の点 $(a, f(a))$ における接線であるから, この不等式は下図左のように, $x = a$ の付近では曲線 $y = f(x)$ のグラフが, 接線 $y = f'(a)(x-a) + f(a)$ のグラフよりも上にあることを意味している. このような状態を, $y = f(x)$ は下に凸 (downward convex) であるという.

　同様に区間 I において $f''(x) < 0$ が成り立つならば, I 内の任意の a に対して, 曲線 $y = f(x)$ のグラフは下図右のように点 $(a, f(a))$ における接線 $y = f'(a)(x-a) + f(a)$ のグラフよりも下にある.

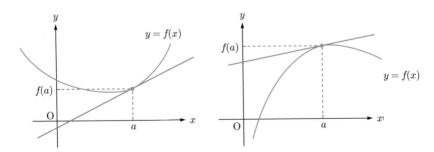

図 **2.8**　関数の凹凸

　このような状態のとき, $y = f(x)$ は上に凸 (upward convex) であるという. ま

た関数の凹凸が変わるグラフ上の点を曲線 $y = f(x)$ の変曲点 (inflection point) という.

　関数の増減表に凹凸の欄も加えると，その関数の変化がよりはっきりわかり，正確なグラフを描くことができる.

例 2.9.3　$f(x) = e^{-2x^2}$ の増減と凹凸を調べ，変曲点と極値があれば求めよ. また $y = f(x)$ のグラフの概形を描け.

解答　$f'(x) = -4xe^{-2x^2}$ であるから $f'(x) = 0$ となるのは $x = 0$ であり，また $f''(x) = -4e^{-2x^2} + 16x^2 e^{-2x^2} = 4(4x^2 - 1)e^{-2x^2}$ であるから，$f''(x) = 0$ となるのは $x = \dfrac{1}{2}, -\dfrac{1}{2}$ である. さらに

$$\lim_{x \to \infty} f(x) = \lim_{x \to \infty} \frac{1}{e^{2x^2}} = 0, \quad \lim_{x \to -\infty} f(x) = \lim_{x \to -\infty} \frac{1}{e^{2x^2}} = 0$$

である. 以上のことから増減表は次のようになる.

x	$(-\infty)$	$\cdots$	$-\dfrac{1}{2}$	$\cdots$	0	$\cdots$	$\dfrac{1}{2}$	$\cdots$	(∞)
$f'(x)$		$+$	$+$	$+$	0	$-$	$-$	$-$	
$f''(x)$		$+$	0	$-$	$-$	$-$	0	$+$	
$f(x)$	(0)	⤴	$\dfrac{1}{\sqrt{e}}$	⤴	1	⤵	$\dfrac{1}{\sqrt{e}}$	⤵	(0)

ここで

　⤴：　単調増加かつ上に凸

　⤵：　単調減少かつ上に凸

　↘：　単調減少かつ下に凸

　↗：　単調増加かつ下に凸

の意味である.

　増減表より $f(x)$ は $x = 0$ で極大値 1 をとり，2 点 $\left(-\dfrac{1}{2}, \dfrac{1}{\sqrt{e}}\right)$, $\left(\dfrac{1}{2}, \dfrac{1}{\sqrt{e}}\right)$ は変曲点である.

$y = f(x)$ のグラフは下図のようになる.

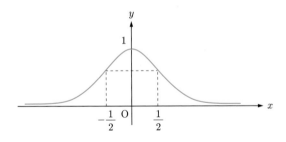

図 **2.9** $y = e^{-2x^2}$ のグラフ

解答終了

　最後に,増減表を用いない極値の判定法について触れておく.関数 $f(x)$ に対して,$f'(a) = 0$ であるならば,曲線 $y = f(x)$ の点 $(a, f(a))$ における接線の方程式は $y = f(a)$ である.さらに,a の近くの任意の x において $f''(x) > 0$ であるならば,関数の凸性から曲線 $y = f(x)$ のグラフは a の近くで接線 $y = f(a)$ よりも上にある.したがって,a の近くの任意の $x\ (\neq a)$ に対して $f(x) > f(a)$ が成り立つ.すなわち,$f(a)$ は極小値である.同様に,$f''(a) < 0$ ならば,$f(a)$ は極大値であることがわかる.

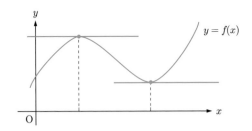

図 **2.10** 極値と凹凸の関係

以上をまとめると,次の定理になる.

定理 **2.9.3** C^2-級である関数 $f(x)$ に対して $f'(a) = 0$ であるとき，次が成り立つ.

  (1) $f''(a) < 0$ ならば $f(a)$ は極大値.

  (2) $f''(a) > 0$ ならば $f(a)$ は極小値.

注意 $f'(a) = f''(a) = 0$ の場合，$f(a)$ が極値であるかどうかこの定理からは判定できない.

例 **2.9.4** $f(x) = x^3 - 6x^2 + 9x - 4$ の極値を求めよ.

解答 $f'(x) = 3x^2 - 12x + 9 = 3(x-1)(x-3)$ より $f'(1) = 0$, $f'(3) = 0$ である．また，$f''(x) = 6x - 12$ であるから，$f''(1) = -6 < 0$, $f''(3) = 6 > 0$ である．したがって，$f(x)$ は $x = 1$ において極大値 $f(1) = 0$ をとり，$x = 3$ において極小値 $f(3) = -4$ をとる.   解答終了

問 **2.9.2** 次の関数の増減と凹凸を調べ，変曲点と極値があれば求めよ．また，$y = f(x)$ のグラフの概形を描け.

  (1) $f(x) = x(x-4)^3$ (2) $f(x) = x^5 - 15x^3 + 3$ (3) $f(x) = \dfrac{4x}{x^2 + 1}$

問 **2.9.3** 定理 2.9.3 を使って，次の関数の極値を求めよ.

  (1) $f(x) = \dfrac{\log x}{x}$ (2) $f(x) = x^2(3 - \log x)$ (3) $f(x) = (x-2)^2 e^{-2x}$

演習問題 2

【A】

1. 次の関数を微分せよ.

(1) $3x^3 + 2x - 5$ (2) $\sqrt{2x+3}$ (3) $\sqrt{x^2 + 3x + 1}$ (4) $(2x^2 + 3)^{\frac{2}{3}}$

(5) $x^2 \sqrt{x}$ (6) $x\sqrt{3 - 2x^2}$ (7) $\dfrac{3}{2x+5}$ (8) $\dfrac{3x+1}{x^2+4}$

(9) $\dfrac{1}{x\sqrt{x}}$ (10) $\dfrac{x}{\sqrt{2x+3}}$ (11) $\cos 3x$ (12) $\sin x^2$

(13) $\dfrac{1}{\tan x}$ (14) $\sin \sqrt{x}$ (15) $\tan \dfrac{1}{x}$ (16) $\tan \dfrac{1}{\sqrt{x}}$

(17) $\cos^3 x$ (18) $\cos x \tan x$ (19) $x^2 \sin x^2$ (20) $\dfrac{1}{\cos x}$

(21) e^{-3x} (22) $e^{\sqrt{x}}$ (23) $x^2 e^{-x}$ (24) $\dfrac{x+3}{e^{2x}}$

(25) $\log 3x$ (26) $\log (x^3 + 3)$ (27) $x \log (2x+1)$ (28) $x^3 \log x$

(29) $\log \dfrac{3}{x^2}$ (30) 10^x (31) 3^{2x} (32) $\log_5 x$

(33) $\log_x 3$ (34) $\arcsin (1 - x)$ (35) $\arccos (\tan x)$ (36) $\arctan \sqrt{x}$

2. 次の関数を微分せよ. ただし, (6) では $a \neq 0$, (12) では $a > 0$ とする.

(1) $x(x^2 - 4)^{\frac{2}{3}}$ (2) $\left(\sqrt{x} + \dfrac{1}{\sqrt{x}} \right)^2$ (3) $\tan^3 2x$

(4) $\log \left| \dfrac{1 - \cos x}{1 + \cos x} \right|$ (5) $\log \sqrt{x^2 + 2x + 4}$ (6) $\log \left| x + \sqrt{x^2 + a} \right|$

(7) 2^{x^2} (8) e^{e^x} (9) $x^{\log x}$

(10) $\arctan \left(\dfrac{x+a}{1 - ax} \right)$ (11) $\arctan \dfrac{x-2}{x+2}$ (12) $x\sqrt{a^2 - x^2} + a^2 \arcsin \dfrac{x}{a}$

3. 曲線 $y = f(x)$ の [ ] 内の点における接線の方程式を求めよ.

(1) $f(x) = \sqrt[3]{x^2 - 2x}$ $[\, (4, f(4)) \,]$ (2) $f(x) = \dfrac{x^2}{x^2 + 3x + 2}$ $[\, (2, f(2)) \,]$

(3) $f(x) = x^2 e^{x^2}$ $[\, (-1, f(-1)) \,]$ (4) $f(x) = x \log \left(x + \dfrac{1}{x} \right)$ $[\, (e, f(e)) \,]$

(5) $f(x) = x^x$ $[\, (2, f(2)) \,]$ (6) $f(x) = \sin^3 \left(x^2 + \dfrac{\pi}{6} \right)$ $[\, (\sqrt{\pi}, f(\sqrt{\pi})) \,]$

4. 次の関数の第 n 次導関数を求めよ.

(1) $f(x) = \dfrac{2x}{3x + 2}$　　　　(2) $f(x) = \dfrac{2x + 1}{x^2 + 2x - 3}$　　(3) $f(x) = 3^x$

(4) $f(x) = \log|x^2 + 3x + 2|$　　(5) $f(x) = \log\sqrt{1 - x^2}$　　(6) $f(x) = \cos^2 x$

(7) $f(x) = \sin x \sin 2x$　　　　(8) $f(x) = x^2 \cos 2x$　　　(9) $f(x) = x\sqrt{1 + x}$

5. 次の関数の [ ] 内の点を中心とする第 3 次テイラー展開を求めよ. ただし, 剰余項は $R_4(x)$ とし, 具体的に求める必要はない.

(1) $f(x) = x^4 - 2x^3 + x^2 - 3$　$[\,a = 1\,]$

(2) $f(x) = e^{-3x}$　$[\,a = -2\,]$

(3) $f(x) = \cos\left(2x - \dfrac{\pi}{3}\right)$　$\left[\,a = \dfrac{\pi}{3}\,\right]$

(4) $f(x) = \dfrac{2}{3x + 2}$　$[\,a = -1\,]$

(5) $f(x) = \log(4 - x^2)$　$[\,a = 1\,]$

6. 次の関数のマクローリン級数を求めよ.

(1) $f(x) = e^{-4x}$　　　(2) $f(x) = x^2 e^x$　　　(3) $f(x) = e^{-x^2}$

(4) $f(x) = \cos x^2$　　(5) $f(x) = (x^2 + 2)\sin 2x$　(6) $f(x) = \dfrac{3}{2x + 3}$

(7) $f(x) = \dfrac{1}{2 + x^2}$　(8) $f(x) = \dfrac{1}{x^2 - 3x + 2}$　(9) $f(x) = \log(3 - 2x)$

7. 次の関数の極限を求めよ. ただし, $a > 0$ とする.

(1) $\displaystyle\lim_{x \to 1-0} \dfrac{1 - x}{\sqrt{1 - x^2}}$　　(2) $\displaystyle\lim_{x \to 1} \dfrac{\sqrt{x + 2} - \sqrt{3}}{\sqrt{x} - 1}$　(3) $\displaystyle\lim_{x \to \infty} x^2 e^{-\sqrt{x}}$

(4) $\displaystyle\lim_{x \to \infty} x^a e^{-x}$　　　(5) $\displaystyle\lim_{x \to \infty} \dfrac{\log x}{x^a}$　　(6) $\displaystyle\lim_{x \to +0} x^a \log x$

(7) $\displaystyle\lim_{x \to 0} \dfrac{1 - \cos x}{e^x + e^{-x} - 2}$　(8) $\displaystyle\lim_{x \to 0} \dfrac{\arcsin x}{x}$　(9) $\displaystyle\lim_{x \to 0} \dfrac{\tan^2 x}{x^2}$

(10) $\displaystyle\lim_{x \to 0} \dfrac{\arctan x^2}{\tan^2 x}$　(11) $\displaystyle\lim_{x \to \frac{\pi}{2}} \dfrac{\left(\dfrac{\pi}{2} - x\right)^2}{\cos x - 1}$　(12) $\displaystyle\lim_{x \to \infty} \dfrac{x + (\log x)^3}{x \log x}$

(13) $\displaystyle\lim_{x \to \infty} \dfrac{(\log x)^4}{x^2}$　(14) $\displaystyle\lim_{x \to \infty} (\log x)^{\frac{1}{x}}$　(15) $\displaystyle\lim_{x \to \infty} x \arctan\dfrac{1}{x}$

(16) $\displaystyle\lim_{x \to 0} \left(\dfrac{1}{x} - \dfrac{1}{\log(x + 1)}\right)$　(17) $\displaystyle\lim_{x \to -0} (1 - e^x)^x$　(18) $\displaystyle\lim_{x \to 1} x^{\frac{1}{x-1}}$

8. 次の関数の増減と凹凸を調べ, 変曲点と極値があれば求めよ. また $y = f(x)$ のグラフの概形を描け.

(1) $f(x) = x^3 + 3x^2 + 12x$　(2) $f(x) = \dfrac{x}{x^2 + 2x + 2}$　(3) $f(x) = \dfrac{x^2 - x + 4}{x^2 + 4}$

(4) $f(x) = (x^2 - 3)e^x$　　(5) $f(x) = x^3 e^{-x^2}$　　(6) $f(x) = x^2 \log x$

9. 次の関数の極値，最大値，最小値があれば求めよ．

(1) $f(x) = x^4 - 5x^2 + 4$ (2) $f(x) = x + \sqrt{4 - x^2}$

(3) $f(x) = x\sqrt{4 - x^2}$ (4) $f(x) = (x^3 - 3x^2)e^x$

(5) $f(x) = \dfrac{\log x}{x^2}$ (6) $f(x) = \cos^3 x + \sin^3 x \quad (0 \leqq x \leqq \pi)$

【B】

1. 関数 $f(x) = \begin{cases} x^2 \sin \dfrac{1}{x} & (x \neq 0) \\ 0 & (x = 0) \end{cases}$ は $x = 0$ において微分可能だが，導関数 $f'(x)$ は

$x = 0$ において連続ではないことを示せ．

注意 この結果から，$f(x)$ は微分可能であるが C^1-級ではないことがわかる．

2. （双曲線関数 (hyperbolic function)）

$$\cosh x = \frac{e^x + e^{-x}}{2}, \quad \sinh x = \frac{e^x - e^{-x}}{2}, \quad \tanh x = \frac{\sinh x}{\cosh x}$$

を**双曲線関数**という．このとき次を示せ．

(1) $(\cosh x)^2 - (\sinh x)^2 = 1$

(2) $\sinh(x + y) = \sinh x \cosh y + \cosh x \sinh y$

(3) $\cosh(x + y) = \cosh x \cosh y + \sinh x \sinh y$

(4) $(\sinh x)' = \cosh x, \quad (\cosh x)' = \sinh x, \quad (\tanh x)' = \dfrac{1}{(\cosh x)^2}$

注意 (1) から $x = \cosh t, \ y = \sinh t$ は，双曲線 $x^2 - y^2 = 1$ の媒介変数表示になっていることがわかる．

3. $\log(1 + x)$ の第 $(n - 1)$ 次マクローリン展開

$$\log(1 + x) = x - \frac{x^2}{2} + \frac{x^3}{3} - \cdots + (-1)^{n-2}\frac{x^{n-1}}{n - 1} + R_n(x)$$

において，$0 \leqq x \leqq 1$ のとき

$$\lim_{n \to \infty} R_n(x) = 0$$

が成り立つことを示せ．

注意 $-1 < x < 0$ のときは演習問題 3【B】**6** で示す．

4. $a \neq 0$ を定数とし，$f(x) = (1 + x)^a$ とおく．次の問いに答えよ．

(1) $f(x)$ の第 n 次導関数を求めよ．

(2) $\begin{pmatrix} a \\ 0 \end{pmatrix} = 1, \ \begin{pmatrix} a \\ 1 \end{pmatrix} = a, \ \begin{pmatrix} a \\ k \end{pmatrix} = \dfrac{a(a - 1)(a - 2) \cdots (a - k + 1)}{k!}$ とおくとき，

$f(x)$ の第 n 次マクローリン展開は

$$(1+x)^a = \binom{a}{0} + \binom{a}{1}x + \binom{a}{2}x^2 + \cdots + \binom{a}{n}x^n + R_{n+1}(x)$$

$$R_{n+1}(x) = \binom{a}{n+1}(1+\theta x)^{a-n-1}x^{n+1} \quad (0 < \theta < 1)$$

となることを示せ.

注意　$-1 < x < 1$ のとき，$\lim_{n \to \infty} R_n(x) = 0$ であることが知られている．　したがって，$-1 < x < 1$ ならば

$$(1+x)^a = \binom{a}{0} + \binom{a}{1}x + \binom{a}{2}x^2 + \cdots + \binom{a}{n}x^n + \cdots = \sum_{n=0}^{\infty}\binom{a}{n}x^n$$

が成り立つ.

(3)　$(1+x)^5$ のマクローリン級数を求めよ.

(4)　$\sqrt{1+x}$ のマクローリン級数の最初の 5 項を求めよ.

(5)　$\dfrac{1}{\sqrt{1+x}}$ のマクローリン級数の最初の 5 項を求めよ.

5. ライプニッツの公式（定理 2.5.1）を数学的帰納法で証明せよ.

6. $a, b, \omega\ (\omega > 0)$ を定数とする.

(1)　$y = ae^{2x} + be^{-3x}$ は微分方程式 $y'' + y' - 6y = 0$ を満たすことを示せ.

(2)　$y = a\cos\omega x + b\sin\omega x$ は微分方程式 $y'' + \omega^2 y = 0$ を満たすことを示せ.

(3)　$y = e^{-2x}\cos x$ は微分方程式 $y'' + 4y' + 5y = 0$ を満たすことを示せ.

(4)　$y = axe^{-3x}$ は微分方程式 $y'' + 6y' + 9y = 0$ を満たすことを示せ.

7. $f(x) = \arcsin x$ とおくとき，次の問いに答えよ.

(1)　$(1-x^2)f''(x) - xf'(x) = 0$ が成り立つことを示せ.

(2)　自然数 n に対して次の式が成り立つことを示せ.

$$(1-x^2)f^{(n+2)}(x) - (2n+1)xf^{(n+1)}(x) - n^2 f^{(n)}(x) = 0$$

(3)　$f^{(n)}(0)$ を求めよ.

8. $f(x) = \arctan x$ とおくとき，次の問いに答えよ.

(1)　$(1+x^2)f'(x) = 1$ が成り立つことを示せ.

(2)　自然数 n に対して次の式が成り立つことを示せ.

$$(1+x^2)f^{(n+2)}(x) + 2(n+1)xf^{(n+1)}(x) + n(n+1)f^{(n)}(x) = 0$$

(3)　$f^{(n)}(0)$ を求めよ.

3

定積分と不定積分

　この章では積分について解説する．表題にあるように，積分には図形の面積を求めるための定積分と，微分の逆演算としての不定積分がある．それぞれ定義は異なるが，これら 2 つの概念は「微分積分学の基本定理」によって密接に関係している．この章の目標は，定積分・不定積分の計算に習熟することである．

セントルイス（アメリカ）のシンボルであるゲートウェイ・アーチは空に向かって懸垂線（カテナリー）を描いている．懸垂線は力が釣り合った状態なので，建造物として安定している．（© Alamy/PPS）

3.1 定積分

　曲線の長さ・曲線で囲まれた部分の面積・曲面で囲まれた立体の体積などを考えるとき，これらの図形をよりシンプルな図形（線分・長方形・柱状立体など）の寄せ集めとして近似し，その極限として値を定める．このような考え方で定まる積分をリーマン積分という．この節では，曲線が囲む図形の面積をリーマン積分の考え方で定義しよう．

3.1.1 定積分の定義

　閉区間 $[a, b]$ で定義された連続関数 $f(x)$ を考え，曲線 $y = f(x)$ と 2 直線 $x = a$，$x = b$ および x 軸で囲まれる図形の "符号付き面積" を以下の手順で定義する．ここで，符号付き面積とは $f(x) > 0$ である部分は正の値を，$f(x) < 0$ である部分は負の値をとるような面積のことをいう．

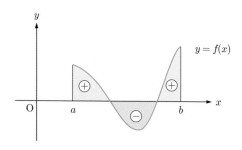

図 3.1　$\displaystyle\int_a^b f(x)\,dx$ の意味

1)　開区間 (a, b) 内に $(n-1)$ 個の点 $x_1, x_2, \cdots, x_{n-1}$ $(x_1 < x_2 < \cdots < x_{n-1})$ をとり，$[a, b]$ を n 個の小区間 $[x_0, x_1]$，$[x_1, x_2]$，$\cdots, [x_{n-1}, x_n]$ にわける．ただし，$x_0 = a$，$x_n = b$ とする．これを閉区間 $[a, b]$ の分割 (partition) といい

$$\Delta : x_0(= a),\ x_1,\ \cdots,\ x_{n-1},\ x_n(= b)$$

と表す．

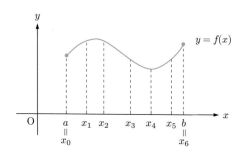

図 3.2　区間の分割

また，各 i に対して $\Delta x_i = x_i - x_{i-1}$ とし，分割 Δ の幅 (width)$|\Delta|$ を

$$|\Delta| = \max\{\Delta x_1,\ \Delta x_2, \cdots,\ \Delta x_n\}$$

と定義する．$|\Delta| \to 0$ としたとき，必然的に $n \to \infty$ となる．

2)　各小区間 $[x_{i-1},\ x_i]$ の中から，任意に点 ξ_i を選ぶ．これを代表点とよぶ．

3)　底辺の長さが Δx_i，高さが $f(\xi_i)$ であるような長方形の面積（正確には符号付き面積）を足し合わせたものを $R_\Delta(f)$ と表す．つまり

$$R_\Delta(f) = \sum_{i=1}^{n} f(\xi_i)\Delta x_i$$

とする．これを $f(x)$ の $[a,b]$ におけるリーマン和 (**Riemann sum**) という．

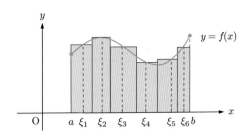

図 **3.3**　リーマン和

以上の準備の下で，分割 Δ のとり方と代表点 $\xi_1, \cdots, \xi_n$ の選び方によらず，$|\Delta| \to 0$ としたとき $R_\Delta(f)$ がある値に収束するならば，関数 $f(x)$ は閉区間 $[a,b]$ において定積分可能 (**definitely integrable**) であるという．またこの極限値を $f(x)$ の $[a,b]$ における定積分 (**definite integral**) といい $\displaystyle\int_a^b f(x)\,dx$ と表す．すなわち

$$\int_a^b f(x)\,dx = \lim_{|\Delta|\to 0} \sum_{i=1}^{n} f(\xi_i)\Delta x_i$$

である．

なお，$\displaystyle\int_a^b f(x)\,dx$ において $[a,b]$ を積分区間 (**interval of integration**), a を積分区間の**下端** (**lower limit**), b を積分区間の**上端** (**upper limit**) といい，$f(x)$ を被積分関数 (**integrand**), x を積分変数 (**variable of integration**) という．

注意 $f(x) > 0$ であるとき,定積分は曲線が囲む図形の通常の意味での面積となる.

また,$b \le a$ の場合は

$$\int_a^b f(x)\,dx = -\int_b^a f(x)\,dx$$

$$\int_a^a f(x)\,dx = 0$$

と定義する.

例 3.1.1 $f(x) = k$(定数)のとき $\displaystyle\int_a^b f(x)\,dx$ を求めよ.

解答 分割 Δ のとり方と代表点 $\xi_1, \cdots, \xi_n$ の
選び方によらず,$|\Delta| \to 0$ のとき

$$R_\Delta(f) = \sum_{i=1}^n f(\xi_i)\Delta x_i = k\sum_{i=1}^n \Delta x_i$$

$$= k(b-a) \longrightarrow k(b-a)$$

となるから,$f(x)$ は $[a,b]$ において定積分可能で

あり $\displaystyle\int_a^b f(x)\,dx = k(b-a)$ である. 解答終了

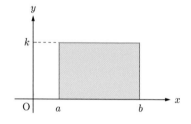

図 3.4 $\displaystyle\int_a^b k\,dx = k(b-a)$

　上の議論では定積分を "曲線で囲まれた図形の面積" ととらえるために $f(x)$ の
連続性を仮定したが,連続でない関数に対しても定積分可能性は同様に定義できる.
次の定理より,連続関数は必ず定積分可能であることがわかる.証明は省略する.

定理 3.1.1 閉区間 $[a,b]$ で連続な関数 $f(x)$ は $[a,b]$ において定積分可能で
ある.

注意 この定理により,連続関数に対するリーマン和は,閉区間 $[a,b]$ を n 等分し,各
$[x_{i-1}, x_i]$ の端点を代表点として選んだものを考えればよいことがわかる.

3.1.2 定積分の性質

　定積分について次の定理が成り立つ.

定理 **3.1.2** 関数 $f(x)$, $g(x)$ がともに閉区間 $[a, b]$ において定積分可能であるとき，次が成り立つ．

(1) $\displaystyle\int_a^b (kf(x) + \ell g(x))\, dx = k\int_a^b f(x)\, dx + \ell \int_a^b g(x)\, dx$ （k, ℓ は定数）

(2) $a \leqq c \leqq b$ なる c に対して $\displaystyle\int_a^b f(x)\, dx = \int_a^c f(x)\, dx + \int_c^b f(x)\, dx$

証明 (1) 仮定より，$[a, b]$ の任意の分割 Δ と代表点 $\xi_1, \cdots, \xi_n$ に対して

$$
\begin{aligned}
\int_a^b (kf(x) + \ell g(x))\, dx &= \lim_{|\Delta| \to 0} R_\Delta (kf + \ell g) \\
&= \lim_{|\Delta| \to 0} \sum_{i=1}^n (kf(\xi_i) + \ell g(\xi_i)) \Delta x_i \\
&= k \lim_{|\Delta| \to 0} \sum_{i=1}^n f(\xi_i) \Delta x_i + \ell \lim_{|\Delta| \to 0} \sum_{i=1}^n g(\xi_i) \Delta x_i \\
&= k \int_a^b f(x)\, dx + \ell \int_a^b g(x)\, dx
\end{aligned}
$$

となる．

(2) は定積分の意味（符号付き面積であること）より直観的に成り立つことがわかるので省略する． 証明終了

注意 定理 3.1.2 (2) は a, b, c の大小に関係なく成り立つ．実際，たとえば，$c < b < a$ の場合，定理 3.1.2 (2) より

$$
\int_c^a f(x)\, dx = \int_c^b f(x)\, dx + \int_b^a f(x)\, dx
$$

$$
-\int_a^c f(x)\, dx = \int_c^b f(x)\, dx - \int_a^b f(x)\, dx
$$

$$
\int_a^b f(x)\, dx = \int_a^c f(x)\, dx + \int_c^b f(x)\, dx
$$

となり，やはり (2) が成り立つ．他の場合も同様である．

定理 3.1.3　関数 $f(x)$, $g(x)$ がともに閉区間 $[a, b]$ において連続であり，かつ $[a, b]$ において $f(x) \leqq g(x)$ であるならば

$$\int_a^b f(x)\, dx \leqq \int_a^b g(x)\, dx$$

が成り立つ．なお，等号が成り立つのは恒等的に $f(x) = g(x)$ が成り立つときに限る．また，特に

$$\left| \int_a^b f(x)\, dx \right| \leqq \int_a^b |f(x)|\, dx$$

が成り立つ．

証明　分割 Δ のとり方と代表点 $\xi_1, \cdots, \xi_n$ の選び方によらず

$$\int_a^b f(x)\, dx = \lim_{|\Delta| \to 0} \sum_{i=1}^n f(\xi_i) \Delta x_i \leqq \lim_{|\Delta| \to 0} \sum_{i=1}^n g(\xi_i) \Delta x_i = \int_a^b g(x)\, dx$$

であるから 1 つ目の不等式は成り立つ．2 つ目の不等式については $-|f(x)| \leqq f(x) \leqq |f(x)|$ と 1 つ目の不等式から成り立つ．　　　**証明終了**

定積分が符号付き面積であることから次の定理が成り立つ．

定理 3.1.4　閉区間 $[-a, a]$ で連続な関数 $f(x)$ に対して次が成り立つ．

(1) $f(x)$ が偶関数ならば $\displaystyle \int_{-a}^a f(x)\, dx = 2 \int_0^a f(x)\, dx$.

(2) $f(x)$ が奇関数ならば $\displaystyle \int_{-a}^a f(x)\, dx = 0$.

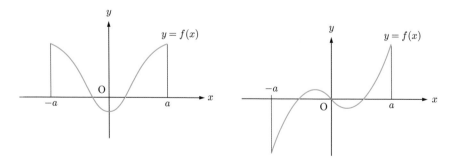

図 **3.5**　偶関数，奇関数のグラフ

定理 3.1.2, 3.1.3 および 3.1.4 は定積分を計算したり評価するために用いる重要な定理である．具体的な定積分の求め方については以下の節で扱うが，そのための準備として次の定理を述べる．

定理 3.1.5（積分の平均値の定理 (mean value theorem for integrals)）

関数 $f(x)$ が閉区間 $[a,b]$ において連続ならば

$$\int_a^b f(x)\,dx = f(c)(b-a)$$

を満たす c が (a,b) 内に少なくとも1つ存在する．

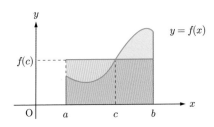

図 3.6　積分の平均値の定理

証明　$f(x)$ は $[a,b]$ において連続なので，定理 1.7.6 より $[a,b]$ 内で最小値 m および最大値 M をもつ．すなわち，$m = f(x_1)$, $M = f(x_2)$ となる x_1, x_2 $(x_1 \neq x_2)$ が $[a,b]$ 内に存在する．このとき，$M = m$ ならば $f(x)$ は定数関数なので，例 3.1.1 より開区間 (a,b) 内の任意の c に対して $\int_a^b f(x)\,dx = f(c)(b-a)$ が成り立つ．一方，$M > m$ のときは，$[a,b]$ 内の任意の x に対して

$$m \leqq f(x) \leqq M$$

となるので，定理 3.1.3 と例 3.1.1 より

$$\int_a^b m\,dx < \int_a^b f(x)\,dx < \int_a^b M\,dx$$

$$m(b-a) < \int_a^b f(x)\,dx < M(b-a)$$

$$f(x_1) = m < \frac{1}{b-a}\int_a^b f(x)\,dx < M = f(x_2)$$

が成り立つ．よって，$f(x)$ と閉区間 $[x_1, x_2]$（または $[x_2, x_1]$）に中間値の定理を適用することにより

$$\frac{1}{b-a}\int_a^b f(x)\,dx = f(c) \quad \text{すなわち} \quad \int_a^b f(x)\,dx = f(c)(b-a)$$

となる c が x_1 と x_2 の間に，したがって，(a,b) 内に存在する．　　証明終了

注意　$b < a$ の場合に定理 3.1.5 を適用すると

$$\int_b^a f(x)\,dx = f(c)(a-b)$$

となる c が (b,a) 内に少なくとも 1 つ存在するが，これは

$$\int_a^b f(x)\,dx = -\int_b^a f(x)\,dx = -f(c)(a-b) = f(c)(b-a)$$

と書き直すことができる．したがって，a と b の大小に関係なく

$$\int_a^b f(x)\,dx = f(c)(b-a)$$

となる c が a と b の間に存在する．

3.2 定積分の求め方

定積分を計算するとき，定義どおりリーマン和の極限を求めることはほとんどの場合困難である．この節では定積分を求めるためにはどのようにすればよいのかを解説する．

3.2.1 原始関数と不定積分

関数 $f(x)$ に対して $F'(x) = f(x)$ となるような関数 $F(x)$ を $f(x)$ の原始関数 (primitive function) という．たとえば，$\dfrac{1}{3}x^3$, $\dfrac{1}{3}x^3 - 1$ などは x^2 の原始関数である．このように，1 つの関数に対する原始関数は 1 つとは限らない．そこで，$f(x)$ の原始関数すべてからなる集合を不定積分 (indefinite integral) といい $\displaystyle\int f(x)\,dx$ と表す．つまり

$$\int f(x)\,dx = \{F(x) \,|\, F'(x) = f(x)\}$$

である．

関数 $F(x), G(x)$ がともに $f(x)$ の原始関数であるとき

$$(F(x) - G(x))' = F'(x) - G'(x) = f(x) - f(x) = 0$$

となるので，定理 2.6.3 より $F(x) - G(x)$ は定数関数である．つまり，$F(x) = G(x) + C$ となる定数 C が存在する．したがって，$F(x)$ を $f(x)$ の原始関数の 1 つとするとき，$f(x)$ の不定積分は

$$\int f(x)\,dx = \{F(x) + C \,|\, C \in \mathbb{R}\}$$

となる．そこで，集合の記号 { } を省略して，単に

$$\int f(x)\,dx = F(x) + C$$

と表すことにする．このとき，定数 C を積分定数 (integration constant) とよぶ．

例 3.2.1 次の不定積分を求めよ．

(1) $\displaystyle\int \cos x\,dx$ (2) $\displaystyle\int e^x\,dx$

解答 (1) $(\sin x)' = \cos x$ であるから $\displaystyle\int \cos x\,dx = \sin x + C$ となる. ただし, C は積分定数である.

(2) $(e^x)' = e^x$ であるから $\displaystyle\int e^x\,dx = e^x + C$ となる. ただし, C は積分定数である.

解答終了

3.2.2 定積分の求め方

次の定理は, 定積分と原始関数を関係付ける重要な定理である.

> **定理 3.2.1** (微分積分学の基本定理 (Fundamental Theorem of Calculus))
> 関数 $f(x)$ は a を含む区間 I において連続であるとする. このとき, 各 $x \in I$ に対して $G(x) = \displaystyle\int_a^x f(t)\,dt$ とすると, $G(x)$ は I において微分可能であり
> $$G'(x) = f(x)$$
> が成り立つ. つまり, $G(x)$ は $f(x)$ の原始関数である.

証明 I 内の任意の x と十分 0 に近い h に対して, 積分の平均値の定理より
$$\int_x^{x+h} f(t)\,dt = f(c)(x+h-x) = f(c)h$$
を満たす c が x と $x+h$ の間に存在する. 特に, $h \to 0$ とすると $c \to x$ である. したがって

$$G'(x) = \lim_{h\to 0} \frac{G(x+h) - G(x)}{h} = \lim_{h\to 0} \frac{1}{h}\left(\int_a^{x+h} f(t)\,dt - \int_a^x f(t)\,dt \right)$$

$$= \lim_{h\to 0} \frac{1}{h} \int_x^{x+h} f(t)\,dt = \lim_{h\to 0} f(c) = f(x)$$

となり $G'(x) = f(x)$ が成り立つ.

証明終了

注意 この定理は, 連続関数に対しては必ず原始関数が存在することを保証している.

この定理から, 次の定理が導かれる.

> **定理 3.2.2** 関数 $f(x)$ は閉区間 $[a,b]$ で連続であるとする．このとき，$F(x)$ が $f(x)$ の原始関数ならば
>
> $$\int_a^b f(x)\,dx = F(b) - F(a)$$
>
> が成り立つ．

証明 定理 3.2.1 の $G(x)$ も $f(x)$ の原始関数であるから，$F(x) = G(x) + C$ となる定数 C が存在する．このとき $G(a) = 0$ であるから

$$F(a) = G(a) + C = C$$

となる．したがって

$$F(x) = G(x) + F(a)$$

であり，ここで $x = b$ とすると

$$F(b) - F(a) = G(b) = \int_a^b f(t)\,dt$$

が成り立つ． **証明終了**

つまり，定積分を求めるには被積分関数の原始関数を1つ求めて，上端・下端の値をその原始関数に代入して差をとればよいことがわかる．この2つの演算を整理するために

$$\int_a^b f(x)\,dx = \big[F(x)\big]_a^b = F(b) - F(a)$$

と表す．

3.2.3 典型的な不定積分の例

定積分の計算において本質的なことは原始関数を求めることである．次の定理に典型的な不定積分の例を挙げておく．

定理 3.2.3 次の (1)-(10) が成り立つ. ただし, 積分定数は省略する.

(1) $\displaystyle\int x^a\, dx = \frac{1}{a+1}x^{a+1} \quad (a \neq -1)$

(2) $\displaystyle\int \frac{1}{x}\, dx = \log|x|$

(3) $\displaystyle\int e^x\, dx = e^x, \qquad \int e^{ax}\, dx = \frac{1}{a}e^{ax} \quad (a \neq 0)$

(4) $\displaystyle\int \cos x\, dx = \sin x, \qquad \int \cos ax\, dx = \frac{1}{a}\sin ax \quad (a \neq 0)$

(5) $\displaystyle\int \sin x\, dx = -\cos x, \qquad \int \sin ax\, dx = -\frac{1}{a}\cos ax \quad (a \neq 0)$

(6) $\displaystyle\int \frac{1}{\cos^2 x}\, dx = \tan x$

(7) $\displaystyle\int \frac{1}{\sqrt{1-x^2}}\, dx = \arcsin x, \qquad \int \frac{1}{\sqrt{a^2-x^2}}\, dx = \arcsin\frac{x}{a} \quad (a > 0)$

(8) $\displaystyle\int \frac{1}{1+x^2}\, dx = \arctan x, \qquad \int \frac{1}{a^2+x^2}\, dx = \frac{1}{a}\arctan\frac{x}{a} \quad (a \neq 0)$

(9) $\displaystyle\int \frac{f'(x)}{f(x)}\, dx = \log|f(x)|$

(10) $\displaystyle\int \frac{1}{\sqrt{x^2+a}}\, dx = \log|x + \sqrt{x^2+a}| \quad (a \neq 0)$

証明 ほとんど明らかなので, (7), (8) および (10) のみ証明する.

(7)
$$\left(\arcsin\frac{x}{a}\right)' = \frac{1}{\sqrt{1-\dfrac{x^2}{a^2}}}\frac{1}{a} = \frac{1}{\sqrt{a^2-x^2}}$$

より
$$\int \frac{1}{\sqrt{a^2-x^2}}\, dx = \arcsin\frac{x}{a} + C$$

となる.

(8)
$$\left(\frac{1}{a}\arctan\frac{x}{a}\right)' = \frac{1}{a}\frac{1}{1+\dfrac{x^2}{a^2}}\frac{1}{a} = \frac{1}{a^2+x^2}$$

より
$$\int \frac{1}{a^2+x^2}\, dx = \frac{1}{a}\arctan\frac{x}{a} + C$$

となる.

(10) $\left(\log |x + \sqrt{x^2 + a}| \right)' = \dfrac{1}{x + \sqrt{x^2 + a}} \cdot \left(1 + \dfrac{x}{\sqrt{x^2 + a}} \right) = \dfrac{1}{\sqrt{x^2 + a}}$

より

$$\int \frac{1}{\sqrt{x^2 + a}} \, dx = \log |x + \sqrt{x^2 + a}| + C$$

となる. 証明終了

また，定理 2.2.1 からただちに次の定理がしたがう.

定理 3.2.4 $\displaystyle\int (kf(x) + \ell g(x)) \, dx = k \int f(x) \, dx + \ell \int g(x) \, dx$ (k, ℓ は定数)

例 3.2.2　次の定積分を求めよ.

(1) $\displaystyle\int_0^3 (x^2 - 2x - 1) \, dx$ (2) $\displaystyle\int_1^2 \frac{1}{x^2} \, dx$ (3) $\displaystyle\int_{-\pi}^{\pi} \cos \frac{x}{2} \, dx$

(4) $\displaystyle\int_0^2 e^{-x} \, dx$ (5) $\displaystyle\int_{-1}^3 \frac{1}{3 + x^2} \, dx$ (6) $\displaystyle\int_0^2 \frac{1}{2x + 1} \, dx$

解答　(1) $\displaystyle\int_0^3 (x^2 - 2x - 1) \, dx = \left[\frac{1}{3}x^3 - x^2 - x \right]_0^3 = -3$

(2) $\displaystyle\int_1^2 \frac{1}{x^2} \, dx = \int_1^2 x^{-2} dx = \left[-x^{-1} \right]_1^2 = -\frac{1}{2} + 1 = \frac{1}{2}$

(3) $\displaystyle\int_{-\pi}^{\pi} \cos \frac{x}{2} \, dx = \left[2 \sin \frac{x}{2} \right]_{-\pi}^{\pi} = 2 \sin \frac{\pi}{2} - 2 \sin \left(-\frac{\pi}{2} \right) = 4$

(4) $\displaystyle\int_0^2 e^{-x} \, dx = \left[-e^{-x} \right]_0^2 = -e^{-2} + 1 = 1 - \frac{1}{e^2}$

(5) $\displaystyle\int_{-1}^3 \frac{1}{3 + x^2} \, dx = \left[\frac{1}{\sqrt{3}} \arctan \frac{x}{\sqrt{3}} \right]_{-1}^3$

$\displaystyle\qquad = \frac{1}{\sqrt{3}} \left(\arctan \sqrt{3} - \arctan \left(-\frac{1}{\sqrt{3}} \right) \right)$

$\displaystyle\qquad = \frac{1}{\sqrt{3}} \left(\frac{\pi}{3} + \frac{\pi}{6} \right) = \frac{\pi}{2\sqrt{3}}$

(6) $\displaystyle\int_0^2 \frac{1}{2x + 1} \, dx = \frac{1}{2} \int_0^2 \frac{(2x + 1)'}{2x + 1} \, dx = \left[\frac{1}{2} \log (2x + 1) \right]_0^2 = \frac{1}{2} \log 5$ 解答終了

問 3.2.1 次の定積分を求めよ.

(1) $\displaystyle\int_{-1}^{2} (x^3 - 2x^2 + 3)\,dx$

(2) $\displaystyle\int_{1}^{4} \frac{1}{\sqrt{x}}\,dx$

(3) $\displaystyle\int_{0}^{\frac{\pi}{2}} \sin 2x\,dx$

(4) $\displaystyle\int_{-2}^{3} e^{-2x}\,dx$

(5) $\displaystyle\int_{-2}^{2\sqrt{3}} \frac{1}{x^2 + 4}\,dx$

(6) $\displaystyle\int_{0}^{1} \frac{1}{\sqrt{4 - x^2}}\,dx$

(7) $\displaystyle\int_{0}^{\frac{\pi}{4}} \tan x\,dx$

(8) $\displaystyle\int_{0}^{2} \frac{2x}{x^2 + 4}\,dx$

(9) $\displaystyle\int_{\sqrt{3}}^{3} \frac{1}{\sqrt{x^2 - 1}}\,dx$

■ 3.3 部分積分法・置換積分法

　すべての不定積分が，定理 3.2.3 で挙げた形になっているとは限らない．そこで，何らかの変形をしてから不定積分を求めるというような工夫が必要となってくる．この節ではその最も基本的な方法である**部分積分法**と**置換積分法**について解説する．部分積分法は積の微分法の，置換積分法は合成関数の微分法の，それぞれ逆演算といえる．

3.3.1 部分積分法

定理 3.3.1（部分積分法 (integration by parts)）
　(1) 関数 $f(x), g(x)$ がともに微分可能であるとき，

$$\int f'(x)g(x)\,dx = f(x)g(x) - \int f(x)g'(x)\,dx$$

が成り立つ．
　(2) 関数 $f(x), g(x)$ がともに閉区間 $[a,b]$ において C^1-級であるならば

$$\int_a^b f'(x)g(x)\,dx = [f(x)g(x)]_a^b - \int_a^b f(x)g'(x)\,dx$$

が成り立つ．

証明　(1) $(f(x)g(x))' = f'(x)g(x) + f(x)g'(x)$ であるから

$$\int (f'(x)g(x) + f(x)g'(x))\,dx = f(x)g(x) + C$$

である．したがって，定理 3.2.4 より

$$\int f'(x)g(x)\,dx = f(x)g(x) - \int f(x)g'(x)\,dx$$

が成り立つ．ここで，積分定数 C は $\displaystyle\int f(x)g'(x)\,dx$ の項に吸収した．
(2) 定理 3.2.2 より

$$\int_a^b (f'(x)g(x) + f(x)g'(x))\,dx = \int_a^b (f(x)g(x))'\,dx = [f(x)g(x)]_a^b$$

となるので定理 3.1.2 (1) から導かれる．　　　　　　　　　　　**証明終了**

例 3.3.1 次の定積分を求めよ.

(1) $\displaystyle\int_0^{\pi} (x+1)\cos x\, dx$ (2) $\displaystyle\int_0^2 xe^{\frac{x}{2}}\, dx$ (3) $\displaystyle\int_1^e \log x\, dx$

解答 (1) $\displaystyle\int_0^{\pi} (x+1)\cos x\, dx = \left[(x+1)\sin x\right]_0^{\pi} - \int_0^{\pi}(x+1)'\sin x\, dx$

$$= -\int_0^{\pi}\sin x\, dx = \left[\cos x\right]_0^{\pi} = -2$$

(2) $\displaystyle\int_0^2 xe^{\frac{x}{2}}\, dx = \left[2xe^{\frac{x}{2}}\right]_0^2 - 2\int_0^2 (x)'e^{\frac{x}{2}}\, dx = 4e - 4\left[e^{\frac{x}{2}}\right]_0^2$

$$= 4e - 4(e-1) = 4$$

(3) $\displaystyle\int_1^e \log x\, dx = \int_1^e (x)'\log x\, dx = \left[x\log x\right]_1^e - \int_1^e 1\, dx = e - \left[x\right]_1^e$

$$= e - (e-1) = 1$$ **解答終了**

例 3.3.2 定積分 $\displaystyle\int_0^{\frac{\pi}{2}} e^{3x}\sin 2x\, dx$ を求めよ.

解答 $\displaystyle I = \int_0^{\frac{\pi}{2}} e^{3x}\sin 2x\, dx$

$$= \left[\frac{1}{3}e^{3x}\sin 2x\right]_0^{\frac{\pi}{2}} - \int_0^{\frac{\pi}{2}}\frac{2}{3}e^{3x}\cos 2x\, dx$$

$$= -\frac{2}{3}\left(\left[\frac{1}{3}e^{3x}\cos 2x\right]_0^{\frac{\pi}{2}} - \int_0^{\frac{\pi}{2}}\frac{1}{3}e^{3x}(-2\sin 2x)\, dx\right)$$

$$= -\frac{2}{9}\left(-e^{\frac{3}{2}\pi} - 1\right) - \frac{4}{9}I$$

となるので

$$\left(1 + \frac{4}{9}\right)I = \frac{2}{9}(e^{\frac{3}{2}\pi} + 1)$$

である. したがって

$$\int_0^{\frac{\pi}{2}} e^{3x}\sin 2x\, dx = I = \frac{2}{13}\left(e^{\frac{3}{2}\pi} + 1\right)$$

となる. **解答終了**

例 **3.3.3**　$a \neq 0$ に対して，不定積分 $\displaystyle\int \sqrt{x^2 + a}\, dx$ を求めよ．

解答

$$I = \int \sqrt{x^2 + a}\, dx = \int (x)' \sqrt{x^2 + a}\, dx$$

$$= x\sqrt{x^2 + a} - \int \frac{x^2}{\sqrt{x^2 + a}}\, dx$$

$$= x\sqrt{x^2 + a} - \int \frac{x^2 + a - a}{\sqrt{x^2 + a}}\, dx$$

$$= x\sqrt{x^2 + a} - \int \sqrt{x^2 + a}\, dx + \int \frac{a}{\sqrt{x^2 + a}}\, dx$$

$$= x\sqrt{x^2 + a} - I + a\log\left|x + \sqrt{x^2 + a}\right| + C'$$

であるから

$$I = \frac{1}{2}\left(x\sqrt{x^2 + a} + a\log\left|x + \sqrt{x^2 + a}\right|\right) + C$$

となる．ここで，$C = \dfrac{C'}{2}$ とおいた．　　　　　　　　　　　解答終了

問 **3.3.1**　次の定積分を求めよ．

(1) $\displaystyle\int_0^{\frac{\pi}{2}} x^2 \sin x\, dx$　　　　(2) $\displaystyle\int_{-2}^0 xe^{2x}\, dx$　　　　(3) $\displaystyle\int_0^1 x^2 e^{-2x}\, dx$

(4) $\displaystyle\int_1^e x\log x^2\, dx$　　　　(5) $\displaystyle\int_1^e (\log x)^2\, dx$　　　　(6) $\displaystyle\int_1^{\sqrt{3}} \arctan x\, dx$

(7) $\displaystyle\int_0^{\frac{\pi}{2}} e^{2x} \sin(-x)\, dx$　　(8) $\displaystyle\int_0^{\pi} e^{-x} \cos 3x\, dx$　　(9) $\displaystyle\int_0^2 \sqrt{x^2 + 1}\, dx$

3.3.2 置換積分法

> **定理 3.3.2**（置換積分法 (integration by substitution)）
> (1) 関数 $f(t)$ が連続であり，$\varphi(x)$ が微分可能であるとき，$t = \varphi(x)$ とおくと
> $$\int f\big(\varphi(x)\big)\varphi'(x)\,dx = \int f(t)\,dt$$
> が成り立つ.
> (2) 関数 $f(t)$ が閉区間 $[\alpha, \beta]$ で連続であり，$\varphi(x)$ が閉区間 $[a, b]$ で C^1-級であるとき，$\alpha = \varphi(a)$, $\beta = \varphi(b)$ ならば
> $$\int_a^b f\big(\varphi(x)\big)\varphi'(x)\,dx = \int_\alpha^\beta f(t)\,dt$$
> が成り立つ.

証明 (1) $F(t)$ を $f(t)$ の原始関数とすると，$F'(t) = f(t)$ であるから $\Big(F\big(\varphi(x)\big)\Big)' = f\big(\varphi(x)\big)\varphi'(x)$ となる. つまり，$F\big(\varphi(x)\big)$ は $f\big(\varphi(x)\big)\varphi'(x)$ の原始関数である. したがって

$$\int f\big(\varphi(x)\big)\varphi'(x)\,dx = F\big(\varphi(x)\big) + C = F(t) + C = \int f(t)\,dt$$

が成り立つ.

(2) 定理 3.2.2 より

$$\int_a^b f\big(\varphi(x)\big)\varphi'(x)\,dx = F\big(\varphi(b)\big) - F\big(\varphi(a)\big) = F(\beta) - F(\alpha) = \int_\alpha^\beta f(t)\,dt$$

が成り立つ. 　　　　　　　　　　　　　　　　　　　　　　　　　　　**証明終了**

> **例 3.3.4** 次の定積分を求めよ.
> (1) $\displaystyle\int_0^1 (1 - 3x)^4\,dx$ 　(2) $\displaystyle\int_{-1}^0 xe^{-x^2}\,dx$ 　(3) $\displaystyle\int_0^3 x\sqrt{3 - x}\,dx$
> (4) $\displaystyle\int_e^{e^3} \frac{1}{x\log x}\,dx$ 　(5) $\displaystyle\int_{\frac{\pi}{6}}^{\frac{\pi}{3}} \frac{\sin x}{\cos^2 x}\,dx$

解答 (1) $t = \varphi(x) = 1 - 3x$ とおくと

$$\frac{dt}{dx} = \varphi'(x) = -3$$

となり，また $\varphi(0) = 1$, $\varphi(1) = -2$ であるから

$$\int_0^1 (1 - 3x)^4 \, dx = -\frac{1}{3} \int_0^1 (1 - 3x)^4 \varphi'(x) \, dx = -\frac{1}{3} \int_1^{-2} t^4 \, dt$$

$$= -\frac{1}{3} \left[\frac{1}{5} t^5 \right]_1^{-2} = -\frac{1}{15}(-32 - 1) = \frac{11}{5}$$

注意　形式的に $\varphi'(x) \, dx = dt$ と書くとわかりやすい.

(2) $t = \varphi(x) = -x^2$ とおくと $x \, dx = -\frac{1}{2} dt$ となり，また $\varphi(-1) = -1$, $\varphi(0) = 0$ であるから

$$\int_{-1}^0 xe^{-x^2} \, dx = \int_{-1}^0 e^t \left(-\frac{1}{2} \right) dt = -\frac{1}{2} \int_{-1}^0 e^t \, dt = -\frac{1}{2} \left[e^t \right]_{-1}^0 = \frac{1 - e}{2e}$$

(3) $t = \varphi(x) = \sqrt{3 - x}$ とおくと $3 - x = t^2$ より $x = 3 - t^2$, したがって，$dx = -2t \, dt$ である. また $\varphi(0) = \sqrt{3}$, $\varphi(3) = 0$ であるから

$$\int_0^3 x\sqrt{3 - x} \, dx = \int_{\sqrt{3}}^0 (3 - t^2)t(-2t) \, dt = -2 \int_{\sqrt{3}}^0 (3t^2 - t^4) \, dt$$

$$= -2 \left[t^3 - \frac{1}{5} t^5 \right]_{\sqrt{3}}^0 = \frac{12}{5}\sqrt{3}$$

(4) $t = \varphi(x) = \log x$ とおくと $\frac{1}{x} dx = dt$ となり，また $\varphi(e) = 1$, $\varphi(e^3) = 3$ であるから

$$\int_e^{e^3} \frac{1}{x \log x} \, dx = \int_1^3 \frac{1}{t} \, dt = [\log t]_1^3 = \log 3$$

(5) $t = \varphi(x) = \cos x$ とおくと $\sin x \, dx = -dt$ となり，また $\varphi\left(\frac{\pi}{6} \right) = \frac{\sqrt{3}}{2}$, $\varphi\left(\frac{\pi}{3} \right) = \frac{1}{2}$ であるから

$$\int_{\frac{\pi}{6}}^{\frac{\pi}{3}} \frac{\sin x}{\cos^2 x} \, dx = -\int_{\frac{\sqrt{3}}{2}}^{\frac{1}{2}} \frac{1}{t^2} \, dt = \left[\frac{1}{t} \right]_{\frac{\sqrt{3}}{2}}^{\frac{1}{2}} = 2 - \frac{2}{\sqrt{3}} = \frac{2(3 - \sqrt{3})}{3}$$

解答終了

例 **3.3.5**　不定積分 $\displaystyle\int \sqrt{x^2 + 2x} \, dx$ を求めよ.

解答 $I = \displaystyle\int \sqrt{x^2 + 2x}\, dx = \int \sqrt{(x+1)^2 - 1}\, dx$ において，$t = x + 1$ とおく
と $dx = dt$ であるから，例 3.3.3 より

$$I = \int \sqrt{t^2 - 1}\, dt$$

$$= \frac{1}{2}\left(t\sqrt{t^2 - 1} - \log\left| t + \sqrt{t^2 - 1} \right| \right) + C$$

$$= \frac{1}{2}\left((x+1)\sqrt{(x+1)^2 - 1} - \log\left| x + 1 + \sqrt{(x+1)^2 - 1} \right| \right) + C$$

となる. **解答終了**

例 **3.3.6** 2 以上の整数 n に対して，次の等式を示せ.

$$\int_0^{\frac{\pi}{2}} \sin^n x\, dx = \int_0^{\frac{\pi}{2}} \cos^n x\, dx = \begin{cases} \dfrac{n-1}{n} \cdot \dfrac{n-3}{n-2} \cdots \dfrac{3}{4} \cdot \dfrac{1}{2} \cdot \dfrac{\pi}{2} & (n \text{ は偶数}) \\[3mm] \dfrac{n-1}{n} \cdot \dfrac{n-3}{n-2} \cdots \dfrac{4}{5} \cdot \dfrac{2}{3} \cdot 1 & (n \text{ は奇数}) \end{cases}$$

解答 まず，$t = \varphi(x) = \dfrac{\pi}{2} - x$ とおくと $dx = -dt$ となり，また $\varphi(0) = \dfrac{\pi}{2}$, $\varphi\left(\dfrac{\pi}{2}\right) = 0$ であるから，定理 1.8.2 より

$$\int_0^{\frac{\pi}{2}} \cos^n x\, dx = -\int_{\frac{\pi}{2}}^0 \cos^n \left(\frac{\pi}{2} - t \right) dt = \int_0^{\frac{\pi}{2}} \sin^n t\, dt$$

が成り立つ.

次に，$I_n = \displaystyle\int_0^{\frac{\pi}{2}} \sin^n x\, dx \ \ (n \geqq 0)$ とおくと，部分積分法により $n \geqq 2$ のとき

$$I_n = \left[\sin^{n-1} x(-\cos x) \right]_0^{\frac{\pi}{2}} + \int_0^{\frac{\pi}{2}} (n-1)\sin^{n-2} x \cos^2 x\, dx$$

$$= (n-1)\int_0^{\frac{\pi}{2}} \sin^{n-2} x(1 - \sin^2 x)\, dx = (n-1)(I_{n-2} - I_n)$$

すなわち

$$I_n = \frac{n-1}{n} I_{n-2}$$

が成り立つ. 一方

$$I_0 = \int_0^{\frac{\pi}{2}} 1\, dx = \frac{\pi}{2}, \qquad I_1 = \int_0^{\frac{\pi}{2}} \sin x\, dx = \Big[-\cos x \Big]_0^{\frac{\pi}{2}} = 1$$

であるから，帰納的に与式が成り立つことがわかる． 解答終了

問 3.3.2 次の定積分を求めよ．

(1) $\displaystyle\int_1^2 (2x+3)^5\, dx$　　　(2) $\displaystyle\int_0^1 x(x^2+2)^4\, dx$　　　(3) $\displaystyle\int_{-1}^2 x^2 e^{-x^3}\, dx$

(4) $\displaystyle\int_{-1}^1 x\sqrt{3-2x}\, dx$　　　(5) $\displaystyle\int_{-\frac{\pi}{3}}^{\frac{\pi}{6}} \sin^3 x \cos x\, dx$　　　(6) $\displaystyle\int_e^{e^2} \frac{1}{x(\log x)^2}\, dx$

(7) $\displaystyle\int_1^{e^2} \frac{(\log x)^3}{x}\, dx$　　　(8) $\displaystyle\int_1^2 x\log(x^2+1)\, dx$　　　(9) $\displaystyle\int_{-3}^3 \sqrt{9-x^2}\, dx$

(10) $\displaystyle\int_0^{\pi} \sin^7 x\, dx$　　　(11) $\displaystyle\int_0^{\frac{\pi}{2}} \cos^{10} x\, dx$　　　(12) $\displaystyle\int_4^5 \sqrt{x^2-4x}\, dx$

3.4 有理関数の積分

有理関数の不定積分を求めるには，特に新しい積分の公式は使わないが，部分分数分解という式変形を用いる．被積分関数が有理関数ではない場合も，適当な置換積分を行なうことにより有理関数の不定積分に帰着させることができるため，その応用範囲は広い．

3.4.1 有理関数の不定積分

$\displaystyle \int \frac{x-2}{x^2+x+3}\, dx$ や $\displaystyle \int \frac{x^3-6x-1}{x^2-2x-3}\, dx$ のように，有理関数の不定積分を考える．有理関数は，大きく分けると2つに分類される．分子と分母の次数を比べたとき，分母の次数が大きい場合とそうでない場合である．上の例は1つ目が前者で2つ目が後者である．まずは分母の次数の方が大きくない場合から考えてみよう．

[1]   （分母の次数）$\leqq$（分子の次数）の場合

この場合は，多項式の割り算を実行する．たとえば，$\displaystyle \int \frac{x^3-6x-1}{x^2-2x-3}\, dx$ を例にとると

$$
\begin{array}{r}
x+2 \\
x^2-2x-3 \overline{\smash{\big)}\, x^3 -6x-1} \\
\underline{x^3-2x^2-3x} \\
2x^2-3x-1 \\
\underline{2x^2-4x-6} \\
x+5
\end{array}
$$

図 3.7　多項式の割り算

であるから

$$
\begin{aligned}
\int \frac{x^3-6x-1}{x^2-2x-3}\, dx &= \int \left(x+2+\frac{x+5}{x^2-2x-3} \right) dx \\
&= \frac{1}{2}x^2+2x+\int \frac{x+5}{x^2-2x-3}\, dx
\end{aligned}
$$

となり，分母の次数が大きい場合に帰着される．

[2] （分母の次数）＞（分子の次数）の場合

この場合は，被積分関数をいくつかの分数の和に分解する．引き続き $\int \dfrac{x+5}{x^2-2x-3}\,dx$ を例にとって解説する．

$$\frac{x+5}{x^2-2x-3} = \frac{x+5}{(x+1)(x-3)}$$

であるから

$$\frac{x+5}{x^2-2x-3} = \frac{a}{x+1} + \frac{b}{x-3}$$

とおき，右辺を通分して分子同士を比較すると

$$x+5 = (a+b)x - 3a + b$$

となる．これが x についての恒等式であるためには

$$\begin{cases} a+b=1 \\ -3a+b=5 \end{cases}$$

であり，これを解いて $a=-1$, $b=2$ を得る．したがって

$$\int \frac{x+5}{x^2-2x-3}\,dx = \int \left(-\frac{1}{x+1} + \frac{2}{x-3} \right) dx$$

$$= -\log|x+1| + 2\log|x-3| + C$$

となる．この一連の式変形を**部分分数分解**という．部分分数分解を行なうことにより，おおむね次のような有理関数の不定積分に帰着される．

例 3.4.1 次の不定積分を求めよ．ただし，n は自然数とする．

(1) $\displaystyle\int \frac{1}{(x-1)^n}\,dx$ (2) $\displaystyle\int \frac{1}{x^2+2x+2}\,dx$ (3) $\displaystyle\int \frac{4x+1}{x^2+2x+2}\,dx$

解答 (1) $n=1$ のとき

$$\int \frac{1}{x-1}\,dx = \log|x-1| + C$$

であり，$n \geqq 2$ のとき

$$\int \frac{1}{(x-1)^n}\,dx = -\frac{1}{(n-1)(x-1)^{n-1}} + C$$

となる．

(2)
$$\int \frac{1}{x^2 + 2x + 2}\, dx = \int \frac{1}{(x+1)^2 + 1}\, dx$$

であり，$t = x + 1$ とおくと $dx = dt$ であるから

$$\int \frac{1}{x^2 + 2x + 2}\, dx = \int \frac{1}{t^2 + 1}\, dt = \arctan t + C = \arctan (x + 1) + C$$

となる.

(3) 定理 3.2.3 (9) より

$$\int \frac{2x + 2}{x^2 + 2x + 2}\, dx = \int \frac{(x^2 + 2x + 2)'}{x^2 + 2x + 2}\, dx = \log |x^2 + 2x + 2| + C$$
$$= \log (x^2 + 2x + 2) + C$$

である. したがって，上の (2) の結果より

$$\int \frac{4x + 1}{x^2 + 2x + 2}\, dx$$
$$= \int \frac{4x + 4 - 3}{x^2 + 2x + 2}\, dx = 2 \int \frac{2x + 2}{x^2 + 2x + 2}\, dx - 3 \int \frac{1}{(x+1)^2 + 1}\, dx$$
$$= 2 \log (x^2 + 2x + 2) - 3 \arctan (x + 1) + C$$

となる. 　　　　　　　　　　　　　　　　　　　　　　　　　　　解答終了

例 3.4.2　次の不定積分を求めよ.

(1) $\displaystyle \int \frac{x^2 + x - 1}{x(x^2 + 1)}\, dx$ 　　(2) $\displaystyle \int \frac{4x^2 - 3x + 2}{(x+1)(x-2)^2}\, dx$

解答 (1)
$$\frac{x^2 + x - 1}{x(x^2 + 1)} = \frac{a}{x} + \frac{bx + c}{x^2 + 1}$$
とおくと

$$x^2 + x - 1 = (a + b)x^2 + cx + a$$

であるから係数を比較して

$$\begin{cases} a + b &= 1 \\ c &= 1 \\ a &= -1 \end{cases}$$

となる. これを解いて $a = -1$, $b = 2$, $c = 1$ を得る. したがって

$$\int \frac{x^2 + x - 1}{x(x^2 + 1)}\, dx = \int \left(-\frac{1}{x} + \frac{2x+1}{x^2+1} \right) dx$$

$$= \int \left(-\frac{1}{x} + \frac{2x}{x^2+1} + \frac{1}{x^2+1} \right) dx$$

$$= -\log|x| + \log(x^2+1) + \arctan x + C$$

となる.

(2)
$$\frac{4x^2 - 3x + 2}{(x+1)(x-2)^2} = \frac{a}{x+1} + \frac{b}{x-2} + \frac{c}{(x-2)^2}$$

とおくと

$$4x^2 - 3x + 2 = (a+b)x^2 + (-4a-b+c)x + 4a - 2b + c$$

であるから, 係数を比較して

$$\begin{cases} a + b & = 4 \\ -4a - b + c & = -3 \\ 4a - 2b + c & = 2 \end{cases}$$

となる. これを解いて $a = 1$, $b = 3$, $c = 4$ を得る. したがって

$$\int \frac{4x^2 - 3x + 2}{(x+1)(x-2)^2}\, dx = \int \left(\frac{1}{x+1} + \frac{3}{x-2} + \frac{4}{(x-2)^2} \right) dx$$

$$= \log|x+1| + 3\log|x-2| - \frac{4}{x-2} + C$$

となる.   解答終了

注意   この (2) のように, 被積分関数の分母に $(x+p)^n$ という項がある場合は

$$\frac{a_1}{x+p} + \frac{a_2}{(x+p)^2} + \frac{a_3}{(x+p)^3} + \cdots + \frac{a_n}{(x+p)^n}$$

の形に部分分数分解するとよい.

問 3.4.1 次の不定積分を求めよ.

(1) $\displaystyle\int \frac{2x-5}{(x+1)(x-2)}\,dx$ (2) $\displaystyle\int \frac{1}{x^2-4}\,dx$

(3) $\displaystyle\int \frac{x^2}{2x^2+3}\,dx$ (4) $\displaystyle\int \frac{1}{x^2+6x+13}\,dx$

(5) $\displaystyle\int \frac{x}{x^2+2x+2}\,dx$ (6) $\displaystyle\int \frac{1}{(x^2-4)^2}\,dx$

(7) $\displaystyle\int \frac{1}{x^3+8}\,dx$ (8) $\displaystyle\int \frac{x^4+2x^2+1}{x^2+2}\,dx$

(9) $\displaystyle\int \frac{x^3-x^2+x+1}{x^2-2x+1}\,dx$ (10) $\displaystyle\int \frac{x^2-2x+5}{(x-2)^2(x-3)}\,dx$

問 3.4.2 次の定積分を求めよ.

(1) $\displaystyle\int_0^1 \frac{1}{(x+1)^2(x^2+1)}\,dx$ (2) $\displaystyle\int_0^1 \frac{x^3+x^2-2x+1}{x^2-2x-3}\,dx$

(3) $\displaystyle\int_{-2}^2 \frac{x^4+2x^2+4}{x^2+4}\,dx$ (4) $\displaystyle\int_2^4 \frac{2x+5}{x^2-4x+8}\,dx$

3.4.2 三角関数の不定積分

三角関数の不定積分を求めるには, 例 3.3.4 (5) のように置換積分による求め方や, 次の例のように加法定理を利用した求め方がある.

例 3.4.3 次の不定積分を求めよ.

(1) $\displaystyle\int \sin^2 x\,dx$ (2) $\displaystyle\int \sin 3x \cos 2x\,dx$ (3) $\displaystyle\int \sin 2x \sin 4x\,dx$

解答 (1) $\displaystyle\int \sin^2 x\,dx = \int \frac{1-\cos 2x}{2}\,dx = \frac{1}{2}x - \frac{1}{4}\sin 2x + C$

(2) $\displaystyle\int \sin 3x \cos 2x\,dx = \frac{1}{2}\int (\sin 5x + \sin x)\,dx = -\frac{1}{10}\cos 5x - \frac{1}{2}\cos x + C$

(3) $\displaystyle\int \sin 2x \sin 4x\,dx = \frac{1}{2}\int (-\cos 6x + \cos 2x)\,dx$

$\displaystyle\qquad\qquad = -\frac{1}{12}\sin 6x + \frac{1}{4}\sin 2x + C$ 解答終了

問 3.4.3 次の不定積分を求めよ.

(1) $\displaystyle \int \cos^2 2x \, dx$ (2) $\displaystyle \int \sin 2x \sin 3x \, dx$ (3) $\displaystyle \int \sin 2x \tan x \, dx$

問 3.4.4 次の定積分を求めよ.

(1) $\displaystyle \int_0^{\frac{\pi}{2}} \frac{\cos x \sin^2 x}{3 + \sin^2 x} \, dx$ (2) $\displaystyle \int_{-\frac{\pi}{6}}^{\frac{\pi}{4}} \tan^3 x \, dx$ (3) $\displaystyle \int_0^{\frac{\pi}{6}} \cos 2x \cos 3x \, dx$

また，単純な置換積分や加法定理を利用した方法が使えない場合，最後の手段として次の置換がある.

$t = \tan \dfrac{x}{2}$ とおくとき，次が成り立つ.

$$dx = \frac{2}{1 + t^2} \, dt$$

$$\sin x = \frac{2t}{1 + t^2}$$

$$\cos x = \frac{1 - t^2}{1 + t^2}$$

$$\tan x = \frac{2t}{1 - t^2}$$

実際，$t = \tan \dfrac{x}{2}$ より

$$dt = \frac{\dfrac{1}{2}}{\cos^2 \dfrac{x}{2}} \, dx = \frac{1 + \tan^2 \dfrac{x}{2}}{2} \, dx = \frac{1 + t^2}{2} \, dx$$

となり $dx = \dfrac{2}{1 + t^2} \, dt$ を得る．また，定理 1.8.4 より

$$\sin x = 2 \sin \frac{x}{2} \cos \frac{x}{2} = 2 \tan \frac{x}{2} \cos^2 \frac{x}{2} = \frac{2 \tan \dfrac{x}{2}}{1 + \tan^2 \dfrac{x}{2}} = \frac{2t}{1 + t^2}$$

$$\cos x = 2 \cos^2 \frac{x}{2} - 1 = \frac{2}{1 + \tan^2 \dfrac{x}{2}} - 1 = \frac{1 - \tan^2 \dfrac{x}{2}}{1 + \tan^2 \dfrac{x}{2}} = \frac{1 - t^2}{1 + t^2}$$

$$\tan x = \frac{\sin x}{\cos x} = \frac{2t}{1 - t^2}$$

となる.

つまり，この置換により t の有理関数の不定積分に帰着されるのである．計算は

少し煩雑になるが，被積分関数が三角関数だけで表現されている限りこの置換は有効である．

例 3.4.4 次の不定積分を求めよ．

(1) $\displaystyle \int \frac{1}{4 - 5\sin x}\, dx$ (2) $\displaystyle \int \frac{1}{1 + \sin x + \cos x}\, dx$

解答 (1) $t = \tan \dfrac{x}{2}$ とおくと

$$\int \frac{1}{4 - 5\sin x}\, dx = \int \frac{1}{4 - 5\dfrac{2t}{1 + t^2}} \frac{2}{1 + t^2}\, dt = \int \frac{1}{2t^2 - 5t + 2}\, dt$$

$$= \int \frac{1}{(2t - 1)(t - 2)}\, dt = \frac{1}{3} \int \left(\frac{-2}{2t - 1} + \frac{1}{t - 2} \right) dt$$

$$= -\frac{1}{3} \log|2t - 1| + \frac{1}{3} \log|t - 2| + C$$

$$= -\frac{1}{3} \log \left| 2\tan \frac{x}{2} - 1 \right| + \frac{1}{3} \log \left| \tan \frac{x}{2} - 2 \right| + C$$

となる．

(2) $t = \tan \dfrac{x}{2}$ とおくと

$$\int \frac{1}{1 + \sin x + \cos x}\, dx = \int \frac{1}{1 + \dfrac{2t}{1 + t^2} + \dfrac{1 - t^2}{1 + t^2}} \frac{2}{1 + t^2}\, dt$$

$$= \int \frac{1}{t + 1}\, dt = \log|t + 1| + C = \log \left| \tan \frac{x}{2} + 1 \right| + C$$

となる． 解答終了

問 3.4.5 次の不定積分を求めよ．

(1) $\displaystyle \int \frac{1}{\sin x}\, dx$ (2) $\displaystyle \int \frac{1}{1 + \cos x}\, dx$ (3) $\displaystyle \int \frac{1}{2 + 3\cos x}\, dx$

問 3.4.6 次の定積分を求めよ．

(1) $\displaystyle \int_0^{\frac{\pi}{2}} \frac{1}{1 + \sin x}\, dx$ (2) $\displaystyle \int_0^{\frac{\pi}{4}} \frac{\sin x}{1 + \sin x}\, dx$ (3) $\displaystyle \int_{-\frac{\pi}{2}}^{\frac{\pi}{2}} \frac{1}{2 + \cos x}\, dx$

(4) $\displaystyle \int_0^{\frac{\pi}{2}} \frac{1}{\sin x + \cos x}\, dx$ (5) $\displaystyle \int_0^{\frac{\pi}{2}} \frac{1}{2 + \sin x + \cos x}\, dx$ (6) $\displaystyle \int_0^{\frac{\pi}{2}} \frac{x}{1 + \cos x}\, dx$

3.5 積分の応用

定積分を用いて，曲線が囲む図形の面積や曲線の長さ，回転体の体積などを求めることができる．

3.5.1 図形の面積

定積分の定義から，ただちに次のことがわかる．

> **定理 3.5.1** 閉区間 $[a, b]$ で連続な関数 $f(x)$, $g(x)$ が $[a, b]$ において $f(x) \leqq g(x)$ を満たしているとき，2 曲線 $y = f(x)$, $y = g(x)$ と 2 直線 $x = a$, $x = b$ で囲まれる図形の面積は
> $$\int_a^b (g(x) - f(x))\, dx$$
> で与えられる．

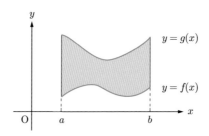

図 3.8 囲まれる図形

例 3.5.1 2 曲線 $y = x^2$, $y = -\sqrt{x}$ と 2 直線 $x = 1$, $x = 2$ で囲まれる図形の面積を求めよ．

解答 定理 3.5.1 より求める面積は

$$\int_1^2 (x^2 - (-\sqrt{x}))\, dx = \left[\frac{1}{3}x^3 + \frac{2}{3}x^{\frac{3}{2}}\right]_1^2 = \left(\frac{8}{3} + \frac{4\sqrt{2}}{3}\right) - \left(\frac{1}{3} + \frac{2}{3}\right) = \frac{5}{3} + \frac{4\sqrt{2}}{3}$$

となる．   解答終了

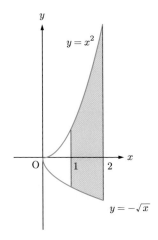

図 3.9 $y = x^2$ および $y = -\sqrt{x}$ のグラフ

問 3.5.1 次の図形を図示し，その面積を求めよ．

(1) 2 曲線 $y = \sqrt{4-x}$, $y = -x^{\frac{3}{2}}$ と，直線 $x = 4$ および y 軸で囲まれる部分．

(2) 曲線 $y = xe^{-2x}$ と，直線 $x = 2$ および x 軸で囲まれる部分．

(3) 双曲線 $xy = 3$ と，直線 $y = -x + 4$ で囲まれる部分．

(4) 楕円 $x^2 + \dfrac{y^2}{4} = 1$ で囲まれる部分．

3.5.2 曲線の長さ

関数 $x(t)$, $y(t)$ $(a \leqq t \leqq b)$ がともに連続ならば，点 $(x(t), y(t))$ は t が動くとき xy-平面上の曲線となる．このように表される曲線を媒介変数表示された曲線 (**parameterized curve**) という．

たとえば

$$\begin{cases} x = \cos t \\ y = \sin t \end{cases} \quad (0 \leqq t \leqq 2\pi)$$

は円 $x^2 + y^2 = 1$ の媒介変数表示である．

曲線が途中で折り返したり，あるいは曲線が自分自身と交わっているようなときに媒介変数表示は便利である．

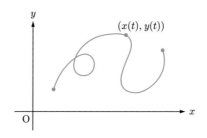

図 **3.10**　媒介変数表示された曲線

注意　連続関数 $f(x)$ に対して，曲線 $y = f(x)$ は

$$\begin{cases} x = t \\ y = f(t) \end{cases}$$

と考えれば媒介変数表示することができる．

　媒介変数表示された曲線 $(x(t), y(t))$ $(a \leqq t \leqq b)$ の長さを考えよう．定積分を定義したときと同様に，曲線を折れ線で近似する．まず，閉区間 $[a, b]$ の分割 $\Delta : t_0(= a),\ t_1,\ \cdots, t_{n-1},\ t_n(= b)$ を考え，$\Delta t_i = t_i - t_{i-1}$ とする．また分割 Δ の幅を $|\Delta| = \max\{\Delta t_1, \cdots, \Delta t_n\}$ とする．

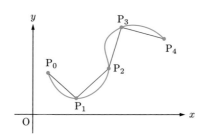

図 **3.11**　曲線の折れ線による近似

　$\mathrm{P}_i(x(t_i), y(t_i))$ $(i = 0, 1, \cdots, n)$ としたとき，各線分 $\mathrm{P}_{i-1}\mathrm{P}_i$ $(i = 1, 2, \cdots, n)$ の長さ ℓ_i は

$$\ell_i = \sqrt{(x(t_i) - x(t_{i-1}))^2 + (y(t_i) - y(t_{i-1}))^2}$$

となる．ここで，平均値の定理より各 i に対して

$$x(t_i) - x(t_{i-1}) = x'(\xi_i)(t_i - t_{i-1}), \qquad y(t_i) - y(t_{i-1}) = y'(\eta_i)(t_i - t_{i-1})$$

となる $\xi_i,\ \eta_i$ が開区間 (t_{i-1}, t_i) 内にそれぞれ存在するので

$$\ell_i = \sqrt{(x'(\xi_i))^2(t_i - t_{i-1})^2 + (y'(\eta_i))^2(t_i - t_{i-1})^2}$$
$$= \sqrt{(x'(\xi_i))^2 + (y'(\eta_i))^2} \, \Delta t_i$$

と表すことができる. ここで, 区間 $[t_{i-1}, t_i]$ は微小であるので, ℓ_i の右辺において $\xi_i = \eta_i$ と考え, $i = 1, 2, \cdots, n$ について足し合わせた

$$R_\Delta = \sum_{i=1}^{n} \sqrt{(x'(\xi_i))^2 + (y'(\xi_i))^2} \, \Delta t_i$$

は 曲線 $(x(t), y(t))$ $(a \leqq t \leqq b)$ の長さの近似になっており, $|\Delta| \to 0$ とすると R_Δ は本来の曲線の長さに近づくと考えられる. 一方, R_Δ は関数 $\sqrt{(x'(t))^2 + (y'(t))^2}$ のリーマン和であり, この関数が連続ならば定積分可能であるから次がわかる.

$$R_\Delta \longrightarrow \int_a^b \sqrt{(x'(t))^2 + (y'(t))^2} \, dt \qquad (|\Delta| \to 0)$$

以上のことから次の定理が成り立つ.

定理 3.5.2 関数 $x(t)$, $y(t)$ がともに閉区間 $[a,b]$ において C^1-級であるならば, 媒介変数表示された曲線 $(x(t), y(t))$ $(a \leqq t \leqq b)$ の長さ ℓ は

$$\ell = \int_a^b \sqrt{(x'(t))^2 + (y'(t))^2} \, dt$$

で与えられる.

また, この定理と p.154 の注意から, ただちに次のこともわかる.

定理 3.5.3 関数 $f(x)$ が閉区間 $[a,b]$ において C^1-級であるならば, 曲線 $y = f(x)$ $(a \leqq x \leqq b)$ の長さ ℓ は

$$\ell = \int_a^b \sqrt{1 + (f'(x))^2} \, dx$$

で与えられる.

例 3.5.2 次の曲線の長さを求めよ.

(1) $\begin{cases} x = \cos t \\ y = \sin t \end{cases}$ $(0 \leqq t \leqq 2\pi)$ \qquad (2) $y = \dfrac{e^x + e^{-x}}{2}$ $(-1 \leqq x \leqq 1)$

解答

(1) $x'(t) = -\sin t$, $y'(t) = \cos t$ であるから

$$\ell = \int_0^{2\pi} \sqrt{\sin^2 t + \cos^2 t}\, dt$$

$$= \int_0^{2\pi} 1\, dt = 2\pi$$

となる.

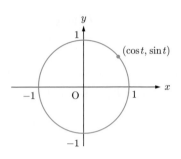

図 **3.12**　$x = \cos t,\ y = \sin t$ のグラフ

(2) $y'(x) = \dfrac{e^x - e^{-x}}{2}$ であるから

$$\ell = \int_{-1}^1 \sqrt{1 + \frac{e^{2x} - 2 + e^{-2x}}{4}}\, dx$$

$$= \int_{-1}^1 \sqrt{\frac{(e^x + e^{-x})^2}{4}}\, dx$$

$$= \frac{1}{2} \int_{-1}^1 (e^x + e^{-x})\, dx$$

$$= \frac{1}{2} \left[e^x - e^{-x} \right]_{-1}^1$$

$$= e - e^{-1}$$

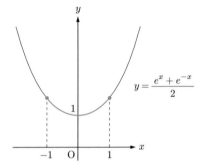

図 **3.13**　$y = \dfrac{e^x + e^{-x}}{2}$ のグラフ

となる. なお, この曲線はカテナリー (catenary) とよばれる.　解答終了

問 **3.5.2**　次の曲線の長さを求めよ.

(1) $\begin{cases} x = a(\theta - \sin \theta) \\ y = a(1 - \cos \theta) \end{cases}$　$(0 \leqq \theta \leqq 2\pi)$　$(a > 0)$

(2) $y = x^2$ $(0 \leqq x \leqq 1)$　　(3) $y = \log(1 - x^2)$ $\left(0 \leqq x \leqq \dfrac{1}{3} \right)$

(4) $\sqrt{x} + \sqrt{y} = 1$

注意　問 3.5.2 (1) の曲線のグラフは図 3.14 のようになる. この曲線はサイクロイド (cycloid) とよばれ, 円を直線に沿って転がしたとき, 円周上の定点が描く軌跡を表している.

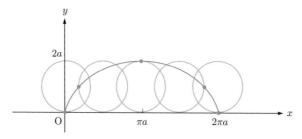

図 3.14 サイクロイドのグラフ

余談　極方程式で表された曲線の長さ

閉区間 $[a, b]$ 上の連続関数 $f(\theta)$ が与えられたとき，極座標平面 (r, θ) 上で

$$r = f(\theta) \qquad (a \leqq \theta \leqq b)$$

で与えられる曲線を**極方程式で表された曲線**という．極座標では

$$x = r\cos\theta = f(\theta)\cos\theta, \qquad y = r\sin\theta = f(\theta)\sin\theta$$

が成り立つので，極方程式で表された曲線の長さ ℓ は定理 3.5.2 より

$$\ell = \int_a^b \sqrt{(x'(\theta))^2 + (y'(\theta))^2}\, d\theta$$

$$= \int_a^b \sqrt{(f(\theta))^2 + (f'(\theta))^2}\, d\theta$$

で求められる．

この公式を用いて，極方程式で表された曲線

$$r = 1 + \cos\theta \qquad (0 \leqq \theta \leqq 2\pi)$$

の長さ ℓ を求めてみよう（解答は解答サイトで）．ちなみにこの曲線は**カージオイド** (**cardioid**) とよばれ，下図のように x 軸に関して対称な曲線となる．

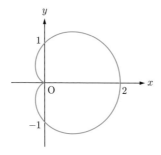

3.5.3 回転体の体積

定積分を用いて，回転体の体積を求めることができる．

定理 3.5.4　閉区間 $[a, b]$ で連続であり，かつ $f(x) \geqq 0$ であるような関数 $f(x)$ に対して，図形

$$S = \{(x, y) \mid a \leqq x \leqq b,\ 0 \leqq y \leqq f(x)\}$$

を x 軸のまわりに1回転してできる立体の体積 V は

$$V = \pi \int_a^b (f(x))^2\, dx$$

で与えられる．

証明　閉区間 $[a, b]$ の分割

$$\Delta : x_0(= a),\ x_1, \cdots,\ x_{n-1},\ x_n(= b)$$

を考え，各区間 $[x_{i-1}, x_i]$ 内に任意に ξ_i を選ぶ．各 i に対して，半径 $f(\xi_i)$，高さ $\Delta x_i = x_i - x_{i-1}$ の円柱の体積は $\pi (f(\xi_i))^2 \Delta x_i$ であるから，これらを足し合わせたものを R_Δ とすると

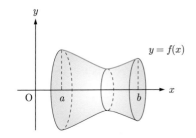

図 **3.15**　回転体の体積

$$R_\Delta = \sum_{i=1}^n \pi (f(\xi_i))^2 \Delta x_i$$

となり，$|\Delta| \to 0$ としたとき R_Δ は V に近づくと考えられる．一方，R_Δ は関数 $\pi (f(x))^2$ のリーマン和であるから

$$\lim_{|\Delta| \to 0} R_\Delta = \pi \int_a^b (f(x))^2 dx$$

となる．したがって

$$V = \pi \int_a^b (f(x))^2\, dx$$

である．　　　　　　　　　　　　　　　　　　　　　　　　　　　　**証明終了**

例 **3.5.3** 半径 a の球の体積は $\dfrac{4}{3}\pi a^3$ であることを示せ.

解答 半径 a の球は，中心 $(0,0)$，半径 a の半円板

$$S = \left\{ (x,y) \mid -a \leqq x \leqq a,\ 0 \leqq y \leqq \sqrt{a^2 - x^2} \right\}$$

を x 軸のまわりに 1 回転させたものと
考えることができるので，求める球の体
積は

$$V = \pi \int_{-a}^{a} (a^2 - x^2)\, dx$$
$$= \pi \left[a^2 x - \frac{1}{3}x^3 \right]_{-a}^{a} = \frac{4}{3}\pi a^3$$

となる. **解答終了**

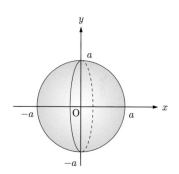

図 3.16 半径 a の球

問 **3.5.3** 次の各組の曲線や直線によって囲まれた図形を，x 軸のまわりに 1 回転して
できる回転体の体積を求めよ.

(1) $y = 3 - \sqrt{3x},\ x = 0,\ y = 0$

(2) $y = \sin 2x \quad \left(0 \leqq x \leqq \dfrac{\pi}{2} \right),\ y = \dfrac{1}{2}$

(3) $x^2 + (y - b)^2 = r^2 \quad (b > r > 0)$

(4) $y = x^2,\ y = \sqrt{x}$

▌3.6　広義積分

　無限に広がりをもつような図形であっても，その面積は必ずしも無限大に発散するとは限らない．たとえば，あとで見るように，曲線 $y = \dfrac{1}{x}$，直線 $x = 1$ および x 軸が囲む図形の面積は無限大に発散するが，曲線 $y = \dfrac{1}{x^2}$，直線 $x = 1$ および x 軸が囲む図形の面積は有限である．

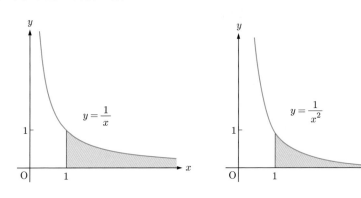

図 **3.17**　$y = \dfrac{1}{x}$ と $y = \dfrac{1}{x^2}$ のグラフ

　これを判定するために広義積分 (improper integral) の概念が必要となる．

3.6.1　非有界区間における広義積分

　関数 $f(x)$ が非有界区間 $[a, \infty)$ において連続であるとする．このとき，極限 $\displaystyle\lim_{M \to \infty} \int_a^M f(x)\,dx$ が有限な値として存在するならば

$$\int_a^\infty f(x)\,dx = \lim_{M \to \infty} \int_a^M f(x)\,dx$$

と表し，広義積分 $\displaystyle\int_a^\infty f(x)\,dx$ は収束するという．広義積分が収束しないとき発散するという．

　同様に，$f(x)$ が非有界区間 $(-\infty, b]$ において連続であるとき

$$\int_{-\infty}^b f(x)\,dx = \lim_{N \to -\infty} \int_N^b f(x)\,dx$$

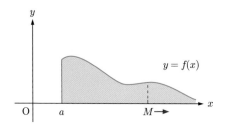

図**3.18** 広義積分

と定義する.

　また $f(x)$ が非有界区間 $(-\infty,\ \infty)$ において連続であるとき, 実数 c を 1 つ定め

$$\int_{-\infty}^{\infty} f(x)\,dx = \int_{-\infty}^{c} f(x)\,dx + \int_{c}^{\infty} f(x)\,dx$$

と定義する. 2 つの広義積分 $\displaystyle\int_{-\infty}^{c} f(x)\,dx$ および $\displaystyle\int_{c}^{\infty} f(x)\,dx$ がともに収束する

ときに限り $\displaystyle\int_{-\infty}^{\infty} f(x)\,dx$ は収束するといい, そうでないとき発散するという. な

お, この右辺の値は c の選び方によらないことがわかる.

　例 3.6.1　次の広義積分が収束するかどうか調べよ. 収束する場合はその値も
求めよ.

$$(1)\ \int_{0}^{\infty} e^{-x}\,dx \qquad (2)\ \int_{-\infty}^{\infty} \frac{2x}{1+x^2}\,dx \qquad (3)\ \int_{1}^{\infty} \frac{1}{x(x+1)}\,dx$$

解答　(1)　$\displaystyle\int_{0}^{M} e^{-x}dx = \left[-e^{-x}\right]_{0}^{M} = 1 - e^{-M} \longrightarrow 1 \quad (M \to \infty)$

であるから広義積分は収束し,

$\displaystyle\int_{0}^{\infty} e^{-x}dx = 1$ となる.

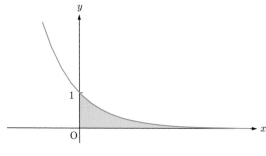

図**3.19**　$y = e^{-x}$ のグラフ

(2) 非有界区間 $(-\infty, \infty)$ を $(-\infty, 0]$ と $[0, \infty)$ に分けると

$$\int_0^M \frac{2x}{1+x^2}dx = \Big[\log{(1+x^2)}\Big]_0^M = \log{(1+M^2)} \longrightarrow \infty \quad (M \to \infty)$$

となるので広義積分は発散する.

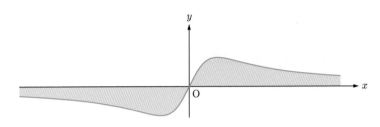

図 3.20　$y = \dfrac{2x}{x^2+1}$ のグラフ

(3)
$$\int_1^M \frac{1}{x(x+1)}dx = \int_1^M \left(\frac{1}{x} - \frac{1}{x+1}\right)dx = \Big[\log x - \log{(x+1)}\Big]_1^M$$
$$= \log M - \log{(M+1)} - \log 1 + \log 2$$
$$= \log \frac{M}{M+1} + \log 2 \longrightarrow \log 2 \quad (M \to \infty)$$

であるから広義積分は収束し，$\displaystyle\int_1^\infty \frac{1}{x(x+1)}dx = \log 2$ となる.

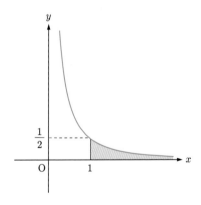

図 3.21　$y = \dfrac{1}{x(x+1)}$ のグラフ

解答終了

例 **3.6.2**　$a > 0$ とする. 広義積分 $\displaystyle\int_1^\infty \frac{1}{x^a}\,dx$ の収束・発散を, a について場合分けして調べよ.

解答　被積分関数の形から, $a = 1$ と $a \neq 1$ で場合分けする.

i) $a = 1$ のとき

$$\int_1^M \frac{1}{x}\,dx = \big[\log x\big]_1^M = \log M \longrightarrow \infty \quad (M \to \infty)$$

であるから広義積分は発散する.

ii) $a \neq 1$ のとき

$$\int_1^M \frac{1}{x^a}\,dx = \left[\frac{1}{1-a}x^{1-a}\right]_1^M = \frac{1}{1-a}(M^{1-a}-1) \longrightarrow \begin{cases} \infty & 0 < a < 1 \\ \dfrac{1}{a-1} & 1 < a \end{cases}$$

であるから, $0 < a < 1$ ならば広義積分は発散する. 一方, $a > 1$ ならば広義積分は収束し, $\displaystyle\int_1^\infty \frac{1}{x^a}\,dx = \frac{1}{a-1}$ となる.　　**解答終了**

問 3.6.1　次の広義積分が収束するかどうか調べよ. 収束する場合はその値も求めよ.

(1) $\displaystyle\int_1^\infty \frac{1}{x^3}\,dx$ 　(2) $\displaystyle\int_1^\infty \frac{1}{\sqrt{x}}\,dx$ 　(3) $\displaystyle\int_1^\infty \frac{1}{x\sqrt{x}}\,dx$

(4) $\displaystyle\int_{-\infty}^\infty \frac{1}{x^2+1}\,dx$ 　(5) $\displaystyle\int_0^\infty \frac{1}{x^2+3}\,dx$ 　(6) $\displaystyle\int_{-\infty}^\infty \frac{1}{x^2+2x+2}\,dx$

(7) $\displaystyle\int_1^\infty \frac{1}{x^2(x+1)}\,dx$ 　(8) $\displaystyle\int_3^\infty \frac{1}{x^2(x^2+3)}\,dx$ 　(9) $\displaystyle\int_0^\infty e^{-2x}\,dx$

(10) $\displaystyle\int_0^\infty x^2 e^{-x}\,dx$ 　(11) $\displaystyle\int_0^\infty \frac{1}{e^x(1+e^x)}\,dx$ 　(12) $\displaystyle\int_1^\infty \frac{\log x}{x}\,dx$

(13) $\displaystyle\int_1^\infty \frac{\log x}{x^2}\,dx$ 　(14) $\displaystyle\int_e^\infty \frac{1}{x\log x}\,dx$ 　(15) $\displaystyle\int_1^\infty \frac{1}{x^3+1}\,dx$

3.6.2　有界区間における広義積分

　次に，有界区間における広義積分を考え
る．関数 $f(x)$ は半開区間 $(a,b]$ で連続と
する．このとき，極限 $\displaystyle\lim_{\varepsilon\to+0}\int_{a+\varepsilon}^{b}f(x)\,dx$
が有限値として存在するならば

$$\int_{a}^{b}f(x)\,dx=\lim_{\varepsilon\to+0}\int_{a+\varepsilon}^{b}f(x)\,dx$$

と表し，広義積分 $\displaystyle\int_{a}^{b}f(x)\,dx$ は収束す
るという．広義積分が収束しないとき発
散するという．

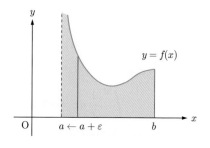

図 3.22　有界区間における広義積分の定義

　同様に，関数 $f(x)$ が半開区間 $[a,b)$ で連続であるとき，極限 $\displaystyle\lim_{\varepsilon\to+0}\int_{a}^{b-\varepsilon}f(x)\,dx$
が存在するならば

$$\int_{a}^{b}f(x)\,dx=\lim_{\varepsilon\to+0}\int_{a}^{b-\varepsilon}f(x)\,dx$$

と定義する．

　またそれ以外の場合は積分区間を分割して，それぞれの広義積分を考える．たと
えば，関数 $f(x)$ が開区間 (a,b) で連続であるときは，(a,b) 内の c を 1 つ定め

$$\int_{a}^{b}f(x)\,dx=\int_{a}^{c}f(x)\,dx+\int_{c}^{b}f(x)\,dx$$

と定義する．2 つの広義積分 $\displaystyle\int_{a}^{c}f(x)\,dx$ および $\displaystyle\int_{c}^{b}f(x)\,dx$ がともに収束すると
きに限り $\displaystyle\int_{a}^{b}f(x)\,dx$ は収束するといい，そうでないとき発散するという．なお，こ
の右辺の値は c の選び方によらないことがわかる．逆に，関数 $f(x)$ が閉区間 $[a,b]$
の内部の点 $x=c$ を除いて連続であるときも，2 つの広義積分 $\displaystyle\int_{a}^{c}f(x)\,dx$ および
$\displaystyle\int_{c}^{b}f(x)\,dx$ がともに収束するときに限り

$$\int_{a}^{b}f(x)\,dx=\int_{a}^{c}f(x)\,dx+\int_{c}^{b}f(x)\,dx$$

と定義する．

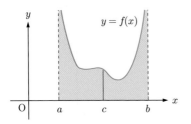 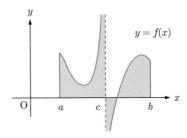

図 **3.23** 2 つの広義積分に分ける

例 **3.6.3**　次の広義積分が収束するかどうか調べよ. 収束する場合はその値も求めよ.

(1) $\displaystyle\int_0^1 \log x \, dx$　　　(2) $\displaystyle\int_0^{\frac{\pi}{2}} \tan x \, dx$　　　(3) $\displaystyle\int_{-1}^0 \frac{1}{\sqrt{1-x^2}} \, dx$

解答　(1) $\displaystyle\int_\varepsilon^1 \log x \, dx = \left[x \log x\right]_\varepsilon^1 - \int_\varepsilon^1 1 \, dx = -\varepsilon \log \varepsilon - (1 - \varepsilon)$

であり, ロピタルの定理より

$$\lim_{\varepsilon \to +0} \varepsilon \log \varepsilon = \lim_{\varepsilon \to +0} \frac{\log \varepsilon}{\dfrac{1}{\varepsilon}} = \lim_{\varepsilon \to +0} \frac{\dfrac{1}{\varepsilon}}{-\dfrac{1}{\varepsilon^2}} = \lim_{\varepsilon \to +0} (-\varepsilon) = 0$$

がわかるので,

$$\int_\varepsilon^1 \log x \, dx = -\varepsilon \log \varepsilon - 1 + \varepsilon$$

$$\longrightarrow -1 \quad (\varepsilon \to +0)$$

となる. したがって, 広義積分は収束し,

$\displaystyle\int_0^1 \log x \, dx = -1$ である.

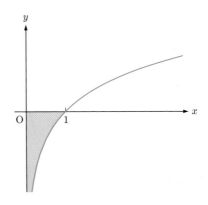

図 **3.24**　$y = \log x$ のグラフ

(2) $\displaystyle\int_0^{\frac{\pi}{2}-\varepsilon} \tan x \, dx = \Big[-\log\left(\cos x\right) \Big]_0^{\frac{\pi}{2}-\varepsilon}$

$\qquad\qquad = -\log\left(\cos\left(\dfrac{\pi}{2} - \varepsilon \right) \right)$

$\qquad\qquad \longrightarrow \infty \quad (\varepsilon \to +0)$

であるから広義積分は発散する.

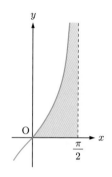

図 3.25　$y = \tan x$ のグラフ

(3) $\displaystyle\int_{-1+\varepsilon}^0 \dfrac{1}{\sqrt{1-x^2}} \, dx = \Big[\arcsin x \Big]_{-1+\varepsilon}^0$

$\qquad = -\arcsin\left(-1+\varepsilon\right) \longrightarrow \dfrac{\pi}{2} \quad (\varepsilon \to +0)$

であるから広義積分は収束し，$\displaystyle\int_{-1}^0 \dfrac{1}{\sqrt{1-x^2}} \, dx$

$= \dfrac{\pi}{2}$ となる.　　　　　解答終了

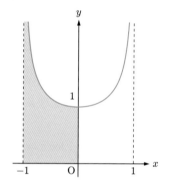

図 3.26　$y = \dfrac{1}{\sqrt{1-x^2}}$ のグラフ

問 3.6.2　次の広義積分が収束するかどうか調べよ．収束する場合はその値も求めよ．

(1) $\displaystyle\int_0^1 \dfrac{1}{\sqrt[3]{x}} \, dx$ 　　(2) $\displaystyle\int_0^2 \dfrac{1}{2-x} \, dx$ 　(3) $\displaystyle\int_0^2 \dfrac{1}{\sqrt{2-x}} \, dx$

(4) $\displaystyle\int_{-3}^0 \dfrac{1}{\sqrt{9-x^2}} \, dx$ 　(5) $\displaystyle\int_0^1 \log x^2 \, dx$ 　(6) $\displaystyle\int_0^1 \dfrac{1}{x \log x} \, dx$

問 3.6.3　$a > 0$ とする．広義積分 $\displaystyle\int_0^1 \dfrac{1}{x^a} dx$ の収束・発散を，a について場合分けして調べよ．

演習問題 3

【A】

1. 次の有理関数を部分分数分解せよ.

(1) $\dfrac{1}{(x-2)(x+3)}$　　　(2) $\dfrac{x}{(x-2)(x+3)}$　　　(3) $\dfrac{x^3}{(x-2)(x+3)}$

(4) $\dfrac{1}{(x-2)(x+3)^2}$　　　(5) $\dfrac{x}{(x-2)^2(x+3)}$　　　(6) $\dfrac{x^2}{x^2+4x-5}$

(7) $\dfrac{x^3}{x^2+4x-5}$　　　(8) $\dfrac{1}{x^2-4}$　　　(9) $\dfrac{x}{(x^2-4)^2}$

(10) $\dfrac{x}{(x^2+2)(x+3)}$　　　(11) $\dfrac{x^4+2x^2+3}{x^2+2x+3}$　　　(12) $\dfrac{1}{x^3-8}$

(13) $\dfrac{x^2+1}{x^3+8}$　　　(14) $\dfrac{1}{(x^2-1)^3}$　　　(15) $\dfrac{x}{x^4-1}$

2. 問題 **1** の関数の不定積分を求めよ.

3. 次の定積分を求めよ.

(1) $\displaystyle\int_1^2 (2x-3)^5\,dx$　　　(2) $\displaystyle\int_1^2 x(2x-3)^5\,dx$　　　(3) $\displaystyle\int_0^1 x(x^2+1)^4\,dx$

(4) $\displaystyle\int_0^1 x^3(x^2+1)^4\,dx$　　　(5) $\displaystyle\int_0^1 \frac{1}{x+1}\,dx$　　　(6) $\displaystyle\int_0^1 \frac{x}{x+1}\,dx$

(7) $\displaystyle\int_0^1 \frac{x^2}{x+1}\,dx$　　　(8) $\displaystyle\int_0^1 \frac{1}{x^2+3}\,dx$　　　(9) $\displaystyle\int_0^1 \frac{x}{x^2+3}\,dx$

(10) $\displaystyle\int_0^1 \frac{x^2}{x^2+3}\,dx$　　　(11) $\displaystyle\int_0^1 \frac{1}{x^3+1}\,dx$　　　(12) $\displaystyle\int_0^1 \frac{x}{x^3+1}\,dx$

(13) $\displaystyle\int_0^1 \frac{x^2}{x^3+1}\,dx$　　　(14) $\displaystyle\int_0^2 \frac{1}{x^2-9}\,dx$　　　(15) $\displaystyle\int_0^2 \frac{x}{x^2-9}\,dx$

(16) $\displaystyle\int_0^2 \frac{x^2}{x^2-9}\,dx$　　　(17) $\displaystyle\int_1^3 \frac{1}{x^2-2x+5}\,dx$　　　(18) $\displaystyle\int_1^3 \frac{x}{x^2-2x+5}\,dx$

4. 次の定積分を求めよ.

(1) $\displaystyle\int_1^2 \sqrt{2x+5}\,dx$　　　(2) $\displaystyle\int_1^2 x\sqrt{2x+5}\,dx$　　　(3) $\displaystyle\int_1^2 \frac{1}{\sqrt{2x+5}}\,dx$

(4) $\displaystyle\int_1^2 \frac{x}{\sqrt{2x+5}}\,dx$　　　(5) $\displaystyle\int_1^{\sqrt{3}} \sqrt{4-x^2}\,dx$　　　(6) $\displaystyle\int_1^{\sqrt{3}} x\sqrt{4-x^2}\,dx$

(7) $\displaystyle\int_1^{\sqrt{3}} x^2\sqrt{4-x^2}\,dx$　　　(8) $\displaystyle\int_1^{\sqrt{3}} \frac{1}{\sqrt{4-x^2}}\,dx$　　　(9) $\displaystyle\int_1^{\sqrt{3}} \frac{x}{\sqrt{4-x^2}}\,dx$

(10) $\displaystyle\int_1^{\sqrt{3}} \frac{x^2}{\sqrt{4-x^2}}\,dx$　　　(11) $\displaystyle\int_1^2 \frac{1}{\sqrt{x^2+5}}\,dx$　　　(12) $\displaystyle\int_1^2 \frac{x}{\sqrt{x^2+5}}\,dx$

(13) $\displaystyle\int_1^2 \sqrt{x^2+5}\,dx$ 　　(14) $\displaystyle\int_1^2 x\sqrt{x^2+5}\,dx$ 　　(15) $\displaystyle\int_1^2 \frac{x^2}{\sqrt{x^2+5}}\,dx$

(16) $\displaystyle\int_1^2 \frac{1}{\sqrt{x^2+2x+5}}\,dx$ 　　(17) $\displaystyle\int_1^2 \sqrt{x^2+2x+5}\,dx$ 　　(18) $\displaystyle\int_1^2 \sqrt{x^2-x}\,dx$

(19) $\displaystyle\int_0^{\frac14} \sqrt{x-x^2}\,dx$ 　　(20) $\displaystyle\int_0^{\sqrt7} x(x^2+1)^{\frac13}\,dx$ 　　(21) $\displaystyle\int_{-1}^1 (1-x^2)^{10}\,dx$

5. 次の定積分を求めよ．

(1) $\displaystyle\int_1^2 e^{2x}\,dx$ 　　(2) $\displaystyle\int_1^2 xe^{2x}\,dx$ 　　(3) $\displaystyle\int_1^2 x^2 e^{2x}\,dx$

(4) $\displaystyle\int_0^2 xe^{-x^2}\,dx$ 　　(5) $\displaystyle\int_0^2 x^3 e^{-x^2}\,dx$ 　　(6) $\displaystyle\int_1^2 \frac{e^x}{e^{2x}+1}\,dx$

(7) $\displaystyle\int_0^{\log 2} \sqrt{e^x-1}\,dx$ 　　(8) $\displaystyle\int_0^{\frac{\pi}{3}} x\sin 2x\,dx$ 　　(9) $\displaystyle\int_0^{\frac{\pi}{3}} e^x \sin 2x\,dx$

(10) $\displaystyle\int_1^{e^2} \log x\,dx$ 　　(11) $\displaystyle\int_1^{e^2} x\log x\,dx$ 　　(12) $\displaystyle\int_1^{e^2} x^2 \log x\,dx$

(13) $\displaystyle\int_0^1 \log(x^2+3)\,dx$ 　　(14) $\displaystyle\int_0^1 x\log(x^2+3)\,dx$ 　　(15) $\displaystyle\int_0^1 \log\sqrt{x^2+3}\,dx$

(16) $\displaystyle\int_0^1 \log\frac{1}{x^2+1}\,dx$ 　　(17) $\displaystyle\int_0^1 \arcsin x\,dx$ 　　(18) $\displaystyle\int_0^1 x\arcsin x\,dx$

(19) $\displaystyle\int_0^1 \arctan x\,dx$ 　　(20) $\displaystyle\int_0^1 x\arctan x\,dx$ 　　(21) $\displaystyle\int_0^1 x^2 \arctan x\,dx$

6. 次の定積分を求めよ．

(1) $\displaystyle\int_{\frac{\pi}{3}}^{\frac{\pi}{2}} \sin^3 x\,dx$ 　　(2) $\displaystyle\int_0^{\frac{\pi}{2}} \sin^3 x\cos^2 x\,dx$ 　　(3) $\displaystyle\int_0^{\frac{\pi}{3}} \tan^2 x\,dx$

(4) $\displaystyle\int_{-\frac{\pi}{2}}^{\frac{\pi}{2}} \cos^6 x\,dx$ 　　(5) $\displaystyle\int_0^{\frac{\pi}{2}} \frac{\cos^2 x}{1+\sin x}\,dx$ 　　(6) $\displaystyle\int_0^{\frac{\pi}{2}} \frac{\sin x}{1+\cos^3 x}\,dx$

(7) $\displaystyle\int_0^{\frac{\pi}{2}} \frac{\cos x}{1+\cos x}\,dx$ 　　(8) $\displaystyle\int_{-\frac{\pi}{2}}^0 \frac{1}{\sin x-\cos x}\,dx$ 　　(9) $\displaystyle\int_{\frac{\pi}{3}}^{\frac{\pi}{2}} \frac{1+\sin x}{\sin x\,(1+\cos x)}\,dx$

7. m,n を自然数とする．次の定積分を求めよ．

(1) $\displaystyle\int_{-\pi}^{\pi} \sin nx\,dx$ 　　(2) $\displaystyle\int_{-\pi}^{\pi} \cos nx\,dx$ 　　(3) $\displaystyle\int_{-\pi}^{\pi} x\sin nx\,dx$

(4) $\displaystyle\int_{-\pi}^{\pi} x^2 \sin nx\,dx$ 　　(5) $\displaystyle\int_0^{\pi} x\cos nx\,dx$ 　　(6) $\displaystyle\int_0^{\pi} x^2 \cos nx\,dx$

(7) $\displaystyle\int_{-\pi}^{\pi} \cos mx\cos nx\,dx$ 　　(8) $\displaystyle\int_{-\pi}^{\pi} \sin mx\sin nx\,dx$ 　　(9) $\displaystyle\int_{-\pi}^{\pi} \cos mx\sin nx\,dx$

8. 次の図形を図示し，その面積を求めよ．

(1) 楕円 $3x^2 + 4y^2 = 1$ で囲まれた図形．

(2) 2 曲線 $x = 4y - y^2$，$y^2 = 3x$ で囲まれた図形．

(3) 直線 $x + 2y = 7$ と曲線 $xy = 3$ で囲まれた図形．

(4) 直線 $x - 2y = 0$ と曲線 $y = xe^x$ で囲まれた図形．

9. 次の曲線の長さを求めよ．

(1) $y = \log x \quad (1 \le x \le 2)$

(2) $y = \log(\cos x) \quad \left(0 \le x \le \dfrac{\pi}{3}\right)$

(3) $\begin{cases} x = \theta \cos \theta \\ y = \theta \sin \theta \end{cases} \quad (0 \le \theta \le 2\pi)$

(4) $\begin{cases} x = 3\cos t - \cos 3t \\ y = 3\sin t + \sin 3t \end{cases} \quad (0 \le t \le \pi)$

(5) $x^{\frac{2}{3}} + y^{\frac{2}{3}} = 1$ （アステロイド）

10. 次の図形を図示し，この図形を x 軸のまわりに 1 回転してできる回転体の体積を求めよ．

(1) 楕円 $3x^2 + 4y^2 = 1$ で囲まれた図形．

(2) 曲線 $y = \sin^2 x \quad (0 \le x \le \pi)$ と x 軸で囲まれた図形．

(3) 曲線 $y = \log x$ と x 軸と直線 $x = e^2$ で囲まれた図形．

(4) 2 曲線 $y = 8x^2$，$y = \sqrt{x}$ で囲まれた図形．

(5) 曲線 $y = \sqrt{x}$ と y 軸と直線 $y = x - 2$ で囲まれた図形．

11. 次の広義積分が収束するかどうか調べよ．また収束する場合はその値も求めよ．

(1) $\displaystyle\int_1^\infty \dfrac{1}{x(x+2)}\,dx$

(2) $\displaystyle\int_1^\infty \dfrac{1}{x(x^2+2)}\,dx$

(3) $\displaystyle\int_0^\infty \dfrac{1}{x^2+6x+12}\,dx$

(4) $\displaystyle\int_1^\infty \dfrac{1}{\sqrt{x}(\sqrt{x}+2)}\,dx$

(5) $\displaystyle\int_e^\infty \dfrac{1}{x(\log x)^2}\,dx$

(6) $\displaystyle\int_e^\infty \dfrac{\log x}{x\sqrt{x}}\,dx$

(7) $\displaystyle\int_0^\infty xe^{-2x}\,dx$

(8) $\displaystyle\int_0^\infty xe^{-2x^2}\,dx$

(9) $\displaystyle\int_0^4 \dfrac{1}{\sqrt{4-x}}\,dx$

(10) $\displaystyle\int_0^2 \dfrac{1}{\sqrt{4-x^2}}\,dx$

(11) $\displaystyle\int_0^2 \dfrac{x}{\sqrt{4-x^2}}\,dx$

(12) $\displaystyle\int_1^4 \dfrac{x}{\sqrt{4x-x^2}}\,dx$

(13) $\displaystyle\int_0^{\frac{\pi}{2}} \dfrac{1}{\sin^2 x}\,dx$

(14) $\displaystyle\int_0^1 \dfrac{\arcsin x}{\sqrt{1-x^2}}\,dx$

(15) $\displaystyle\int_0^e \sqrt{x}\log x\,dx$

【B】

1. 次の図形の面積をリーマン和の極限として求めよ．ただし，分割は等分割とし，代表点は各小区間の左端とせよ．

(1) 曲線 $y = x^2 + x$，直線 $x = 3$ と x 軸の正の部分で囲まれた図形．

(2) 曲線 $y = x^3$，直線 $x = 3$ と x 軸で囲まれた図形．

2. 上の問題で $n = 4, 8$ に対するリーマン和を電卓を用いて計算し，実際の値と比較せよ．

3. （台形公式）応用上は定積分の値を具体的に求めることができない場合がしばしばある．そのためコンピュータで数値計算する方法がいろいろ考えられている．一番素朴な方法は，定積分はリーマン和の極限値であるので，リーマン和で近似することである．しかし上で見たように n が小さいとリーマン和は定積分の値とは必ずしも近い値にならない．リーマン和は小区間の面積を長方形で近似するが，長方形の代わりに台形で近似するとかなりよくなる．

関数 $f(x)$ は閉区間 $[a, b]$ で連続，n は 2 以上の自然数とする．$d = \dfrac{b - a}{n}$ とおき

$$D_n = \sum_{k=1}^{n} \frac{f(a + (k-1)d) + f(a + kd)}{2} d$$

$$= \frac{b - a}{n} \left(\frac{1}{2}(f(a) + f(b)) + \sum_{k=1}^{n-1} f(a + kd) \right)$$

とする．これを**台形公式**という．

$n = 4, 8$ の場合にこの公式を用いて，問題 **1** を電卓で計算し，問題 **2** の結果と比較せよ．

4. 次の不等式を示せ．ただし，n は自然数とする．

(1) $\log \dfrac{4}{3} < \displaystyle\int_0^1 \dfrac{1}{x^2 + 3}\, dx < \dfrac{1}{3}$

(2) $\dfrac{1}{\sqrt{2}} < \displaystyle\int_0^1 \dfrac{1}{\sqrt{2 - x^4}}\, dx < \dfrac{\pi}{4}$

(3) $\dfrac{1}{n + 1} < \log(n + 1) - \log n < \dfrac{1}{n}$

(4) $\dfrac{1}{2} + \dfrac{1}{3} + \cdots + \dfrac{1}{n + 1} < \log(n + 1) < 1 + \dfrac{1}{2} + \dfrac{1}{3} + \cdots + \dfrac{1}{n}$

5. $f(x)$ は C^{n+1}-級であるとする．このとき次の問いに答えよ．

(1) 等式 $f(x) = f(a) + \displaystyle\int_a^x f'(t)\, dt$ から，部分積分法を用いて次を示せ．

$$f(x) = f(a) + f'(a)(x - a) + \int_a^x f''(t)(x - t)\, dt$$

(2) (1) の計算を繰り返して，次を示せ．

$$f(x) = \sum_{k=0}^{n} \frac{f^{(k)}(a)}{k!}(x - a)^k + \frac{1}{n!}\int_a^x f^{(n+1)}(t)(x - t)^n\, dt$$

注意　上式は $f(x)$ の第 n 次テイラー展開の別表示である．剰余項

$$R_{n+1}(x) = \frac{1}{n!}\int_a^x f^{(n+1)}(t)(x - t)^n\, dt$$

が積分で表現されている．

6. $-1 < x < 0$ において $f(x) = \log(1+x)$ の第 $(n-1)$ 次マクローリン展開を考える. このとき，次の問いに答えよ.

(1) 剰余項 $R_n(x)$ を，上記の注意の定積分の形で表せ.

(2) $x \leqq t \leqq 0$ なる t に対して $0 \leqq \dfrac{t-x}{1+t} \leqq -x$ を示せ.

(3) $|R_n(x)| \leqq \dfrac{(-x)^n}{1+x}$ を示せ.

(4) $\displaystyle\lim_{n \to \infty} R_n(x) = 0$ を示せ.

7. $a > 0$, b は定数とする. 次の広義積分を求めよ.

$$\int_0^\infty e^{-ax} \cos bx \, dx$$

8. n を自然数とするとき，次の等式を示せ.

(1) $\displaystyle\int_0^\infty x^n e^{-px} \, dx = \dfrac{n!}{p^{n+1}} \quad (p > 0)$

(2) $\displaystyle\int_0^1 x^p (\log x)^n \, dx = \dfrac{(-1)^n n!}{(p+1)^{n+1}} \quad (p > -1)$

余談　原始関数がない？？？

　定理 3.2.2 により，われわれは定積分の値を求めるときに被積分関数の原始関数を 1 つ求め，積分区間の上端・下端における原始関数の値の差を計算すればよいことを知った. したがって，実際の定積分の演習問題では労力のほぼすべてを原始関数を求めることに費やすことになる. たくさんの演習問題を解いていると，どんな被積分関数に対しても原始関数を求めることができる錯覚に陥ってしまいがちであるが，実際にはその原始関数を初等関数（多項式，有理関数，指数関数，対数関数，三角関数，逆三角関数，およびこれらの合成関数，線形結合）では表すことができない関数も存在する. その代表例が e^{-x^2} である. この関数の不定積分

$$\int e^{-x^2} \, dx$$

は初等関数で表すことができないことが証明されている. 一方で

$$\int_{-\infty}^\infty e^{-x^2} \, dx = \sqrt{\pi}$$

であることもわかっている. 原始関数を初等関数で表すことができないのにその広義積分の値を求めることができるのは少し不思議な気がするが，証明の一例は 247 ページの例 5.3.3 およびその次の注意で示されている. この広義積分はガウス積分 (Gaussian integral) とよばれ，確率論や量子論など数学や物理のさまざまな分野で活躍するので覚えておくとよい.

多変数関数の偏微分

1 変数関数 $y = f(x)$ のグラフが xy-平面上の曲線を表したのに対し，2 変数関数 $z = f(x, y)$ のグラフは xyz-空間内の曲面を表す．この章では 2 変数関数を中心にして多変数関数の微分について解説する．なお，この章で行なわれる計算はすべて 1 変数関数の微分が基礎となっているので，第 1〜3 章の内容を十分に理解した上で読み進んでもらいたい．

写真は佐世保市の弓張岳展望台のモニュメントである．屋根の中央部は，稜線に沿っては最も低くなっているが稜線と垂直な方向に沿っては最も高くなっている．このような点は馬の鞍に似ているので鞍点とよばれる．(© SASEBO)

■ 4.1 2変数関数の連続性

この節では，2変数関数の極限を定義し，それを用いて関数の連続性を定義する．3変数以上の関数に対しても，同様に定義することができる．基本的な考え方は1変数関数と同じであるが，多変数関数特有の現象に注目してほしい．

4.1.1 n 変数関数

自然数 n に対して，n 個の実数の組 $(x_1, x_2, \cdots, x_n)$ のなす集合を

$$\mathbb{R}^n = \{(x_1, x_2, \cdots, x_n) \mid x_1, x_2, \cdots, x_n \in \mathbb{R}\}$$

と表し，n 次元数ベクトル空間 (*n*-dimensional vector space) とよぶことにする．このとき $\mathbb{R}^n$ に属する要素を $\mathbb{R}^n$ の点とよぶ．$\mathbb{R}^2$ は平面を表し，$\mathbb{R}^3$ は空間を表している．また $\mathbb{R}^1$ は実数全体の集合と一致するので簡単に $\mathbb{R}$ と表す．なお，$\mathbb{R}$ 内の点を x，$\mathbb{R}^2$ 内の点を (x, y)，$\mathbb{R}^3$ 内の点を (x, y, z) と表すことが多い．

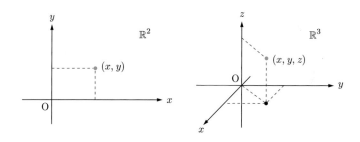

図 4.1 $\mathbb{R}^2$, $\mathbb{R}^3$ 上の点

$\mathbb{R}^n$ の部分集合 D 内の各点 $(x_1, x_2, \cdots, x_n)$ に対して，ただ1つの実数 z が対応しているとき，この対応 f を D 上の n 変数関数 (*n*-variable function) といい

$$f : D \to \mathbb{R} \quad \text{または} \quad z = f(x_1, x_2, \cdots, x_n) \quad ((x_1, x_2, \cdots, x_n) \in D)$$

と表す．このよび方にしたがうと，第1〜3章で扱った関数 $y = f(x)$ は1変数関数とよぶことになる．

D を関数 f の定義域とよび，f のとりうる値の集合

$$f(D) = \{f(x_1, x_2, \cdots, x_n) \mid (x_1, x_2, \cdots, x_n) \in D\}$$

を f の値域とよぶ. また, 値域の最大値・最小値を関数 $f(x)$ の最大値・最小値とよぶ. 定義域は $\mathbb{R}^n$ の, 値域は $\mathbb{R}$ の部分集合である.

たとえば $D = \{(x,y) \,|\, x^2 + y^2 \leqq 1\}$ とするとき, 各 $(x,y) \in D$ に対して

$$f(x,y) = \sqrt{1 - x^2 - y^2} \in \mathbb{R}$$

が定義できるので, これは D 上の 2 変数関数である. またこの 2 変数関数の値域 $f(D)$ は, 閉区間 $[0,1]$ である. なお, $z = \sqrt{1 - x^2 - y^2}$ のグラフは中心 $(0,0,0)$, 半径 1 の上半球の表面である.

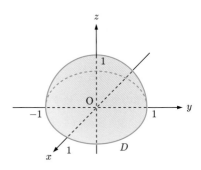

図 **4.2**　$z = \sqrt{1 - x^2 - y^2}$ のグラフ

　$\mathbb{R}^2$ の部分集合 D が与えられたとする. D の境界上の点がすべて D に属さないとき, D は開集合 (open set) とよばれる. 逆に, D の境界上の点がすべて D に属しているとき, D は閉集合 (closed set) とよばれる. また D 内の任意の 2 点 (x_1, y_1), (x_2, y_2) に対して, その 2 点を結ぶ D 内の曲線が存在するとき, D は連結 (connected) であるという. さらに, 連結な開集合を領域 (domain) とよび, 領域とその境界の和集合を閉領域 (closed domain) とよぶ.

　$\mathbb{R}^n$ $(n \geqq 3)$ 内の集合についても, 同様に開集合・閉集合・領域・閉領域が定義できる.

例 4.1.1　次の集合の概形を図示せよ.

(1)　$E = \{(x,y) \,|\, 1 < x < 3,\ 1 \leqq y \leqq 2\}$

(2)　$F = \{(x,y) \,|\, xy \geqq 1\}$

(3)　$G = \{(x,y) \,|\, 0 < x < 1,\ -x < y < x\}$

解答 それぞれ下図のようになる.

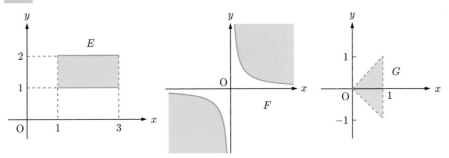

図 **4.3** 集合 E, F, G

なお，G は連結な開集合なので領域である. 解答終了

注意 図 4.3 のように，境界のうち集合に属する部分は実線で，集合に属していない部分は破線で表すことが多い.

平面上の集合 D に対して，ある $M > 0$ が存在し，すべての $(x,y) \in D$ に対して

$$\sqrt{x^2 + y^2} \leqq M$$

が成り立つとき，D を有界集合 (bounded set) とよぶ．この定義は "ある $M > 0$ が存在して，D が中心 $(0,0)$，半径 M の円に含まれるとき" と言い換えることもできる.

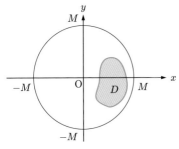

図 **4.4** 有界集合

例 4.1.1 では E と G が有界集合である．以下では，主に（閉）領域上で定義された 2 変数関数を考えることにする.

問 4.1.1　次の集合の概形を図示せよ.
(1)　$A = \{\, (x, y) \,|\, 1 \leqq x \leqq 2,\ 0 \leqq y \leqq x^2 \,\}$
(2)　$B = \{\, (x, y) \,|\, 0 < xy \leqq 1 \,\}$
(3)　$C = \{\, (x, y) \,|\, 1 \leqq x^2 + y^2 \leqq 2 \,\}$

4.1.2　2 変数関数の極限

　平面上の点 (a, b) に対して, (a, b) とは異なる点 (x, y) が (a, b) との距離を限りなく小さくするように動くとき, $(\boldsymbol{x}, \boldsymbol{y})$ は $(\boldsymbol{a}, \boldsymbol{b})$ に近づくといい $(x, y) \to (a, b)$ と表す. すなわち $(x, y) \to (a, b)$ とは

$$\sqrt{(x - a)^2 + (y - b)^2} \to 0$$

の意味である. 下図のように, 近づき方は無数に存在する.

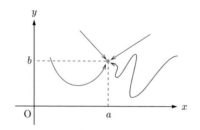

図 4.5　$(x, y) \to (a, b)$ のイメージ

　2 変数関数 $f(x, y)$ に対して $(x, y) \to (a, b)$ としたとき, 近づき方によらずに $f(x, y)$ が有限値 A に限りなく近づくならば, $(\boldsymbol{x}, \boldsymbol{y}) \to (\boldsymbol{a}, \boldsymbol{b})$ のとき $\boldsymbol{f}(\boldsymbol{x}, \boldsymbol{y})$ は $\boldsymbol{A}$ に収束するという. このとき

$$\lim_{(x, y) \to (a, b)} f(x, y) = A \quad \text{または} \quad f(x, y) \longrightarrow A \quad ((x, y) \to (a, b))$$

と表し, A を極限値とよぶ. これは

$$\lim_{(x, y) \to (a, b)} |f(x, y) - A| = 0$$

という意味である.

一方，$(x, y) \to (a, b)$ としたとき，近づき方によらずに $f(x, y)$ が限りなく大きくなるならば，$f(x, y)$ は正の無限大に発散するといい

$$\lim_{(x,y)\to(a,b)} f(x,y) = \infty \quad \text{または} \quad f(x,y) \longrightarrow \infty \quad ((x,y) \to (a,b))$$

と表す．同様に $(x, y) \to (a, b)$ としたとき，近づき方によらずに $-f(x, y)$ が限りなく大きくなるならば，$f(x, y)$ は負の無限大に発散するといい

$$\lim_{(x,y)\to(a,b)} f(x,y) = -\infty \quad \text{または} \quad f(x,y) \longrightarrow -\infty \quad ((x,y) \to (a,b))$$

と表す．

1 変数関数の極限が右極限と左極限に分けられたのに比べ，2 変数関数の極限は (x, y) が (a, b) に近づく経路が無数にあるため，その収束・発散を判定するのは難しい．

例 4.1.2 次の極限が存在すれば求めよ．

(1) $\displaystyle \lim_{(x,y)\to(0,0)} \frac{x^2 - xy}{\sqrt{x^2 + y^2}}$ 　　(2) $\displaystyle \lim_{(x,y)\to(0,0)} \frac{xy}{x^2 + y^2}$

解答 (1) 極座標 $x = r\cos\theta,\ y = r\sin\theta\ (r > 0,\ 0 \leqq \theta < 2\pi)$ を用いると $\sqrt{x^2 + y^2} = r$ であるから $(x, y) \to (0, 0)$ は $r \to 0$ と同値になる．このとき

$$\frac{x^2 - xy}{\sqrt{x^2 + y^2}} = \frac{r^2(\cos^2\theta - \cos\theta\sin\theta)}{r} = r(\cos^2\theta - \cos\theta\sin\theta)$$

であり，θ の値によらず $|\cos^2\theta - \cos\theta\sin\theta| \leqq 2$ が成り立つので

$$0 \leqq \left| \frac{x^2 - xy}{\sqrt{x^2 + y^2}} - 0 \right| \leqq 2r \longrightarrow 0 \qquad (r \to 0)$$

となる．よって，はさみうちの原理より

$$\lim_{(x,y)\to(0,0)} \frac{x^2 - xy}{\sqrt{x^2 + y^2}} = 0$$

である．

(2) (1) と同様に極座標を用いると

$$\frac{xy}{x^2 + y^2} = \frac{r^2\cos\theta\sin\theta}{r^2} = \cos\theta\sin\theta$$

である．このとき $\theta = 0$ と固定すると

$$\frac{xy}{x^2 + y^2} = \cos 0 \sin 0 = 0 \longrightarrow 0 \qquad (r \to 0)$$

となるが，一方，$\theta = \dfrac{\pi}{4}$ と固定すると

$$\frac{xy}{x^2 + y^2} = \cos \frac{\pi}{4} \sin \frac{\pi}{4} = \frac{1}{\sqrt{2}} \frac{1}{\sqrt{2}} = \frac{1}{2} \longrightarrow \frac{1}{2} \qquad (r \to 0)$$

となる．したがって，$\displaystyle \lim_{(x,y) \to (0,0)} \frac{xy}{x^2 + y^2}$ は存在しない． 　解答終了

なお，$z = \dfrac{xy}{x^2 + y^2}$ の $(0,0)$ 付近でのグラフは下図のようになる．

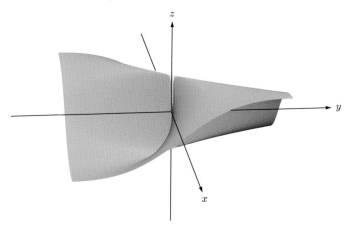

図 **4.6**　$z = \dfrac{xy}{x^2 + y^2}$ のグラフ

1 変数関数の極限と同様に，次の定理が成り立つ．

定理 4.1.1　$\displaystyle \lim_{(x,y) \to (a,b)} f(x,y) = \alpha$, $\displaystyle \lim_{(x,y) \to (a,b)} g(x,y) = \beta$ であるとき，次が成り立つ．

(1) $\displaystyle \lim_{(x,y) \to (a,b)} (k f(x,y) + \ell g(x,y)) = k\alpha + \ell\beta$ 　　(k, ℓ は定数)

(2) $\displaystyle \lim_{(x,y) \to (a,b)} f(x,y) g(x,y) = \alpha\beta$

(3) $\displaystyle \lim_{(x,y) \to (a,b)} \frac{f(x,y)}{g(x,y)} = \frac{\alpha}{\beta}$ 　　($\beta \neq 0$)

問 4.1.2　次の極限が存在すれば求めよ.

(1) $\displaystyle \lim_{(x,y)\to(0,0)} \frac{x^2 y^2}{x^2 + y^2}$ (2) $\displaystyle \lim_{(x,y)\to(0,0)} \frac{x+y}{x^2 + y^2}$

(3) $\displaystyle \lim_{(x,y)\to(0,0)} \frac{(x+y)^2}{x^2 + y^2}$ (4) $\displaystyle \lim_{(x,y)\to(0,0)} \frac{\sin(x^2 + y^2)}{x^2 + y^2}$

4.1.3　2 変数関数の連続性

2 変数関数の連続性は, 1 変数関数の連続性と同様に定義できる. 2 変数関数 $f : D \to \mathbb{R}$ が与えられたとき, 点 $(a,b) \in D$ に対して

$$\lim_{(x,y)\to(a,b)} f(x,y) = f(a,b)$$

が成り立つならば, $f(x,y)$ は**点 (a, b)** において**連続**であるという. また, 定義域内のすべての点において $f(x,y)$ が連続であるとき, $f(x,y)$ は **D** において**連続である**, または **D 上の連続関数**という.

例 4.1.3　関数

$$f(x,y) = \begin{cases} \dfrac{y}{\sqrt{x^2 + y^2}} & (x,y) \neq (0,0) \\ 0 & (x,y) = (0,0) \end{cases}$$

の点 $(0,0)$ における連続性を調べよ.

解答　極座標 $x = r\cos\theta, y = r\sin\theta$ を用いると, $(x,y) \to (0,0)$ は $r \to 0$ と同値になる. また

$$f(x,y) = \frac{r\sin\theta}{r} = \sin\theta$$

であるから, $\theta = 0$ と固定して $r \to 0$ とすると

$$f(x,y) = 0 \longrightarrow 0$$

となる. 一方, $\theta = \dfrac{\pi}{2}$ と固定して $r \to 0$ とすると

$$f(x,y) = 1 \longrightarrow 1$$

となる. したがって, $\displaystyle \lim_{(x,y)\to(0,0)} f(x,y)$ は存在せず, $f(x,y)$ は $(0,0)$ において連続ではない.

解答終了

連続関数に関して，次の3つの定理が成り立つ.

定理 4.1.2 関数 $f(x,y)$, $g(x,y)$ がともに D において連続ならば

$kf(x,y) + \ell g(x,y)$ （k, ℓ は定数）， $f(x,y)g(x,y)$, $\dfrac{f(x,y)}{g(x,y)}$ （ただし, $g(x,y)$

$= 0$ となる点を除く）も D において連続である.

定理 4.1.3 連続な1変数関数や2変数関数の合成関数は連続である.

定理 4.1.4 （ワイエルシュトラスの定理）
　有界閉集合において連続な関数は最大値・最小値をもつ.

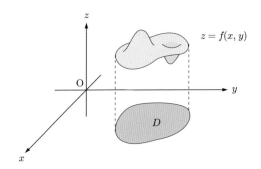

図 **4.7** ワイエルシュトラスの定理

　問 4.1.3 次の関数の点 $(0,0)$ における連続性を調べよ.

(1) $f(x,y) = \begin{cases} \dfrac{y^2}{x^2 + y^2} & (x,y) \neq (0,0) \\ 0 & (x,y) = (0,0) \end{cases}$

(2) $f(x,y) = \begin{cases} \dfrac{xy}{\sqrt{x^2 + y^2}} & (x,y) \neq (0,0) \\ 0 & (x,y) = (0,0) \end{cases}$

(3) $f(x,y) = \begin{cases} \dfrac{\log(1 + x^2 + y^2)}{x^2 + y^2} & (x,y) \neq (0,0) \\ 1 & (x,y) = (0,0) \end{cases}$

4.2 偏微分と全微分

2 変数関数の増減を調べる上で必要な偏微分を導入する. また, 曲面上の 1 点において接平面が存在するための条件として全微分を導入する. この 2 つの意味の "微分" がどのような関係にあるのか注意してもらいたい.

4.2.1 偏微分可能性と偏導関数

2 変数関数 $f(x, y)$ と点 (a, b) が与えられたとき
$$\lim_{h \to 0} \frac{f(a+h, b) - f(a, b)}{h}$$
が有限値として存在するならば, $f(x, y)$ は (a, b) において $\boldsymbol{x}$ に関して偏微分可能 (**partially differentiable**) であるといい, 上の極限値を $\dfrac{\partial f}{\partial x}(a, b)$ または $f_x(a, b)$ と表す. 同様に
$$\lim_{k \to 0} \frac{f(a, b+k) - f(a, b)}{k}$$
が有限値として存在するならば, $f(x, y)$ は (a, b) において $\boldsymbol{y}$ に関して偏微分可能であるといい, 上の極限値を $\dfrac{\partial f}{\partial y}(a, b)$ または $f_y(a, b)$ と表す. また, $f_x(a, b)$, $f_y(a, b)$ をそれぞれ x および y に関する偏微分係数 (**partial differential coefficients**) とよぶ.

曲面 $z = f(x, y)$ を平面 $y = b$ で切った切り口は, 平面 $y = b$ 上の曲線となる. 偏微分係数 $f_x(a, b)$ は, この曲線の $x = a$ に対応する点における接線の傾きである. $f_y(a, b)$ についても同様のことがいえる.

$f(x, y)$ が (a, b) において x および y に関して偏微分可能であるとき, 単に $f(x, y)$ は (a, b) において偏微分可能であるといい, 集合 D の各点で偏微分可能であるとき, $f(x, y)$ は $\boldsymbol{D}$ において偏微分可能であるという.

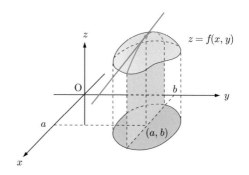

図 **4.8** 偏微分係数

例 4.2.1   次の関数の点 $(0,0)$ における偏微分可能性を調べよ.

(1) $f(x,y) = x^2 - xy - y$ (2) $f(x,y) = \sqrt{x^2 + y^2}$

(3) $f(x,y) = \begin{cases} \dfrac{xy}{x^2 + y^2} & (x,y) \neq (0,0) \\ \quad 0 & (x,y) = (0,0) \end{cases}$

解答   (1) $f(h,0) = h^2$, $f(0,k) = -k$ であるから

$$\lim_{h \to 0} \frac{f(h,0) - f(0,0)}{h} = \lim_{h \to 0} \frac{h^2}{h} = 0$$

$$\lim_{k \to 0} \frac{f(0,k) - f(0,0)}{k} = \lim_{k \to 0} \frac{-k}{k} = -1$$

となり, $f(x,y)$ は点 $(0,0)$ において偏微分可能であり, $f_x(0,0) = 0$, $f_y(0,0) = -1$ となる.

(2) $f(h,0) = |h|$ であるから

$$\lim_{h \to 0} \frac{f(h,0) - f(0,0)}{h} = \lim_{h \to 0} \frac{|h|}{h}$$

は存在しない. したがって, $f(x,y)$ は 点 $(0,0)$ において x に関して偏微分可能ではない. 同様にして y に関しても偏微分可能ではない.

(3) $h \neq 0$, $k \neq 0$ に対して $f(h,0) = f(0,k) = 0$ であるから,

$$\lim_{h \to 0} \frac{f(h,0) - f(0,0)}{h} = 0$$

$$\lim_{k \to 0} \frac{f(0,k) - f(0,0)}{k} = 0$$

となり, $f(x,y)$ は点 $(0,0)$ において偏微分可能であり, $f_x(0,0) = 0$, $f_y(0,0) = 0$ となる.   解答終了

例 4.2.1 の (3) の $f(x,y)$ は, 例 4.1.3 からわかるように $(0,0)$ において不連続である. つまり, 偏微分可能であっても連続であるとは限らないのである. また,

(2) のように連続であっても偏微分可能であるとは限らない.

> **問 4.2.1** 次の関数の [ ] 内の点における偏微分可能性を調べよ.
> (1) $f(x,y) = \sqrt{x^4 + y^2}$ [(0,0)]
> (2) $f(x,y) = \log(2x - x^2 + y^2 + 1)$ [(1,0)]
> (3) $f(x,y) = \begin{cases} \dfrac{x^2 + y^3}{\sqrt{x^2 + y^2}} & (x,y) \neq (0,0) \\ 0 & (x,y) = (0,0) \end{cases}$ [(0,0)]

　2 変数関数 $z = f(x,y)$ が D において偏微分可能であるとき, 各 $(x,y) \in D$ に対して $f_x(x,y)$ および $f_y(x,y)$ を対応させる新たな関数が考えられる. これらをそれぞれ $f(x,y)$ の x および y に関する偏導関数 (partial derivatives) とよぶ. x に関する偏導関数を

$$\frac{\partial f}{\partial x}, \quad \frac{\partial}{\partial x}f, \quad f_x, \quad \frac{\partial z}{\partial x}, \quad \frac{\partial}{\partial x}z, \quad z_x$$

などと表し, y に関する偏導関数を

$$\frac{\partial f}{\partial y}, \quad \frac{\partial}{\partial y}f, \quad f_y, \quad \frac{\partial z}{\partial y}, \quad \frac{\partial}{\partial y}z, \quad z_y$$

などと表す. また偏導関数を求めることを, $f(x,y)$ を**偏微分する**という.

　偏微分は, 一方の変数を定数と思って 1 変数関数の微分を行なえばよい. したがって, 1 変数関数の微分について成り立つ公式が偏微分についても成り立つ.

> **定理 4.2.1** 関数 $f(x,y), g(x,y)$ がともに偏微分可能であり, 1 変数関数 $F(t)$ が微分可能であるとき, 次が成り立つ.
> (1) $\dfrac{\partial}{\partial x}(kf + \ell g) = k\dfrac{\partial f}{\partial x} + \ell\dfrac{\partial g}{\partial x},\quad \dfrac{\partial}{\partial y}(kf + \ell g) = k\dfrac{\partial f}{\partial y} + \ell\dfrac{\partial g}{\partial y}$ (k, ℓ は定数)
> (2) $\dfrac{\partial}{\partial x}(fg) = \dfrac{\partial f}{\partial x}g + f\dfrac{\partial g}{\partial x},\quad \dfrac{\partial}{\partial y}(fg) = \dfrac{\partial f}{\partial y}g + f\dfrac{\partial g}{\partial y}$
> (3) $\dfrac{\partial}{\partial x}\left(\dfrac{f}{g}\right) = \dfrac{\dfrac{\partial f}{\partial x}g - f\dfrac{\partial g}{\partial x}}{g^2},\quad \dfrac{\partial}{\partial y}\left(\dfrac{f}{g}\right) = \dfrac{\dfrac{\partial f}{\partial y}g - f\dfrac{\partial g}{\partial y}}{g^2}$ ($g(x,y) \neq 0$)
> (4) $\dfrac{\partial}{\partial x}F(f(x,y)) = F'(f(x,y))\dfrac{\partial f}{\partial x},\quad \dfrac{\partial}{\partial y}F(f(x,y)) = F'(f(x,y))\dfrac{\partial f}{\partial y}$

例 **4.2.2**　次の関数を偏微分せよ.

(1)　$f(x,y) = x^3 + 2x^2y + 4xy^2 - y^3$　　(2)　$f(x,y) = \sin{(x - y^2)}$

(3)　$f(x,y) = y\log{(x^2 + y^2)}$　　　　　(4)　$f(x,y) = \dfrac{x}{x+y}$

解答　定理 4.2.1 の微分公式からそれぞれ次のようになる.

(1)　$f_x(x,y) = 3x^2 + 4xy + 4y^2, \quad f_y(x,y) = 2x^2 + 8xy - 3y^2$

(2)　$f_x(x,y) = \cos{(x - y^2)} \cdot (x - y^2)_x = \cos{(x - y^2)}$

　　　$f_y(x,y) = \cos{(x - y^2)} \cdot (x - y^2)_y = -2y\cos{(x - y^2)}$

(3)　$f_x(x,y) = \dfrac{2xy}{x^2 + y^2}$

　　　$f_y(x,y) = \log{(x^2 + y^2)} + y\big(\log{(x^2 + y^2)}\big)_y = \log{(x^2 + y^2)} + \dfrac{2y^2}{x^2 + y^2}$

(4)　$f_x(x,y) = \dfrac{(x+y) - x}{(x+y)^2} = \dfrac{y}{(x+y)^2}, \quad f_y(x,y) = -\dfrac{x}{(x+y)^2}$　　**解答終了**

注意　3 変数関数 $f(x,y,z)$ の偏導関数 f_x, f_y, f_z も同様に定義できる. 偏導関数の求め方も, 他の 2 つの変数を定数と思って 1 変数関数の微分を行なえばよい.

問 **4.2.2**　次の関数を偏微分せよ.

(1)　$f(x,y) = 2x^2 - 5xy + y^2$　　(2)　$f(x,y) = (2x - y)^2$

(3)　$f(x,y) = \sqrt{3x^2 + 5y}$　　　　(4)　$f(x,y) = (x - y)e^{xy}$

(5)　$f(x,y) = \cos^2{(x + 2y)}$　　　(6)　$f(x,y) = \arcsin{\dfrac{x}{y}}$

(7)　$f(x,y) = x^y \quad (x > 0)$　　　(8)　$f(x,y,z) = e^{x-y}(\cos y - \sin z)$

4.2.2 接平面と全微分可能性

1 変数関数の微分可能性は，曲線の接線の存在と密接な関わりがあった．つまり

$f(x)$ が $x = a$ において微分可能

$\Longleftrightarrow$ 曲線 $y = f(x)$ が点 $(a, f(a))$ において接線をもつ

$\Longleftrightarrow$ $f(x)$ が $x = a$ の近くでは 1 次式（直線）で近似できる

$\Longleftrightarrow$ ある定数 A に対して $f(x) = A(x - a) + f(a) + \varepsilon(x)$ が成り立つ．

ただし, $\displaystyle\lim_{x \to a} \frac{\varepsilon(x)}{x - a} = 0$

であった．ここで $A = f'(a)$ であり，$y = f'(a)(x - a) + f(a)$ が接線の方程式である．

この考え方を 2 変数関数に適用して，1 次式で近似できるための必要十分条件として 2 変数関数の "微分可能性" を定義する．つまり

$f(x, y)$ が点 (a, b) において "微分可能"

$\Longleftrightarrow$ 曲面 $z = f(x, y)$ が点 $(a, b, f(a, b))$ において "接平面" をもつ

$\Longleftrightarrow$ $f(x, y)$ が (a, b) の近くで 1 次式（平面）で近似できる

$\Longleftrightarrow$ ある定数 A, B に対して

$$f(x, y) = \big(A(x - a) + B(y - b) + f(a, b)\big) + \varepsilon(x, y)$$

が成り立つ．ただし, $\displaystyle\lim_{(x,y) \to (a,b)} \frac{\varepsilon(x, y)}{\sqrt{(x - a)^2 + (y - b)^2}} = 0$

と考える．このような定数 A, B が存在するとき，$f(x, y)$ は (a, b) において全微分可能 (**totally differentiable**) であるという．

$f(x, y)$ が (a, b) において全微分可能であるとき

$$\frac{f(x, b) - f(a, b)}{x - a} = A + \frac{\varepsilon(x, b)}{x - a}$$
$$\frac{f(a, y) - f(a, b)}{y - b} = B + \frac{\varepsilon(a, y)}{y - b}$$

であり

$$\lim_{x \to a} \frac{\varepsilon(x, b)}{x - a} = 0, \qquad \lim_{y \to b} \frac{\varepsilon(a, y)}{y - b} = 0$$

であるから，$f(x,y)$ は (a,b) において偏微分可能であり $A = f_x(a,b),\ B = f_y(a,b)$ である．したがって

$$z = f_x(a,b)(x-a) + f_y(a,b)(y-b) + f(a,b)$$

が $f(x,y)$ の (a,b) の近くにおける 1 次近似式である．この方程式で表される平面を，曲面 $z = f(x,y)$ の点 $(a,b,f(a,b))$ における接平面 (tangent plane) とよぶ．つまり，全微分可能であるとは接平面が存在することを意味している．

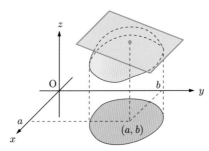

図 4.9　接平面

また，$f_x(a,b) \neq 0,\ f_y(a,b) \neq 0$ ならば，接平面の法線は次の式で与えられる．

$$\frac{x-a}{f_x(a,b)} = \frac{y-b}{f_y(a,b)} = \frac{z-f(a,b)}{-1}$$

関数の連続性，偏微分可能性および全微分可能性の間には次のような関係がある．

定理 4.2.2　関数 $f(x,y)$ が定義域内の点 (a,b) において全微分可能ならば，$f(x,y)$ は (a,b) において連続であり，かつ偏微分可能である．

証明は省略する．

関数 $f(x,y)$ が集合 D において偏微分可能であり，かつその偏導関数 $f_x(x,y)$, $f_y(x,y)$ がいずれも連続であるとき，$f(x,y)$ は D において C^1-級であるという．このとき，次の定理が成り立つ．

定理 4.2.3　関数 $f(x,y)$ が集合 D において C^1-級であるならば，$f(x,y)$ は D の各点において全微分可能である．

証明は省略する．この定理より C^1-級である関数のグラフは接平面をもつことが

わかる．なお，以下に登場する 2 変数関数が C^1-級であることは証明せずに認めて話を進めることにする．

例 4.2.3　　$z = e^{x-y} - 1$ の点 $(0,0)$ における接平面の方程式および法線の方程式を求めよ．

解答　$f(x,y) = e^{x-y} - 1$ とおくと
$f(0,0) = 0$ であり

$$f_x(x,y) = e^{x-y}, \quad f_y(x,y) = -e^{x-y}$$

より

$$f_x(0,0) = 1, \quad f_y(0,0) = -1$$

となる．したがって求める接平面と法線の方程式はそれぞれ

$$z = x - y, \qquad \frac{x}{1} = \frac{y}{-1} = \frac{z}{-1}$$

である．　　　　　　　　　　**解答終了**

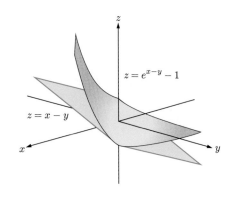

図 4.10　$z = e^{x-y} - 1, z = x - y$ のグラフ

問 4.2.3　次の曲面 $z = f(x,y)$ の [ ] 内の点における接平面の方程式および法線の方程式を求めよ．

(1)　$f(x,y) = 2x + 3xy^2$　　$[\ (1, -1, f(1, -1))\ ]$

(2)　$f(x,y) = \sin(x + 2y)$　　$\left[\ \left(\dfrac{\pi}{3}, \dfrac{\pi}{4}, f\left(\dfrac{\pi}{3}, \dfrac{\pi}{4}\right)\right)\ \right]$

(3)　$f(x,y) = e^{3x+y^2}$　　$[\ (-1, 2, f(-1, 2))\ ]$

(4)　$f(x,y) = y^x$　　$[\ (2, e, f(2, e))\ ]$

(5)　$f(x,y) = \arcsin \dfrac{xy}{4}$　　$[\ (-1, 2, f(-1, 2))\ ]$

4.3　合成関数の微分法

4.3.1　合成関数の導関数

2 変数関数 $z = f(x, y)$ $((x, y) \in D)$ と，区間 I で定義された 1 変数関数 $x = x(t),\ y = y(t)$ $(t \in I)$ が与えられたとする．さらに，区間 I 内の各 t に対して $(x(t), y(t)) \in D$ が成り立つならば，I 上の合成関数 $z = F(t)$ が

$$F(t) = f(x(t), y(t)) \qquad t \in I$$

によって定義できる．このとき，合成関数の導関数は次の定理で与えられる．

定理 4.3.1　2 変数関数 $f(x, y)$ が C^1-級であり，2 つの 1 変数関数 $x(t), y(t)$ がともに微分可能であるとする．このとき，合成関数 $F(t) = f(x(t), y(t))$ も微分可能であり

$$\frac{dF}{dt} = \frac{\partial f}{\partial x}\frac{dx}{dt} + \frac{\partial f}{\partial y}\frac{dy}{dt}$$

が成り立つ．

証明　1 変数関数の平均値の定理より，各 t, h に対して

$f(x(t+h), y(t+h)) - f(x(t), y(t))$

$\quad = f(x(t+h), y(t+h)) - f(x(t), y(t+h)) + f(x(t), y(t+h)) - f(x(t), y(t))$

$\quad = \dfrac{\partial f}{\partial x}(c, y(t+h)) \cdot \big(x(t+h) - x(t)\big) + \dfrac{\partial f}{\partial y}(x(t), d) \cdot \big(y(t+h) - y(t)\big)$

となるような c および d が $x(t)$ と $x(t+h)$ の間および $y(t)$ と $y(t+h)$ の間にそれぞれ存在する．$h \to 0$ とすると $c \to x(t), d \to y(t)$ となるので，$\dfrac{\partial f}{\partial x}, \dfrac{\partial f}{\partial y}$ の連続性より

$\dfrac{dF}{dt}(t) = \lim\limits_{h \to 0} \dfrac{f(x(t+h), y(t+h)) - f(x(t), y(t))}{h}$

$\qquad = \lim\limits_{h \to 0} \left(\dfrac{\partial f}{\partial x}(c, y(t+h)) \dfrac{x(t+h) - x(t)}{h} + \dfrac{\partial f}{\partial y}(x(t), d) \dfrac{y(t+h) - y(t)}{h} \right)$

$\qquad = \dfrac{\partial f}{\partial x}(x(t), y(t)) \dfrac{dx}{dt}(t) + \dfrac{\partial f}{\partial y}(x(t), y(t)) \dfrac{dy}{dt}(t)$

が成り立つ．　　　　　　　　　　　　　　　　　　　　　　　　　　　証明終了

注意 定理 4.3.1 の証明の式変形において

$$\frac{\partial f}{\partial x}(x(t), y(t)) = \frac{\partial f}{\partial x}(x, y)\bigg|_{\substack{x=x(t) \\ y=y(t)}}$$

である. すなわち, 左辺は $\frac{\partial f}{\partial x}(x, y)$ に $x = x(t)$, $y = y(t)$ を代入したものである.

定理 4.3.1 は, 関数 $z = f(x, y)$ の, 平面上の媒介変数表示された曲線 $(x(t), y(t))$ に沿う変化を表している.

特に, $(x(t), y(t))$ が点 (a, b) を通りベクトル $\boldsymbol{v} = (h, k)$ に平行な直線

$$\begin{cases} x(t) = a + ht \\ y(t) = b + kt \end{cases}$$

ならば, $x'(t) = h$, $y'(t) = k$ であるから, $t = 0$ では

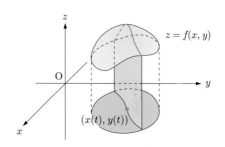

図 **4.11** 曲線に沿う $f(x, y)$ の変化

$$\lim_{t \to 0} \frac{f(a + ht, b + kt) - f(a, b)}{t} = \frac{dF}{dt}(0) = h\frac{\partial f}{\partial x}(a, b) + k\frac{\partial f}{\partial y}(a, b)$$

となる. この右辺を $f(x, y)$ の (a, b) における **$\boldsymbol{v}$- 方向微分係数 (directional derivative)** とよび $\left(h\dfrac{\partial}{\partial x} + k\dfrac{\partial}{\partial y}\right)f(a, b)$ と表す. h, k を変化させることにより $f(x, y)$ のあらゆる方向の増減が調べられる.

なお, $\boldsymbol{v} = (1, 0)$ および $\boldsymbol{v} = (0, 1)$ のとき, $\boldsymbol{v}$-方向微分係数はそれぞれ $\frac{\partial f}{\partial x}(a, b)$ および $\frac{\partial f}{\partial y}(a, b)$ となる.

ベクトル $\left(\dfrac{\partial f}{\partial x}(a, b), \dfrac{\partial f}{\partial y}(a, b)\right)$ を, 関数 $f(x, y)$ の点 (a, b) における **勾配 (gradient)** といい, $\mathrm{grad}\, f(a, b)$ または $\nabla f(a, b)$ などと表す. この記号を用いると $\boldsymbol{v}$-方向微分係数は $\boldsymbol{v} \cdot \mathrm{grad}\, f(a, b)$ のように, ベクトルの内積を使って表すことができる.

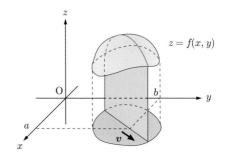

図 **4.12** 方向微分係数

問 4.3.1 関数 $f(x, y)$ が C^1-級であるとき，次のそれぞれの場合に合成関数

$$F(t) = f(x(t), y(t))$$

の導関数 $\dfrac{dF}{dt}(t)$ を $\dfrac{\partial f}{\partial x}$, $\dfrac{\partial f}{\partial y}$ を用いて表せ．

(1) $x(t) = e^t$, $y(t) = t^3$

(2) $x(t) = \cos t$, $y(t) = \sin t$

(3) $x(t) = \dfrac{1}{t+1}$, $y(t) = \dfrac{t}{t+1}$

次に，2 変数関数 $f(x, y)$ と 2 つの 2 変数関数 $x(u, v)$, $y(u, v)$ の合成関数

$$F(u, v) = f(x(u, v), y(u, v))$$

を考える．このとき，定理 4.3.1 と同様に次が成り立つ．

定理 4.3.2　2 変数関数 $z = f(x, y)$ が C^1-級であり，2 つの 2 変数関数 $x = x(u, v)$, $y = y(u, v)$ がともに偏微分可能であるとする．このとき，合成関数 $F(u, v) = f(x(u, v), y(u, v))$ も偏微分可能であり

$$\frac{\partial F}{\partial u} = \frac{\partial f}{\partial x}\frac{\partial x}{\partial u} + \frac{\partial f}{\partial y}\frac{\partial y}{\partial u}, \qquad \frac{\partial F}{\partial v} = \frac{\partial f}{\partial x}\frac{\partial x}{\partial v} + \frac{\partial f}{\partial y}\frac{\partial y}{\partial v}$$

が成り立つ．

例 4.3.1　関数 $f(x, y)$ と関数 $x = r\cos\theta$, $y = r\sin\theta$ の合成関数を

$$F(r, \theta) = f(r\cos\theta, r\sin\theta)$$

とするとき，次の問いに答えよ．

(1) $\dfrac{\partial F}{\partial r}$, $\dfrac{\partial F}{\partial \theta}$ を $\dfrac{\partial f}{\partial x}$, $\dfrac{\partial f}{\partial y}$ を用いて表せ．

(2) $\left(\dfrac{\partial F}{\partial r}\right)^2 + \dfrac{1}{r^2}\left(\dfrac{\partial F}{\partial \theta}\right)^2 = \left(\dfrac{\partial f}{\partial x}\right)^2 + \left(\dfrac{\partial f}{\partial y}\right)^2$ を示せ．

解答　(1)　$\dfrac{\partial x}{\partial r} = \cos\theta$,　$\dfrac{\partial x}{\partial \theta} = -r\sin\theta$,　$\dfrac{\partial y}{\partial r} = \sin\theta$,　$\dfrac{\partial y}{\partial \theta} = r\cos\theta$

であるから，定理 4.3.2 より

$$\frac{\partial F}{\partial r} = \frac{\partial f}{\partial x}\frac{\partial x}{\partial r} + \frac{\partial f}{\partial y}\frac{\partial y}{\partial r}$$

$$= \cos\theta\frac{\partial f}{\partial x}(r\cos\theta,\ r\sin\theta) + \sin\theta\frac{\partial f}{\partial y}(r\cos\theta,\ r\sin\theta)$$

$$\frac{\partial F}{\partial \theta} = \frac{\partial f}{\partial x}\frac{\partial x}{\partial \theta} + \frac{\partial f}{\partial y}\frac{\partial y}{\partial \theta}$$

$$= -r\sin\theta\frac{\partial f}{\partial x}(r\cos\theta,\ r\sin\theta) + r\cos\theta\frac{\partial f}{\partial y}(r\cos\theta,\ r\sin\theta)$$

となる．

(2) (1) より，

$$\left(\frac{\partial F}{\partial r}\right)^2 + \frac{1}{r^2}\left(\frac{\partial F}{\partial \theta}\right)^2$$

$$= \left(\cos\theta\frac{\partial f}{\partial x} + \sin\theta\frac{\partial f}{\partial y}\right)^2 + \frac{1}{r^2}\left(-r\sin\theta\frac{\partial f}{\partial x} + r\cos\theta\frac{\partial f}{\partial y}\right)^2$$

$$= \left(\frac{\partial f}{\partial x}\right)^2 + \left(\frac{\partial f}{\partial y}\right)^2$$

となる． 解答終了

問 4.3.2 関数 $f(x,y)$ が C^1-級であるとき，次のそれぞれの場合において合成関数

$$F(u,v) = f(x(u,v), y(u,v))$$

の偏導関数 $\dfrac{\partial F}{\partial u}(u,v),\ \dfrac{\partial F}{\partial v}(u,v)$ を $\dfrac{\partial f}{\partial x},\ \dfrac{\partial f}{\partial y}$ を用いて表せ．

(1) $x(u,v) = u+v,\ y(u,v) = uv$

(2) $x(u,v) = u-v,\ y(u,v) = u^2$

(3) $x(u,v) = \cos u,\ y(u,v) = \sin v$

4.4 高次偏導関数とテイラーの定理

テイラーの定理より 1 変数関数が多項式で近似できたように，2 変数関数も多項式近似を考えることができる．この節では 2 変数関数のテイラーの定理を紹介する．

4.4.1 高次偏導関数

関数 $f(x,y)$ の偏導関数もまた 2 変数関数であるから，その偏微分可能性を考えることができる．$\dfrac{\partial f}{\partial x}(x,y)$ および $\dfrac{\partial f}{\partial y}(x,y)$ がともに偏微分可能であるとき，$f(x,y)$ は **2 回偏微分可能である**といい

$$\frac{\partial}{\partial x}\left(\frac{\partial f}{\partial x}\right)=\frac{\partial^2 f}{\partial x^2}, \qquad \frac{\partial}{\partial y}\left(\frac{\partial f}{\partial x}\right)=\frac{\partial^2 f}{\partial y\partial x}$$

$$\frac{\partial}{\partial x}\left(\frac{\partial f}{\partial y}\right)=\frac{\partial^2 f}{\partial x\partial y}, \qquad \frac{\partial}{\partial y}\left(\frac{\partial f}{\partial y}\right)=\frac{\partial^2 f}{\partial y^2}$$

を**第 2 次偏導関数**という．第 2 次偏導関数は簡単に

$$\frac{\partial^2 f}{\partial x^2}=f_{xx}, \qquad \frac{\partial^2 f}{\partial y\partial x}=f_{xy}, \qquad \frac{\partial^2 f}{\partial x\partial y}=f_{yx}, \qquad \frac{\partial^2 f}{\partial y^2}=f_{yy}$$

とも表される．第 2 次偏導関数は 4 つある．偏導関数の表記の中の文字の順序に注意すること．また，すべての第 2 次偏導関数が連続であるとき，f は C^2-**級で**あるという．

同様に，n 回偏微分可能 (**n-times partially differentiable**)，第 n 次偏導関数 (**n-th partial derivatives**) および C^n-級も定義される．第 n 次偏導関数は 2^n 個ある．また，何回でも偏微分可能であるとき，$f(x,y)$ は C^∞-級であるという．

例 4.4.1　$f(x,y)=xe^{xy}$ の 第 2 次偏導関数を求めよ．

解答　$\dfrac{\partial f}{\partial x}(x,y)=e^{xy}+xye^{xy}=(1+xy)e^{xy}, \quad \dfrac{\partial f}{\partial y}(x,y)=x^2 e^{xy}$

であるから

$$\frac{\partial^2 f}{\partial x^2}(x,y) = ye^{xy} + (1+xy)ye^{xy} = (2+xy)ye^{xy}$$

$$\frac{\partial^2 f}{\partial y \partial x}(x,y) = xe^{xy} + x(1+xy)e^{xy} = x(2+xy)e^{xy}$$

$$\frac{\partial^2 f}{\partial x \partial y}(x,y) = 2xe^{xy} + x^2 ye^{xy} = x(2+xy)e^{xy}$$

$$\frac{\partial^2 f}{\partial y^2}(x,y) = x^3 e^{xy}$$

となる. 　　　　　　　　　　　　　　　　　　　　　　　　　　　　**解答終了**

この例で, $\dfrac{\partial^2 f}{\partial y \partial x}(x,y) = \dfrac{\partial^2 f}{\partial x \partial y}(x,y)$ が成り立っているが, 一般に次の定理が成り立つ.

定理 4.4.1　関数 $f(x,y)$ が C^2-級ならば

$$\frac{\partial^2 f}{\partial y \partial x}(x,y) = \frac{\partial^2 f}{\partial x \partial y}(x,y)$$

が成り立つ. 一般に, 自然数 n $(\geqq 2)$ に対して, C^n-級である関数の第 n 次までの偏導関数は, 偏微分する順序を入れ替えても一致する.

この定理の証明は省略する. なお, 演習問題 4【B】**3** の $f(x,y)$ は C^2-級ではない関数で $\dfrac{\partial^2 f}{\partial y \partial x} = \dfrac{\partial^2 f}{\partial x \partial y}$ が成り立たない例である.

問 4.4.1　次の関数の第 2 次偏導関数を求めよ.
(1) $f(x,y) = x^3 - 2x^2 y - y^4$ 　　(2) $f(x,y) = e^{x^2 y}$ 　　(3) $f(x,y) = e^{xy}\sin y$
(4) $f(x,y) = \sin(x+y) - \cos xy$ 　　(5) $f(x,y) = y\log(x^2 + y^2)$

例 4.4.2　$f(x,y) = \log(x^2 + y^2)$ が方程式 $f_{xx} + f_{yy} = 0$ を満たすことを示せ.

解答　$f_x(x,y) = \dfrac{2x}{x^2 + y^2}, \ f_y(x,y) = \dfrac{2y}{x^2 + y^2}$ であるから

$$f_{xx}(x,y) = \frac{2(x^2+y^2) - 2x \cdot 2x}{(x^2+y^2)^2} = \frac{2(y^2-x^2)}{(x^2+y^2)^2}$$

$$f_{yy}(x,y) = \frac{2(x^2+y^2) - 2y \cdot 2y}{(x^2+y^2)^2} = \frac{2(x^2-y^2)}{(x^2+y^2)^2}$$

となる．したがって

$$f_{xx} + f_{yy} = \frac{2(y^2-x^2) + 2(x^2-y^2)}{(x^2+y^2)^2} = 0$$

が成り立つ．　　　　　　　　　　　　　　　　　　　解答終了

例 4.4.2 において，形式的に $\Delta = \dfrac{\partial^2}{\partial x^2} + \dfrac{\partial^2}{\partial y^2}$ とおくと，$f(x,y)$ が満たす方程式は

$$\Delta f = 0$$

と表すことができる．この方程式をラプラス方程式 (Laplace equation) といい，その解 f を調和関数 (harmonic function) という．また Δ をラプラシアン (Laplacian) という．

注意　一般に n 変数関数 $f(x_1, x_2, \cdots . x_n)$ のラプラシアンも，同じ記号を用いて

$$\Delta f = \frac{\partial^2 f}{\partial x_1{}^2} + \frac{\partial^2 f}{\partial x_2{}^2} + \cdots + \frac{\partial^2 f}{\partial x_n{}^2}$$

と定義する．

問 4.4.2 次の関数が，与えられた方程式を満たすことを示せ．ただし，c は定数とする．

(1) $f(x,y) = \dfrac{xy}{x+y}$,　　$xf_x + yf_y = f$

(2) $f(t,x) = e^{-ct}\sin x$,　　$f_t - cf_{xx} = 0$

(3) $f(x,y) = e^{cx}\sin cy$,　　$\Delta f = 0$

(4) $f(x,y) = \arctan \dfrac{y}{x}$,　　$\Delta f = 0$

(5) $f(t,x) = \sin(x+ct)$,　　$f_{tt} - c^2 f_{xx} = 0$

4.4.2　高次方向微分

C^2-級である $f(x,y)$ に対して

$$\frac{d}{dt}f(a+ht, b+kt) = h\frac{\partial f}{\partial x}(a+ht, b+kt) + k\frac{\partial f}{\partial y}(a+ht, b+kt)$$

の両辺を t で微分すると

$$\frac{d^2}{dt^2}f(a+ht,b+kt) = \frac{d}{dt}\left(h\frac{\partial f}{\partial x}(a+ht,b+kt) + k\frac{\partial f}{\partial y}(a+ht,b+kt)\right)$$

$$= h^2\frac{\partial^2 f}{\partial x^2}(a+ht,b+kt) + hk\frac{\partial^2 f}{\partial y\partial x}(a+ht,b+kt)$$

$$+ kh\frac{\partial^2 f}{\partial x\partial y}(a+ht,b+kt) + k^2\frac{\partial^2 f}{\partial y^2}(a+ht,b+kt)$$

$$= \left(h^2\frac{\partial^2 f}{\partial x^2} + 2hk\frac{\partial^2 f}{\partial x\partial y} + k^2\frac{\partial^2 f}{\partial y^2}\right)(a+ht,b+kt)$$

となる. ここで

$$\left(\frac{\partial}{\partial x}\right)^2 = \frac{\partial^2}{\partial x^2}, \qquad \left(\frac{\partial}{\partial x}\right)\left(\frac{\partial}{\partial y}\right) = \frac{\partial^2}{\partial x\partial y}$$

などの表現を許すことにすると，形式的に

$$\frac{d^2}{dt^2}f(a+ht,b+kt) = \left(h\frac{\partial}{\partial x} + k\frac{\partial}{\partial y}\right)^2 f(a+ht,b+kt)$$

となる. 同様に C^n-級である関数 $f(x,y)$ に対して

$$\frac{d^n}{dt^n}f(a+ht,b+kt) = \left(h\frac{\partial}{\partial x} + k\frac{\partial}{\partial y}\right)^n f(a+ht,b+kt)$$

が成り立つ.

4.4.3 テイラーの定理

関数 $f(x,y)$ とその定義域内の点 (a,b) が与えられたとする. このとき，すべての (h,k) $(\neq (0,0))$ に対して $F(t) = f(a+ht,b+ht)$ の第 n 次マクローリン展開は

$$f(a+ht,b+kt) = F(t)$$

$$= F(0) + F'(0)\,t + \frac{F''(0)}{2!}\,t^2 + \cdots + \frac{F^{(n)}(0)}{n!}\,t^n + R_{n+1}(t)$$

$$= f(a,b) + \left(h\frac{\partial}{\partial x} + k\frac{\partial}{\partial y}\right)f(a,b)\,t + \frac{1}{2!}\left(h\frac{\partial}{\partial x} + k\frac{\partial}{\partial y}\right)^2 f(a,b)\,t^2$$

$$+ \cdots + \frac{1}{n!}\left(h\frac{\partial}{\partial x} + k\frac{\partial}{\partial y}\right)^n f(a,b)\,t^n + R_{n+1}(t)$$

となる. ただし，$R_{n+1}(t)$ は開区間 $(0,1)$ 内に θ が存在して

$$R_{n+1}(t) = \frac{F^{(n+1)}(\theta t)}{(n+1)!}\,t^{n+1} = \frac{1}{(n+1)!}\left(h\frac{\partial}{\partial x} + k\frac{\partial}{\partial y}\right)^{n+1} f(a+h\theta t,b+k\theta t)\,t^{n+1}$$

と表される. ここで特に $t = 1$ とおくと, 次の定理が得られる.

定理 4.4.2 (テイラーの定理)

関数 $f(x, y)$ が点 (a, b) の近くで C^{n+1}-級ならば

$$f(a+h, b+k) = f(a,b) + \left(h\frac{\partial}{\partial x} + k\frac{\partial}{\partial y}\right)f(a,b) + \frac{1}{2!}\left(h\frac{\partial}{\partial x} + k\frac{\partial}{\partial y}\right)^2 f(a,b)$$

$$+\cdots+ \frac{1}{n!}\left(h\frac{\partial}{\partial x} + k\frac{\partial}{\partial y}\right)^n f(a,b) + R_{n+1}(h,k),$$

$$R_{n+1}(h,k) = \frac{1}{(n+1)!}\left(h\frac{\partial}{\partial x} + k\frac{\partial}{\partial y}\right)^{n+1} f(a+h\theta, b+k\theta)$$

となるような θ が開区間 $(0,1)$ 内に少なくとも 1 つ存在する.

上の式を, $f(x, y)$ の点 **(a, b) を中心とする第 n 次テイラー展開**という. また, $R_{n+1}(h, k)$ をテイラー展開の**剰余項**という.

1 変数関数の場合と同様に, 点 $(0, 0)$ を中心とするテイラー展開を**第 n 次マクローリン展開**という.

例 4.4.3 関数 $f(x, y)$ に対して $\dfrac{\partial f}{\partial x}(x,y) = 0$, $\dfrac{\partial f}{\partial y}(x,y) = 0$ であるならば $f(x, y)$ は定数関数であることを示せ.

解答 点 (a, b) を 1 つ固定する. テイラーの定理で $n = 0$ とすると $\dfrac{\partial f}{\partial x}(x,y) = 0$, $\dfrac{\partial f}{\partial y}(x,y) = 0$ より, 任意の (h, k) に対して

$$f(a+h, b+k) = f(a,b) + h\frac{\partial f}{\partial x}(a+h\theta, b+k\theta) + k\frac{\partial f}{\partial y}(a+h\theta, b+k\theta)$$

$$= f(a,b)$$

が成り立つ. したがって, $f(x, y)$ は定数関数である. **解答終了**

例 4.4.4 関数 $f(x, y) = \sqrt{1 + x - y}$ の第 2 次マクローリン展開を求めよ. ただし, 剰余項は求める必要はない.

解答 $f(x, y) = (1 + x - y)^{\frac{1}{2}}$ であるから,

$$f_x(x, y) = \frac{1}{2}(1 + x - y)^{-\frac{1}{2}}, \qquad f_y(x, y) = -\frac{1}{2}(1 + x - y)^{-\frac{1}{2}},$$

$$f_{xx}(x, y) = -\frac{1}{4}(1 + x - y)^{-\frac{3}{2}}, \quad f_{xy}(x, y) = \frac{1}{4}(1 + x - y)^{-\frac{3}{2}},$$

$$f_{yy}(x, y) = -\frac{1}{4}(1 + x - y)^{-\frac{3}{2}}$$

となる. したがって

$$f(0, 0) = 1, \quad f_x(0, 0) = \frac{1}{2}, \quad f_y(0, 0) = -\frac{1}{2},$$

$$f_{xx}(0, 0) = -\frac{1}{4}, \quad f_{xy}(0, 0) = \frac{1}{4}, \quad f_{yy}(0, 0) = -\frac{1}{4}$$

となり, 定理 4.4.2 より $1 + h - k > 0$ なる任意の h, k に対して,

$$f(h, k) = 1 + \frac{1}{2}h - \frac{1}{2}k - \frac{1}{8}h^2 + \frac{1}{4}hk - \frac{1}{8}k^2 + R_3(h, k)$$

が成り立つ. ここで h, k を x, y にそれぞれ置き換えると

$$f(x, y) = 1 + \frac{1}{2}x - \frac{1}{2}y - \frac{1}{8}x^2 + \frac{1}{4}xy - \frac{1}{8}y^2 + R_3(x, y)$$

となる.   **解答終了**

問 4.4.3 次の関数の第 2 次マクローリン展開を求めよ. ただし, 剰余項は求める必要はない.

(1) $f(x, y) = \dfrac{1}{1 - x - 2y}$ (2) $f(x, y) = xe^y$

(3) $f(x, y) = \log(1 + x + y^2)$ (4) $f(x, y) = \sin(2x + y)$

■ 4.5 2変数関数の極値

この節では2変数関数の極値について考える．$f(x,y)$ が点 (a,b) において極値をとるための条件を $f(x,y)$ の第2次偏微分係数を用いて表す．

4.5.1 2変数関数の極値

関数 $f(x,y)$ と点 (a,b) が与えられたとき，(a,b) の近くの任意の点 (x,y) $(\neq(a,b))$ に対して

$$f(a,b) < f(x,y)$$

が成り立つならば，$f(x,y)$ は (a,b) において**極小値** $f(a,b)$ をとるという．同様に，(a,b) の近くの任意の (x,y) $(\neq(a,b))$ に対して

$$f(a,b) > f(x,y)$$

が成り立つならば，$f(x,y)$ は (a,b) において**極大値** $f(a,b)$ をとるという．極大値と極小値をまとめて極値とよぶ．

この定義からわかるように，最小値であっても極小値とは限らない．たとえば，$f(x,y) = x^2 + y^2$ も $g(x,y) = x^2$ も点 $(0,0)$ において最小値 0 をとるが $f(0,0)$ が極小値であるのに対し，$g(0,0)$ は極小値ではない．

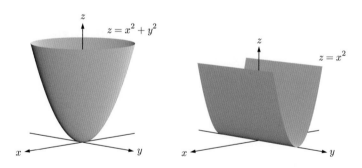

図 **4.13** $z = x^2 + y^2$ と $z = x^2$ のグラフ

以下，どのような場合に $f(a,b)$ が極値となるかについて考える．

定理 4.5.1 C^1-級である関数 $f(x,y)$ が点 (a,b) において極値をとるならば
$$\frac{\partial f}{\partial x}(a,b) = \frac{\partial f}{\partial y}(a,b) = 0$$
が成り立つ.

証明 $f(x,y)$ が (a,b) で極値をとるならば,$f(x,b)$ は x の 1 変数関数として,$x=a$ において極値をとる.したがって,定理 2.9.1 より
$$0 = \left. \frac{d}{dx}(f(x,b)) \right|_{x=a} = \frac{\partial f}{\partial x}(a,b)$$
となる.同様にして $\dfrac{\partial f}{\partial y}(a,b)=0$ もわかる.   **証明終了**

$\dfrac{\partial f}{\partial x}(a,b) = \dfrac{\partial f}{\partial y}(a,b) = 0$ を満たす点 (a,b) を $f(x,y)$ の **停留点** (stationary point) という.定理 4.5.1 から,極値をとる点は停留点であることがわかる.しかしながら停留点で必ず極値をとるとは限らない.たとえば,前出の $f(x,y) = x^2 + y^2$ に対して,$f_x(x,y) = 2x$,$f_y(x,y) = 2y$ であるから点 $(0,0)$ は停留点であり,同時に極小値をとる点でもある(図 4.13 参照).一方,$h(x,y) = x^2 - y^2$ に対しては,$(0,0)$ は停留点ではあるが極値をとる点ではない.

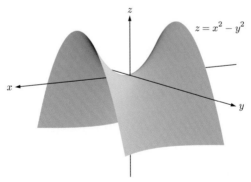

図 4.14 停留点で極値をもたない例:$z = x^2 - y^2$

つまり,停留点は極値を与える点の候補でしかない.そこで次に,停留点で極値をとるための条件を調べてみる.

点 (a,b) を,C^3-級である関数 $f(x,y)$ の停留点とする.このとき,テイラーの定理において $n=2$ とすると,任意の (h,k) ($\neq (0,0)$) に対して

$f(a+h, b+k)$

$$= f(a,b) + \left(h\frac{\partial}{\partial x} + k\frac{\partial}{\partial y} \right) f(a,b) + \frac{1}{2} \left(h\frac{\partial}{\partial x} + k\frac{\partial}{\partial y} \right)^2 f(a,b) + R_3(h,k)$$

$$= f(a,b) + \frac{1}{2}(h^2 f_{xx}(a,b) + 2hk f_{xy}(a,b) + k^2 f_{yy}(a,b)) + R_3(h,k),$$

$$R_3(h,k) = \frac{1}{3!} \left(h\frac{\partial}{\partial x} + k\frac{\partial}{\partial y} \right)^3 f(a+h\theta, b+k\theta)$$

となるような θ が開区間 $(0,1)$ 内に存在する. ここで

$$Q(h,k) = \frac{1}{2} \left(h^2 f_{xx}(a,b) + 2hk f_{xy}(a,b) + k^2 f_{yy}(a,b) \right)$$

とおくと

$$f(a+h, b+k) - f(a,b) = Q(h,k) + R_3(h,k)$$

となるので, 極値の定義より

(1) 0 に近い任意の h, k に対して $Q(h,k) + R_3(h,k) < 0$ ならば $f(a,b)$ は極大値.

(2) 0 に近い任意の h, k に対して $Q(h,k) + R_3(h,k) > 0$ ならば $f(a,b)$ は極小値.

(3) h, k によって $Q(h,k) + R_3(h,k)$ の符号が変わるならば $f(a,b)$ は極値ではない.

となる. また

$$R_3(h,k) = \frac{1}{3!} \left(h^3 f_{xxx} + 3h^2 k f_{xxy} + 3hk^2 f_{xyy} + k^3 f_{yyy} \right)(a+h\theta, b+k\theta)$$

であるから, h, k がともに十分 0 に近ければ $R_3(h,k)$ は $Q(h,k)$ に比べて絶対値が小さくなるので, $Q(h,k) + R_3(h,k)$ の符号には影響を与えない. つまり, h, k が十分 0 に近ければ

$$Q(h,k) < 0 \quad \text{ならば} \quad Q(h,k) + R_3(h,k) < 0$$

$$Q(h,k) > 0 \quad \text{ならば} \quad Q(h,k) + R_3(h,k) > 0$$

となる. さらに $Q(h,k)$ は $f_{xx}(a,b) \neq 0$ のとき

$Q(h,k)$

$$= \frac{1}{2f_{xx}(a,b)} \left(h^2 \left(f_{xx}(a,b) \right)^2 + 2hk f_{xx}(a,b) f_{xy}(a,b) + k^2 f_{xx}(a,b) f_{yy}(a,b) \right)$$

$$= \frac{\left(h f_{xx}(a,b) + k f_{xy}(a,b) \right)^2 + k^2 \left(f_{xx}(a,b) f_{yy}(a,b) - \left(f_{xy}(a,b) \right)^2 \right)}{2f_{xx}(a,b)}$$

と変形できるので

$$f_{xx}(a,b)f_{yy}(a,b) - \left(f_{xy}(a,b)\right)^2 > 0 \quad \text{かつ} \quad f_{xx}(a,b) < 0 \quad \text{ならば} \quad Q(h,k) < 0$$

$$f_{xx}(a,b)f_{yy}(a,b) - \left(f_{xy}(a,b)\right)^2 > 0 \quad \text{かつ} \quad f_{xx}(a,b) > 0 \quad \text{ならば} \quad Q(h,k) > 0$$

となる．また

$$f_{xx}(a,b)f_{yy}(a,b) - \left(f_{xy}(a,b)\right)^2 < 0 \quad \text{ならば} \quad Q(h,k) \text{ の符号は一定ではない}$$

こともわかる．以上により次の定理が成り立つ．

定理 4.5.2　点 (a,b) を，C^3-級である関数 $f(x,y)$ の停留点とし

$$D(a,b) = f_{xx}(a,b)f_{yy}(a,b) - \left(f_{xy}(a,b)\right)^2$$

とするとき，次が成り立つ．

(1) $D(a,b) > 0$　かつ　$f_{xx}(a,b) < 0$　ならば　$f(a,b)$ は極大値．

(2) $D(a,b) > 0$　かつ　$f_{xx}(a,b) > 0$　ならば　$f(a,b)$ は極小値．

(3) $D(a,b) < 0$　ならば　$f(a,b)$ は極値ではない．

この定理において

$$D(a,b) > 0 \quad \Longleftrightarrow \quad f_{xx}(a,b)f_{yy}(a,b) > (f_{xy}(a,b))^2 \geqq 0$$

であるから $D(a,b) > 0$ のときは $f_{xx}(a,b) \neq 0$ である．また，このとき $f_{xx}(a,b)$ と $f_{yy}(a,b)$ は同符号なので，定理の (1), (2) の中の $f_{xx}(a,b)$ は $f_{yy}(a,b)$ に置き換えることができる．

なお，$D(a,b) = 0$ の場合はこの定理では判定できない．たとえば，$f(x,y) = x^3 + y^3$ および $g(x,y) = x^4 + y^4$ はともに $(0,0)$ を停留点にもち $D(0,0) = 0$ となるが，$f(0,0) = 0$ が極値ではないのに対し，$g(0,0) = 0$ は極小値である．

例 4.5.1　次の関数の極値を求めよ．

(1) $f(x,y) = x^3 - 6xy + 3y^2 + 2$　　　(2) $f(x,y) = xe^{-x^2-y^2}$

解答　(1) まず

$$f_x(x,y) = 3x^2 - 6y = 3(x^2 - 2y), \qquad f_y(x,y) = -6x + 6y = 6(y - x)$$

であるから

$$\begin{cases} f_x(x,y) = 0 \\ f_y(x,y) = 0 \end{cases} \iff \begin{cases} x^2 - 2y = 0 \\ y - x = 0 \end{cases}$$

となる．この連立方程式を解いて，2点 $(0,0)$，$(2,2)$ が $f(x,y)$ の停留点であることがわかる．また

$$f_{xx}(x,y) = 6x, \qquad f_{xy}(x,y) = -6, \qquad f_{yy}(x,y) = 6$$

より

$$D(x,y) = 36x - 36 = 36(x-1)$$

となる．$D(0,0) = -36 < 0$ であるから $f(0,0)$ は極値ではない．一方，$D(2,2) = 36 > 0$，$f_{xx}(2,2) = 12 > 0$ であるから $f(x,y)$ は $(2,2)$ において極小値 $f(2,2) = -2$ をとる．

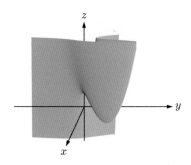

図 **4.15**　$z = x^3 - 6xy + 3y^2 + 2$ のグラフ

(2)　$f_x(x,y) = (1 - 2x^2)e^{-x^2-y^2}$, 　$f_y(x,y) = -2xye^{-x^2-y^2}$ であるから

$$\begin{cases} f_x(x,y) = 0 \\ f_y(x,y) = 0 \end{cases} \iff \begin{cases} 1 - 2x^2 = 0 \\ xy = 0 \end{cases}$$

となる．この連立方程式を解いて，2点 $\left(\dfrac{1}{\sqrt{2}}, 0\right)$, $\left(-\dfrac{1}{\sqrt{2}}, 0\right)$ が $f(x,y)$ の停留点であることがわかる．また

$$f_{xx}(x,y) = -4xe^{-x^2-y^2} - 2x(1-2x^2)e^{-x^2-y^2} = -2x(3-2x^2)e^{-x^2-y^2}$$

$$f_{xy}(x,y) = -2(1-2x^2)ye^{-x^2-y^2}$$

$$f_{yy}(x,y) = -2xe^{-x^2-y^2} + 4xy^2e^{-x^2-y^2} = -2x(1-2y^2)e^{-x^2-y^2}$$

より

$$D(x, y) = 4\big(x^2(3 - 2x^2)(1 - 2y^2) - y^2(1 - 2x^2)^2\big) e^{-2x^2 - 2y^2}$$

となる. $D\left(\dfrac{1}{\sqrt{2}}, 0\right) = \dfrac{4}{e} > 0$, $f_{xx}\left(\dfrac{1}{\sqrt{2}}, 0\right) = -2\sqrt{\dfrac{2}{e}} < 0$ であるから $f(x, y)$ は $\left(\dfrac{1}{\sqrt{2}}, 0\right)$ において極大値 $f\left(\dfrac{1}{\sqrt{2}}, 0\right) = \dfrac{1}{\sqrt{2e}}$ をとる. 一方, $D\left(-\dfrac{1}{\sqrt{2}}, 0\right) = \dfrac{4}{e} > 0$, $f_{xx}\left(-\dfrac{1}{\sqrt{2}}, 0\right) = 2\sqrt{\dfrac{2}{e}} > 0$ であるから $f(x, y)$ は $\left(-\dfrac{1}{\sqrt{2}}, 0\right)$ において極小値 $f\left(-\dfrac{1}{\sqrt{2}}, 0\right) = -\dfrac{1}{\sqrt{2e}}$ をとる.

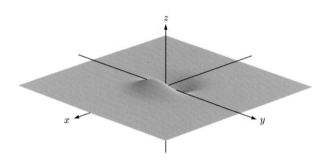

図 4.16　$z = xe^{-x^2 - y^2}$ のグラフ

解答終了

問 4.5.1 次の関数の極値を求めよ.
(1) $f(x, y) = x^2 + xy + y^2$
(2) $f(x, y) = x^2 + 4xy + 2y^4 + 2$
(3) $f(x, y) = x^3 + y^3 + 6xy$
(4) $f(x, y) = ye^{x^2 - y^2}$
(5) $f(x, y) = xy(1 - x - y)$
(6) $f(x, y) = x^3 + xy^2 + 2x^2 + y^2$

4.6　陰関数

4.6.1　陰関数

　関数 $f(x, y)$ に対して，$f(x, y) = k$　（k は定数）を満たす点 (x, y) の集合を等高線 (contour line) とよぶ．k を地図における"海抜"と考えるならば，等高線 $f(x, y) = 0$ はちょうど地図上の海岸線に対応している．多くの場合，等高線は xy-平面上の曲線を表す．たとえば，$f(x, y) = x^2 + y^2 - 4$ であるとき，$f(x, y) = x^2 + y^2 - 4 = 0$ は中心 $(0, 0)$, 半径 2 の円を表す．また，放物線 $y = x^2$ は $f(x, y) = x^2 - y$ とすれば $f(x, y) = 0$ という形で書ける．

　一般に，2 変数関数 $f(x, y)$ に対して，$f(x, y) = 0$ によって定まる x と y の関係を，**$f(x, y) = 0$ から定まる陰関数** (implicit function) という．これに対して，$y = \varphi(x)$ や $x = \psi(y)$ のように表される関数を陽関数 (explicit function) という．1 つの陰関数に対して，その陰関数が表す曲線全体を 1 つの陽関数で表すことができるとは限らない．

　たとえば，陰関数として表された円 $x^2 + y^2 - 4 = 0$ を陽関数として表すには

$$y = \sqrt{4 - x^2} \quad \text{および} \quad y = -\sqrt{4 - x^2}$$

と，円を上下に分割して表さなければならない．

　また，$f(x, y) = x^3 + y^3 - 6xy = 0$ から定まる陰関数のグラフはデカルトの葉線 (Descartes folium) とよばれる．図を見ても明らかなように，この曲線全体を 1 つの陽関数 $y = \varphi(x)$（または $x = \psi(y)$）として表すことはできない．

　そこで，$f(x, y) = 0$ から定まる陰関数が，"部分的"にでも陽関数として表されるための条件を考えてみよう．

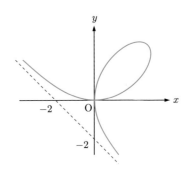

図 **4.17**　デカルトの葉線

定理 4.6.1 （陰関数定理 (implicit function theorem)）

関数 $f(x,y)$ は C^1-級であり，点 (a,b) において $f(a,b) = 0$, $f_y(a,b) \neq 0$ であるとする．このとき，a を含むある区間 I において定義された関数 $y = \varphi(x)$ で

$$f(x, \varphi(x)) = 0, \quad \varphi(a) = b$$

を満たすものがただ 1 つ存在する．さらに，$\varphi(x)$ は微分可能であり

$$\varphi'(x) = -\frac{f_x(x, \varphi(x))}{f_y(x, \varphi(x))} = -\frac{f_x(x, y)}{f_y(x, y)}$$

が成り立つ．

後半部分の証明　前半の $\varphi(x)$ の存在と微分可能性については，簡単な証明ではないので省略する．$\varphi(x)$ が微分可能であることがわかれば，合成関数の微分公式を用いて $f(x, \varphi(x)) = 0$ の両辺を x で微分すると

$$f_x(x, \varphi(x)) + f_y(x, \varphi(x))\varphi'(x) = 0$$

となり，$\varphi'(x) = -\dfrac{f_x(x, \varphi(x))}{f_y(x, \varphi(x))}$ が成り立つ．

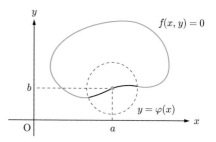

図 4.18　陰関数定理

証明終了

注意　$f_y(a,b) = 0$ であっても $f_x(a,b) \neq 0$ であれば，x と y を入れ替えて上の定理が成り立つ．すなわち $f(x,y) = 0$ から定まる微分可能な関数 $x = \psi(y)$ が存在し

$$\psi'(y) = -\frac{f_y(\psi(y), y)}{f_x(\psi(y), y)}$$

が成り立つ．

例 4.6.1　$a > 0$ に対して，$f(x,y) = x^2 + y^2 - a^2 = 0$ から定まる陰関数の導関数を求めよ．

解答　$f_x(x,y) = 2x$, $f_y(x,y) = 2y$ であるから，定理 4.6.1 より $y \neq 0$ のとき陰関数 $y = \varphi(x)$ がただ 1 つ存在し

$$\varphi'(x) = -\frac{f_x(x,y)}{f_y(x,y)} = -\frac{x}{y}$$

となる．一方，定理 4.6.1 のあとの注意より $x \neq 0$ のとき陰関数 $x = \psi(y)$ がただ 1 つ存在し

$$\psi'(y) = -\frac{f_y(x,y)}{f_x(x,y)} = -\frac{y}{x}$$

となる．　　　　　　　　　　　　　　　　　　　　　　　　　　　**解答終了**

> **問 4.6.1**　次の式から定まる陰関数の導関数を求めよ．
> (1) $x^2 + y^2 - 4 = 0$　　(2) $x^2 - 4xy + y^2 + 3 = 0$　　(3) $x^3 - 6xy + y^3 = 0$

　等高線 $f(x,y) = k$ 上の点で，$f_x(a,b) = f_y(a,b) = 0$ であるような点 (a,b) を $f(x,y) = k$ の**特異点 (singular point)** という．デカルトの葉線において，点 $(0,0)$ は特異点である．

　等高線の接線については，次の定理が成り立つ．

> **定理 4.6.2**　関数 $f(x,y)$ は C^1-級であるとし，点 (a,b) は等高線 $f(x,y) = k$ （k は定数）の特異点ではないとする．このとき，等高線 $f(x,y) = k$ の点 (a,b) における接線が存在し
>
> $$f_x(a,b)(x-a) + f_y(a,b)(y-b) = 0$$
>
> で与えられる．

証明　(a,b) は等高線 $f(x,y) = k$ の特異点ではないから，$f_x(a,b) \neq 0$ または $f_y(a,b) \neq 0$ が成り立つ．まず $f_y(a,b) \neq 0$ とする．関数 $F(x,y) = f(x,y) - k$ を考えると，等高線 $f(x,y) = k$ は $F(x,y) = 0$ と一致し，$F_x(x,y) = f_x(x,y)$, $F_y(x,y) = f_y(x,y)$ となり，特に $F_y(a,b) \neq 0$ である．したがっ

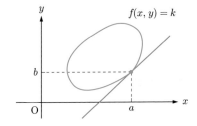

図 4.19　陰関数の接線

て，定理 4.6.1 より $F(x, y) = 0$ の微分可能な陰関数 $y = \varphi(x)$ が a の近くでただ 1 つ定まり，$x = a\ (y = b)$ における微分係数は

$$\varphi'(a) = -\frac{F_x(a, b)}{F_y(a, b)} = -\frac{f_x(a, b)}{f_y(a, b)}$$

となる．よって，等高線 $F(x, y) = 0$ の (a, b) における接線の方程式は

$$y - b = \varphi'(a)(x - a) = -\frac{f_x(a, b)}{f_y(a, b)}(x - a)$$

すなわち

$$f_x(a, b)(x - a) + f_y(a, b)(y - b) = 0$$

となる．$f_x(a, b) \neq 0$ の場合も同様に示される． 証明終了

上の接線の方程式は，ベクトルの内積を用いれば

$$\operatorname{grad} f(a, b) \cdot (x - a, y - b) = 0$$

と表すことができる．これは，接点 (a, b) において $f(x, y)$ の勾配 $\operatorname{grad} f(a, b)$ が接線と直交していることを意味している．

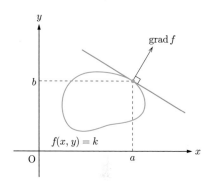

図 4.20 接線と勾配の関係

注意 3 変数関数 $f(x, y, z)$ の場合，定数 k に対して $f(x, y, z) = k$ によって定まる曲面を等高面とよぶ．定理 4.6.2 の証明と同様にして，等高面 $f(x, y, z) = k$ の点 (a, b, c) における接平面の方程式は

$$f_x(a, b, c)(x - a) + f_y(a, b, c)(y - b) + f_z(a, b, c)(z - c) = 0$$

となることが示される．特に $F(x, y, z) = f(x, y) - z$ のとき，すなわち z が x と y の 2 変数関数として表されているとき，上の式は 186 ページの接平面の方程式と一致する．

例 4.6.2 次の等高線の，[ ] 内の点における接線の方程式を求めよ．

(1) $x^2 + y^2 = 4 \qquad \left[\, (1, \sqrt{3}) \,\right]$

(2) $x^3 + y^3 - 6xy = 0 \qquad \left[\, \left(\dfrac{4}{3}, \dfrac{8}{3}\right) \,\right]$

解答　(1)　$f(x,y) = x^2 + y^2 - 4$ とおく
と，$f(1,\sqrt{3}) = 0$ であり，また $f_x(x,y) = 2x$, $f_y(x.y) = 2y$ より

$$f_x(1,\sqrt{3}) = 2, \qquad f_y(1,\sqrt{3}) = 2\sqrt{3}$$

である．したがって，$(1,\sqrt{3})$ は特異点ではな
く，接線の方程式は

$$f_x(1,\sqrt{3})(x-1) + f_y(1,\sqrt{3})(y-\sqrt{3}) = 0$$

より

$$x + \sqrt{3}y - 4 = 0$$

となる．

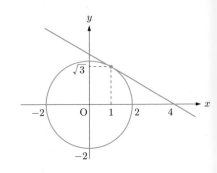

図 **4.21**　$x^2 + y^2 = 4$ のグラフ

(2)　$f(x,y) = x^3 + y^3 - 6xy$ とおくと
$f\left(\dfrac{4}{3}, \dfrac{8}{3}\right) = 0$ であり，また $f_x(x,y) = 3x^2 - 6y$, $f_y(x,y) = 3y^2 - 6x$ より

$$f_x\left(\frac{4}{3}, \frac{8}{3}\right) = -\frac{32}{3}, \qquad f_y\left(\frac{4}{3}, \frac{8}{3}\right) = \frac{40}{3}$$

である．したがって，$\left(\dfrac{4}{3}, \dfrac{8}{3}\right)$ は特異点では
なく，接線の方程式は

$$f_x\left(\frac{4}{3}, \frac{8}{3}\right)\left(x - \frac{4}{3}\right) + f_y\left(\frac{4}{3}, \frac{8}{3}\right)\left(y - \frac{8}{3}\right) = 0$$

より

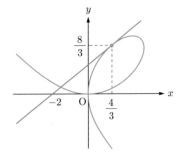

図 **4.22**　$x^3 + y^3 - 6xy = 0$ のグラフ

$$4x - 5y + 8 = 0$$

となる．　　　　　　　　　　　　　　　　　　　　　　　解答終了

問 4.6.2　次の等高線の，[ ] 内の点における接線の方程式を求めよ．

(1)　$4x^2 + 9y^2 - 36 = 0$　　$\left[\left(\sqrt{5}, \dfrac{4}{3}\right)\right]$

(2)　$\sin(x + 2y) = 0$　　$\left[\left(\dfrac{\pi}{2}, \dfrac{\pi}{4}\right)\right]$

4.7 条件付き極値と最大・最小

　関数の極値問題は，いわば地図上全体で
山の頂上や，盆地の中の低いところを探して
いる．一方，地図の山のあたりを見ると登
山道が描いてある．よく知っているように，
登山道における峠（登山道に沿った極大点）
は必ずしも山の頂上とは限らない．このよ
うに山全体ではなく，登山道に沿った極値
を考えることを条件付き極値問題という．

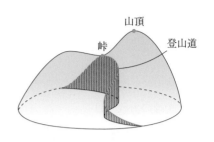

図 4.23　山頂と峠の違い

4.7.1　条件付き極値

　関数 $f(x,y)$, $g(x,y)$ が与えられたとき，集合

$$D = \{(x,y) \mid g(x,y) = 0\}$$

における $f(x,y)$ の極値を，**条件 $g(x,y) = 0$ の下での $f(x,y)$ の条件付き極値**
(conditional extremum) という．

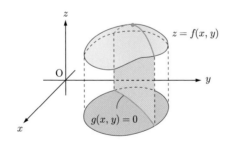

図 4.24　条件付き極値

注意　条件付き極値は $f(x,y)$ の極値とは限らない．

　条件付き極値について次の定理が成り立つ．

定理 4.7.1 (ラグランジュの未定乗数法 (Lagrange multipliers))

関数 $f(x,y)$, $g(x,y)$ はともに C^1-級とする. $f(x,y)$ が点 (a,b) において, 条件 $g(x,y)=0$ の下での条件付き極値をとるとする. このとき, $(g_x(a,b), g_y(a,b)) \neq (0,0)$ であるならば

$$(\sharp) \quad \begin{cases} f_x(a,b) - \lambda g_x(a,b) = 0 \\ f_y(a,b) - \lambda g_y(a,b) = 0 \\ g(a,b) = 0 \end{cases}$$

を満たす実数 λ が存在する.

証明　まず $g_y(a,b) \neq 0$ と仮定する. このとき陰関数定理から $g(x, \varphi(x)) = 0$, $\varphi(a) = b$ を満たす関数 $y = \varphi(x)$ が $x = a$ の近くでただ 1 つ存在する. したがって, $f(x,y)$ が (a,b) において, 条件 $g(x,y) = 0$ の下での条件付き極値をとるということは, $F(x) = f(x, \varphi(x))$ が $x = a$ で極値をとることにほかならない. ゆえに合成関数の微分公式から

$$0 = F'(a) = f_x(a, \varphi(a)) + f_y(a, \varphi(a)) \varphi'(a)$$

である. 一方, 定理 4.6.1 から, $\varphi'(a) = -\dfrac{g_x(a,b)}{g_y(a,b)}$ であったから

$$f_x(a,b) - f_y(a,b) \frac{g_x(a,b)}{g_y(a,b)} = 0$$

となる. したがって, $\lambda = \dfrac{f_y(a,b)}{g_y(a,b)}$ とおけばよい.

$g_x(a,b) \neq 0$ の場合も同様に示される.　　　　　　　　**証明終了**

注意　$(\sharp)$ は $f(x,y)$ が (a,b) において条件付き極値をとるための必要条件であって, 十分条件ではない. つまり, $(\sharp)$ を満たす点 (a,b) は条件付き極値を与える点の候補に過ぎず, そのすべてで条件付き極値を与えるとは限らない. したがって, 条件付き極値をとっているかどうかは, 別の方法で調べる必要がある. しかし, これは一般には容易ではない.

$(\sharp)$ を満たす点の幾何学的意味を考えてみる. 曲線 $g(x,y) = 0$ 上の点 (a,b) が特異点でなければ, この点における接線は

$$g_x(a,b)(x-a) + g_y(a,b)(y-b) = 0$$

であり, 勾配 $\operatorname{grad} g(a,b)$ $(\neq (0,0))$ はこの接線と直交している. 一方, $(\sharp)$ の最初

の 2 式は

$$\mathrm{grad}\, f(a,b) = \lambda\, \mathrm{grad}\, g(a,b)$$

と同値である. よって, $\lambda \neq 0$ ならば, 勾配 $\mathrm{grad}\, f(a,b)$ も上の接線と直交する. また前節で見たように, 勾配 $\mathrm{grad}\, f(a,b)$ は (a,b) において等高線 $\{(x,y) \mid f(x,y) = f(a,b)\}$ と直交する. したがって, 曲線 $g(x,y) = 0$ と等高線 $\{(x,y) \mid f(x,y) = f(a,b)\}$ は (a,b) で接線を共有する. つまり, 曲線 $g(x,y) = 0$ と $f(x,y)$ の等高線が接している点が, 条件付き極値を与える点の候補である. このことは地図の登山道と等高線を見れば容易にわかる.

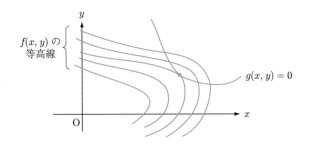

図 4.25 (♯) を満たす点と等高線 $f(x,y) = k$ の関係

例 4.7.1   条件 $g(x,y) = x^2 + y^2 - 4 = 0$ の下で, $f(x,y) = xy$ の極値を与える点の候補を求めよ.

解答 $g_x(x,y) = 2x$, $g_y(x,y) = 2y$ より, 条件 $g(x,y) = 0$ の下では常に $(g_x(x,y), g_y(x,y)) \neq (0,0)$ である. (♯) を満たす点を (a,b) とすると

$$\begin{cases} f_x(a,b) - \lambda g_x(a,b) = b - 2a\lambda = 0 & \cdots \ \text{①} \\ f_y(a,b) - \lambda g_y(a,b) = a - 2b\lambda = 0 & \cdots \ \text{②} \\ \qquad\qquad g(a,b) = a^2 + b^2 - 4 = 0 & \cdots \ \text{③} \end{cases}$$

となる. ① を ② に代入して整理すると

$$a - 4a\lambda^2 = a(1 - 4\lambda^2) = 0$$

より, $a = 0$ または $\lambda = \pm\dfrac{1}{2}$ となる. まず, $a = 0$ のときは ① より $b = 0$ となるが, $g(0,0) = -4 \neq 0$ となり ③ を満たさないので不適. 次に $\lambda = \dfrac{1}{2}$ のときは

$a = b$ であるから，これを ③ に代入すると，$a^2 + a^2 = 2a^2 = 4$ となり，これを解いて $(a, b) = (\pm\sqrt{2}, \pm\sqrt{2})$（複号同順）を得る．$\lambda = -\dfrac{1}{2}$ の場合も同様にして，$(a, b) = (\pm\sqrt{2}, \mp\sqrt{2})$（複号同順）を得る．したがって，候補の点は

$$(\sqrt{2}, \sqrt{2}), \quad (-\sqrt{2}, -\sqrt{2}), \quad (\sqrt{2}, -\sqrt{2}), \quad (-\sqrt{2}, \sqrt{2})$$

の 4 点である． 解答終了

　なお，上の 4 点は，双曲線 $xy = k$ と円 $x^2 + y^2 - 4 = 0$ が接する点である．

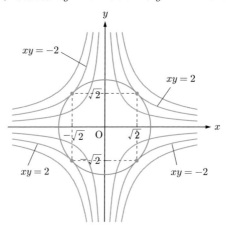

図 4.26 $xy = k$ と $x^2 + y^2 - 4 = 0$ のグラフ

例 4.7.2 条件 $g(x, y) = 4x^2 + y^2 - 1 = 0$ の下で，$f(x, y) = 4x^2 - y$ の極値を与える点の候補を求めよ．

解答 $g_x(x, y) = 8x$，$g_y(x, y) = 2y$ より，条件 $g(x, y) = 0$ の下では常に $(g_x(x, y), g_y(x, y)) \neq (0, 0)$ である．(♯) を満たす点を (a, b) とすると

$$\begin{cases} f_x(a, b) - \lambda g_x(a, b) = 8a - 8a\lambda = 8a(1 - \lambda) = 0 & \cdots \text{①} \\ f_y(a, b) - \lambda g_y(a, b) = -1 - 2b\lambda = 0 & \cdots \text{②} \\ g(a, b) = 4a^2 + b^2 - 1 = 0 & \cdots \text{③} \end{cases}$$

となる．① から，$a = 0$ または $\lambda = 1$ である．$a = 0$ のときは ②，③ から $b = \pm 1$，$\lambda = \mp\dfrac{1}{2}$（複号同順）を得る．一方，$\lambda = 1$ のときは ② から，$b = -\dfrac{1}{2}$ となり，③

から $a = \pm\dfrac{\sqrt{3}}{4}$ を得る．したがって，候補の点は

$$\left(0, 1\right),\ \left(0, -1\right),\ \left(\frac{\sqrt{3}}{4}, -\frac{1}{2}\right),\ \left(-\frac{\sqrt{3}}{4}, -\frac{1}{2}\right)$$

の 4 点である．　　　　　　　　　　　　　　　　　　　　　解答終了

　なお，上の 4 点は放物線 $4x^2 - y = k$ と楕円 $4x^2 + y^2 - 1 = 0$ が接する点である．

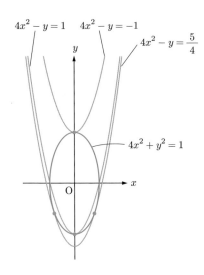

$4x^2 - y = 1$　　$4x^2 - y = -1$

$4x^2 - y = \dfrac{5}{4}$

$4x^2 + y^2 = 1$

図 4.27　$4x^2 - y = k$ と $4x^2 + y^2 - 1 = 0$ のグラフ

問 4.7.1　与えられた条件の下で，極値を与える点の候補を求めよ．
(1)　条件 $g(x, y) = x^2 + y^2 - 1 = 0$ の下で，$f(x, y) = x^3 + y^3$
(2)　条件 $g(x, y) = 3x^2 + y^2 - 16 = 0$ の下で，$f(x, y) = x^3 y$
(3)　条件 $g(x, y) = x^2 - xy + y^2 - 4 = 0$ の下で，$f(x, y) = x^3 + y^3$

4.7.2　有界閉集合上の最大値・最小値

　ワイエルシュトラスの定理（定理 4.1.4）により，有界閉集合 D において連続な関数 $f(x, y)$ は最大値および最小値をもつことが保証されている．この最大値・最

小値を求めるには D の内部における最大値・最小値と D の境界上での最大値・最小値を比較すればよい. そして, D の境界が関数 $g(x,y)$ によって $g(x,y)=0$ と表されるならば, 境界上での最大・最小問題はまさに条件付き極値問題になる.

　求めるものが最大値・最小値であるから, その値が極大値か極小値かの判定は必要がない. 必要がないどころか, 極値ではないからといって比較の対象から外してしまうと, 最大値・最小値を見逃がしてしまうことさえある.

　たとえば, 関数

$$f(x,y)=(x^2+y^2)e^{-x^2-y^2}$$

に対して, $x^2+y^2=1$ を満たすすべての点 (x,y) は $f(x,y)$ の停留点であり, 同時に最大値 $f(x,y)=\dfrac{1}{e}$ を与えるが, 極大値を与える点ではない.

図 4.28　$z=(x^2+y^2)e^{-x^2-y^2}$ のグラフ

　したがって, 最大・最小問題を考えるときは

　　・D の内部における $f(x,y)$ の停留点

　　・D の境界におけるラグランジュの未定乗数法の条件 (♮) を満たす点

における $f(x,y)$ の値を比較する必要がある.

例 4.7.3　$D=\left\{(x,y)\ \middle|\ \dfrac{x^2}{16}+\dfrac{y^2}{9}\leqq 1\right\}$ とする. このとき, $f(x,y)=x^2-2x+y^2$ の D における最大値・最小値を求めよ.

解答　D は有界閉集合であり, $f(x,y)$ は D 上の連続関数であるから $f(x,y)$ は最大値・最小値をもつ. まず, $f(x,y)$ の D の内部での停留点を調べる.

$$\begin{cases} f_x(x,y)=2x-2=0 \\ f_y(x,y)=2y=0 \end{cases}$$

より $x=1$, $y=0$ となり, 点 $(1,0)$ は D の内部におけるただ1つの停留点である. このとき, $f(1,0)=-1$ である.

次に境界上での極値を与える点の候補を調べる. $g(x,y) = \dfrac{x^2}{16} + \dfrac{y^2}{9} - 1$ とおけ

ば, 境界は $g(x,y) = 0$ と表される. このとき, $g_x(x,y) = \dfrac{x}{8}$, $g_y(x,y) = \dfrac{2y}{9}$ より,

条件 $g(x,y) = 0$ の下では $(g_x(x,y), g_y(x,y)) \neq (0,0)$ である. ラグランジュの未
定乗数法の条件 (♯) を満たす点を (a,b) とすると

$$
\begin{cases}
f_x(a,b) - \lambda g_x(a,b) = 2a - 2 - \lambda \dfrac{a}{8} = 0 & \cdots \ ① \\[2mm]
f_y(a,b) - \lambda g_y(a,b) = 2b \left(1 - \dfrac{\lambda}{9}\right) = 0 & \cdots \ ② \\[2mm]
g(a,b) = \dfrac{a^2}{16} + \dfrac{b^2}{9} - 1 = 0 & \cdots \ ③
\end{cases}
$$

となる. ② から, $b = 0$ または $\lambda = 9$ がわかる. $b = 0$ のとき ③ から $\dfrac{a^2}{16} - 1 = 0$

となり $a = \pm 4$ を得る. 一方, $\lambda = 9$ のときは ① から, $\dfrac{7}{8}a - 2 = 0$ となり $a = \dfrac{16}{7}$

である. これを ③ に代入して b を求めると, $b = \pm \dfrac{3\sqrt{33}}{7}$ である. したがって,
境界上で極値をとる点の候補は

$$
(4,0), \quad (-4,0), \quad \left(\dfrac{16}{7}, \dfrac{3\sqrt{33}}{7}\right), \quad \left(\dfrac{16}{7}, -\dfrac{3\sqrt{33}}{7}\right)
$$

の 4 点であり, これらの点における $f(x,y)$ の値は

$$
f(4,0) = 8, \quad f(-4,0) = 24, \quad f\left(\dfrac{16}{7}, \dfrac{3\sqrt{33}}{7}\right) = f\left(\dfrac{16}{7}, -\dfrac{3\sqrt{33}}{7}\right) = \dfrac{47}{7}
$$

である. 以上から $f(1,0) = -1$ が最小値, $f(-4,0) = 24$ が最大値である.

解答終了

例 4.7.4　$a > 0$ に対して $D = \{(x,y) \mid x \geqq 0, \ y \geqq 0, \ x + y \leqq a\}$ とする.
このとき, $f(x,y) = xy(a - x - y)$ の D における最大値・最小値を求めよ.

解答　まず, D は有界閉集合であり, $f(x,y)$ は D 上の連続関数であるから $f(x,y)$
は最大値・最小値をもつ. D の境界上のすべての点で $f(x,y) = 0$ であり, また D
の内部では $f(x,y) > 0$ であることもすぐにわかる. したがって, $f(x,y)$ は D の

境界上のすべての点で最小値 0 をとり, 内部の停留点において最大値をとる.

$$f_x(x,y) = ay - 2xy - y^2, \qquad f_y(x,y) = ax - x^2 - 2xy$$

であるから, $f(x,y)$ の停留点は

$$\begin{cases} y(a - 2x - y) = 0 \\ x(a - x - 2y) = 0 \end{cases}$$

を満たす (x,y) である. 特に D の内部では $x > 0, y > 0$ であるから, D の内部の停留点は

$$\begin{cases} a - 2x - y = 0 \\ a - x - 2y = 0 \end{cases}$$

の解, すなわち, 点 $\left(\dfrac{a}{3}, \dfrac{a}{3} \right)$ である. したがって, $f(x,y)$ はこの点で最大値

$f\left(\dfrac{a}{3}, \dfrac{a}{3} \right) = \left(\dfrac{a}{3} \right)^3$ をとる.　　　　　　　　　解答終了

なお, 上の問題は, 縦・横・高さの和が一定 $(= a)$ であるような直方体の体積の最大値を求めよ, という問題に起因する. たとえば, 直方体の縦の長さを x, 横の長さを y とすると, 条件より高さは $a - x - y$ となり, したがって, 直方体の体積は $f(x,y) = xy(a - x - y)$ となる. この場合,

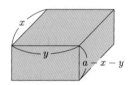

図 4.29　縦・横・高さの和が一定の直方体

$x > 0, y > 0, z = a - x - y > 0$ でなければならないが, 関数 $f(x,y) = xy(a - x - y)$ そのものは, 平面上のすべての点 (x,y) に対して定義されるので, D の境界上では $f(x,y) = 0$ と自然に拡張できて, 上の例のようになる. 上の例の結論は, このような直方体の中で体積が最大のものは立方体であることを意味している.

問 **4.7.2**　集合 $D = \{ (x,y) \mid x^2 + y^2 \leqq 4 \}$ における, 次の関数の最大値・最小値を求めよ.

(1)　$f(x,y) = xy + 1$　　　(2)　$f(x,y) = x + y$　　　(3)　$f(x,y) = x + 2y$

(4)　$f(x,y) = 2x^2 + y^2$　　(5)　$f(x,y) = (x - 4)^2 + (y + 2)^2$

演習問題 4

【A】

1. 次の極限が存在すれば求めよ.

(1) $\displaystyle\lim_{(x,y)\to(0,0)} \frac{x^2}{\sqrt{x^2+y^2}}$

(2) $\displaystyle\lim_{(x,y)\to(0,0)} \frac{y}{\sqrt{x^2+y^2}}$

(3) $\displaystyle\lim_{(x,y)\to(0,0)} \frac{\sin(x^2+y^2)}{\sqrt{x^2+y^2}}$

(4) $\displaystyle\lim_{(x,y)\to(0,0)} xy\log(x^2+y^2)$

(5) $\displaystyle\lim_{(x,y)\to(1,1)} \frac{1}{x^2+y^2}$

(6) $\displaystyle\lim_{(x,y)\to(-1,1)} \frac{x^2-y^4}{x+y^2}$

2. 次の関数を偏微分せよ.

(1) $f(x,y) = (2x-y^2)^2$

(2) $f(x,y) = e^{5x+2y}$

(3) $f(x,y) = ye^{x^2y}$

(4) $f(x,y) = \sqrt{x^2+2y^2}$

(5) $f(x,y) = \dfrac{1}{\sqrt{2x+3y}}$

(6) $f(x,y) = \dfrac{x}{\sqrt{x^2+y^2}}$

(7) $f(x,y) = \sin(3x+y)$

(8) $f(x,y) = \cos^3(x+3y)$

(9) $f(x,y) = \log|xy^2|$

(10) $f(x,y) = \log\dfrac{x^2}{x^2+y^2}$

(11) $f(x,y) = \log|\cos xy|$

(12) $f(x,y) = \arcsin xy^2$

(13) $f(x,y) = \arctan\dfrac{x}{\sqrt{y}}$

(14) $f(x,y) = x^{2y}$

(15) $f(x,y,z) = x+y^2+z^3$

(16) $f(x,y,z) = x\sin(y+2z)$

3. 次の曲面 $z = f(x,y)$ の [ ] 内の点における接平面および法線の方程式を求めよ.

(1) $f(x,y) = x^2y + 2xy^3 + y$ 　[$(1,2,f(1,2))$]

(2) $f(x,y) = x^2e^{x+y}$ 　[$(1,-2,f(1,-2))$]

(3) $f(x,y) = x^3\arcsin y$ 　$\left[\left(1,\dfrac{1}{2},f\left(1,\dfrac{1}{2}\right)\right)\right]$

(4) $f(x,y) = y\sin\left(xy+\dfrac{\pi}{6}\right)$ 　$\left[\left(\dfrac{\pi}{4},2,f\left(\dfrac{\pi}{4},2\right)\right)\right]$

4. 次の関数の第 2 次偏導関数を求めよ.

(1) $f(x,y) = (2x+y)^4$ 　　(2) $f(x,y) = (x^2+y^2)e^y$

(3) $f(x,y) = \sin x\cos(x-y)$ 　　(4) $f(x,y) = x\log xy$

(5) $f(x,y) = xe^{x^2+y^2}$ 　　(6) $f(x,y) = xy\arctan x$

5. 次の関数が与えられた偏微分方程式を満たすことを示せ. ただし, $\varphi(u)$ は C^2-級の 1 変数関数とする.

(1) $f(x,y) = \varphi\left(\dfrac{x}{y}\right)$, $xf_x + yf_y = 0$

(2) $f(t,x) = \varphi(x - 2t)$, $f_{tt} - 4f_{xx} = 0$

(3) $f(x,y) = e^{x^2-y^2}\cos 2xy$, $\Delta f = 0$

(4) $f(x,y,z) = \dfrac{1}{\sqrt{x^2 + y^2 + z^2}}$, $\Delta f = 0$

6. 次の関数の第 3 次マクローリン展開を求めよ．ただし剰余項は求めなくてよい．

(1) $f(x,y) = \dfrac{x}{1+y}$ (2) $f(x,y) = \cos(x - 2y)$

(3) $f(x,y) = (x^2 - y)e^{-y}$ (4) $f(x,y) = \log(x^2 + y^2 + 1)$

7. 次の関数の極値を求めよ．

(1) $f(x,y) = x^2 + 2x + y^2$ (2) $f(x,y) = x^2 - 6xy - y^3$

(3) $f(x,y) = \left(x + \dfrac{4}{x}\right)y$ (4) $f(x,y) = (x^2 + 1)(e^y - y)$

(5) $f(x,y) = e^x(x^2 + y^2)$ (6) $f(x,y) = (x^2 + 1)(y^3 - 3y)$

(7) $f(x,y) = x^2 - 4x + y^4 - 2y^2$ (8) $f(x,y) = xy(x^2 + y^2 - 1)$

(9) $f(x,y) = xye^{-\frac{x^2+y^2}{2}}$ (10) $f(x,y) = (2x^2 + 3y^2)e^{-(x^2+y^2)}$

8. 次の等高線の [ ] 内の点における接線の方程式を求めよ．

(1) $x^2 - 2y^2 + 3x + 4y - 4 = 0$ [$(1,2)$]

(2) $x^3 - 4xy + y^3 = 0$ [$(2,2)$]

(3) $4x - 3y - 2\pi\sin(x+y) = 0$ $\left[\ \left(\dfrac{\pi}{2}, \dfrac{\pi}{3}\right)\ \right]$

(4) $ye^{2x+y} + ex = 0$ [$(1,-1)$]

(5) $2x + y - e\log xy^2 = 0$ [(e,e)]

9. 次の各 $f(x,y)$, $g(x,y)$ に対して，条件 $g(x,y) = 0$ の下で $f(x,y)$ の極値を与える点の候補を求めよ．

(1) $f(x,y) = y$, $g(x,y) = x^2 - xy + y^2 - y$

(2) $f(x,y) = xy$ $g(x,y) = x^2 + 4y^2 - 1$

(3) $f(x,y) = x^2 + y^2 - 2x$ $g(x,y) = x^2 + y^2 - 4$

(4) $f(x,y) = xy + x + y$ $g(x,y) = x^2 + y^2 - 1$

(5) $f(x,y) = x^2 + 2y^2$ $g(x,y) = x^2 - 2xy + 3y^2 - 6$

10. 集合 $D = \{(x,y)\,|\,4x^2 + 9y^2 \leqq 36\}$ における，次の関数の最大値・最小値を求めよ．

(1) $f(x,y) = xy$ (2) $f(x,y) = x + y$ (3) $f(x+y) = x + 2y$

(4) $f(x,y) = x^2 + y^2$

【B】

1. 次の極限が存在すれば求めよ.

(1) $\displaystyle\lim_{(x,y)\to(1,0)} \frac{(x-1)^2 + xy^2}{(x-1)^2 + y^2}$ (2) $\displaystyle\lim_{(x,y)\to(0,0)} \frac{x^2 y}{x^4 + y^2}$ (3) $\displaystyle\lim_{(x,y)\to(0,0)} \frac{x^2 + y^2}{3x^2 + 2y^2}$

2. 次の関数の点 $(0,0)$ における偏微分可能性を調べよ.

(1) $f(x,y) = \begin{cases} \dfrac{\sin(2x^2 + y^2)}{x^2 + y^2} & (x,y) \neq (0,0) \\ 1 & (x,y) = (0,0) \end{cases}$

(2) $f(x,y) = \begin{cases} (x^2 + y)\log(x^2 + y^2) & (x,y) \neq (0,0) \\ 0 & (x,y) = (0,0) \end{cases}$

3. 次の関数は点 $(0,0)$ で 2 回偏微分可能であるが, $f_{xy}(0,0) \neq f_{yx}(0,0)$ であることを示せ.

$$f(x,y) = \begin{cases} \dfrac{xy(x^2 - y^2)}{x^2 + y^2} & (x,y) \neq (0,0) \\ 0 & (x,y) = (0,0) \end{cases}$$

4. 次の問いに答えよ.

(1) 関数 $f(x,y) = x^2 + y^2$ は点 $(2,1)$ で全微分可能であることを定義に基づいて示し, 曲面 $z = f(x,y)$ の点 $(2,1,f(2,1))$ における接平面を求めよ.

(2) 関数 $f(x,y) = \sqrt{|xy|}$ は, 点 $(0,0)$ で偏微分可能であるが全微分可能ではないことを示せ.

5. 関数 $f(x,y)$ は C^2-級とする. 極座標変換

$$\begin{cases} x = r\cos\theta \\ y = r\sin\theta \end{cases}$$

を用いて, 合成関数 $F(r,\theta) = f(r\cos\theta, r\sin\theta)$ を考える. このとき, 次の等式を示せ.

$$\frac{\partial^2 f}{\partial x^2} + \frac{\partial^2 f}{\partial y^2} = \frac{\partial^2 F}{\partial r^2} + \frac{1}{r}\frac{\partial F}{\partial r} + \frac{1}{r^2}\frac{\partial^2 F}{\partial \theta^2}$$

6. 関数 $f(x,y)$ は C^2-級とする. $f(x,y) = 0$ で定まる陰関数 $y = \varphi(x)$ が存在するとき

$$\varphi''(x) = -\frac{f_y{}^2 f_{xx} - 2f_x f_y f_{xy} + f_x{}^2 f_{yy}}{f_y{}^3}$$

であることを示せ.

7. 関数 $f(x,y,z) = \begin{vmatrix} 1 & 1 & 1 \\ x & y & z \\ x^2 & y^2 & z^2 \end{vmatrix}$ に対して, 次を求めよ.

(1) $f_x + f_y + f_z$ (2) $xf_x + yf_y + zf_z$ (3) Δf

8. a, b, c, d, e, f を定数とし, $a > 0$, $b^2 - ac < 0$ とする. このとき p と q の関数
$$u(p, q) = ap^2 + 2bpq + cq^2 + 2dp + 2eq + f$$
の極値を与える p, q を求めよ.

9. n 組の観測データ $(x_1, y_1), (x_2, y_2), \cdots, (x_n, y_n)$ がある. このとき
$$u(p, q) = \sum_{i=1}^{n} \{y_i - (px_i + q)\}^2$$
を最小にする p, q を求めよ. ただし, $x_1, x_2, \cdots, x_n$ は全部は等しくないとする.

注意 この問題は n 個のデータ (x_i, y_i) が xy-平面上でおおよそ直線的に分布しているとき, その近似式として最も適切な1次関係式 $y = px + q$ を求めよということであり, このような方法を最小二乗法という.

10. 楕円 $\dfrac{x^2}{4} + \dfrac{y^2}{9} = 1$ に内接する三角形の面積の最大値を求めよ.

余談 2変数関数のマクローリン展開の裏技

　2変数関数のマクローリン展開の計算は面倒で間違えやすいが, $f(x, y)$ が多項式 $p(x, y)$ と1変数関数 $F(u)$ との合成関数 $f(x, y) = F(p(x, y))$ と表されている場合, $F(u)$ の (1変数関数としての) マクローリン展開を用いて求めることができる. たとえば例4.4.4の $f(x, y) = \sqrt{1 + x - y}$ は, $F(u) = \sqrt{1 + u}$ とすると $f(x, y) = F(x - y)$ であり, $F(u)$ のマクローリン展開は
$$F(u) = 1 + \frac{1}{2}u - \frac{1}{8}u^2 + (u \text{ の3次以上の項})$$
とわかっている. したがって
$$f(x, y) = 1 + \frac{1}{2}(x - y) - \frac{1}{8}(x - y)^2 + (x \text{ と } y \text{ の3次以上の項})$$
$$= 1 + \frac{1}{2}x - \frac{1}{2}y - \frac{1}{2}x^2 + \frac{1}{4}xy - \frac{1}{8}y^2 + (x \text{ と } y \text{ の3次以上の項})$$
となり, 右辺の (x と y の3次以上の項) が剰余項 $R_3(x, y)$ に一致する. ただしこの方法は, $p(x, y)$ の x と y の次数が異なるときは注意が必要である. 問4.4.3(3) を2通りの方法で求めて答えを確かめてみよう.

多変数関数の重積分

この章では多変数関数の重積分について考える．1変数関数の定積分は直観的には面積を表すと考えられる．同じように，2変数関数の重積分は体積を表すと思うと理解しやすい．定義は定積分と同様に"リーマン和の極限"の考え方で行なう．定積分の値を求めるには原始関数を求め，その端点における値の差を計算すればよかった．2変数関数の場合にはそうはいかないが，1変数の定積分を繰り返すことで求めることができる．

食パンのような立体の体積は求めるには，極限まで薄くスライスされたパン1枚の体積を底面積×高さで求めておいて寄せ集めればよい．これが累次積分（5.1.4）のイメージである．（© Alamy/PPS）

■ 5.1 2重積分

　この節では，2 重積分を定義する．一般に n 重積分も同じ考え方で定義することができる．

5.1.1　柱状立体

　xy-平面上の有界閉集合 D とその上で定義された関数 $f(x,y)$ $(\geqq 0)$ に対して

$$\{(x,y,z)\,|\,(x,y)\in D,\ 0\leqq z\leqq f(x,y)\}$$

で与えられる xyz-空間内の集合を，この本では便宜上，**底面 D と曲面 $z = f(x,y)$ で囲まれた柱状立体 (pillar-shaped solid)** とよぶことにする．特に，$f(x,y) = k$（正の定数）のとき，**底面 D，高さ k の柱状立体**とよぶ．D の面積を $S(D)$ と表すことにすると，底面 D，高さ k の柱状立体の体積は $kS(D)$ である．

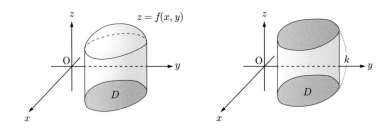

図 5.1　柱状立体

5.1.2　2重積分の定義

　有界閉集合 D で定義された 2 変数関数 $f(x,y)$ の 2 重積分を次の手順で定義する．直観的に理解するために $f(x,y) \geqq 0$ として話を進めるが，$f(x,y)$ が負の値をとる場合もそのままの手順で定義できる．

1)　D を n 個の有界閉集合 $D_1,\ D_2,\ \cdots,\ D_n$ に分ける．これを D の分割とよび，$\Delta : D_1,\ D_2,\cdots,\ D_n$ と表す．各 i $(1 \leqq i \leqq n)$ に対して，D_i に属する 2 点の距離の最大値を D_i の直径 (diameter) といい d_i と表す．すなわち

$$d_i = \max\left\{\sqrt{(x_1 - x_2)^2 + (y_1 - y_2)^2}\,\middle|\,(x_1,\ y_1),\ (x_2,\ y_2)\in D_i\right\}$$

である．このとき

$$|\Delta| = \max\{d_1,\ d_2,\ \cdots, d_n\}$$

を分割 Δ の大きさとよぶ．

注意 $|\Delta| \to 0$ とすると，すべての d_i が小さくなるので，必然的に $n \to \infty$ となる．

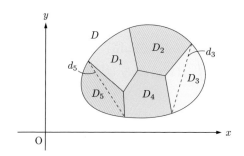

図 **5.2** 集合の分割とその直径

2) 各有界閉集合 D_i $(1 \leqq i \leqq n)$ の中から任意に点 (ξ_i, η_i) を選ぶ．この点を代表点という．

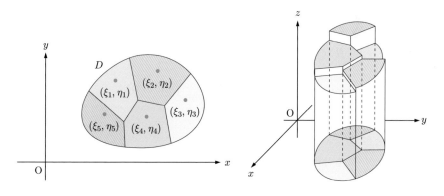

図 **5.3** 代表点を選ぶ   図 **5.4** リーマン和

3) 底面 D_i，高さ $f(\xi_i, \eta_i)$ の柱状立体の体積をすべて足し合わせたものを

$$R_\Delta(f) = \sum_{i=1}^{n} f(\xi_i, \eta_i) S(D_i)$$

とする．この $R_\Delta(f)$ を $f(x, y)$ の D におけるリーマン和という．

以上の準備の下で，D の分割の取り方や代表点の選び方によらずに $|\Delta| \to 0$ としたとき，$R_\Delta(f)$ がある値に収束するならば，$f(x, y)$ は D において2重積分可能 (double integrable) であるという．またこの極限値を $f(x, y)$ の D における2重積分 (double integral) といい $\iint_D f(x, y)\, dxdy$ と表す．すなわち

$$\iint_D f(x, y)\, dxdy = \lim_{|\Delta| \to 0} R_\Delta(f)$$

である．D を積分領域 (integral domain) とよぶ．

$f(x, y) \geqq 0$ ならば，$\iint_D f(x, y)\, dxdy$ は底面 D と曲面 $z = f(x, y)$ で囲まれた柱状立体の体積である．

例 5.1.1　$f(x, y) = 1$,　$D = \{(x, y)\,|\,0 \leqq x \leqq 1,\ 0 \leqq y \leqq 1\}$ であるとき $\iint_D f(x, y)\, dxdy$ を求めよ．

解答　まず，D は 1 辺の長さが 1 の正方形なので $S(D) = 1$ である．D の分割 $\Delta : D_1, D_2, \cdots, D_n$ を考えたとき，各 D_i からどんな代表点 (ξ_i, η_i) を選んでも，$f(\xi_i, \eta_i) = 1$ であるから

$$R_\Delta(f) = \sum_{i=1}^n f(\xi_i, \eta_i) S(D_i) = \sum_{i=1}^n S(D_i)$$
$$= S(D) = 1 \longrightarrow 1 \quad (|\Delta| \to 0)$$

となるので $\iint_D f(x, y)\, dxdy = 1$ である．　　　　　　　　解答終了

2 重積分についても 1 変数関数の定積分と同様に，次の 2 つの定理が成り立つ．いずれも証明は省略する．

定理 5.1.1　　関数 $f(x,y)$, $g(x,y)$ がともに有界閉集合 D において 2 重積分可能であるとき，次が成り立つ.

(1) $\displaystyle\iint_D (kf(x,y) + \ell g(x,y))\, dxdy = k \iint_D f(x,y)\, dxdy + \ell \iint_D g(x,y)\, dxdy$

(2) D を 2 つの有界閉集合 D_1, D_2 に分割すると

$$\iint_D f(x,y)\, dxdy = \iint_{D_1} f(x,y)\, dxdy + \iint_{D_2} f(x,y)\, dxdy$$

(3) D 上で $f(x,y) \leqq g(x,y)$ であるならば

$$\iint_D f(x,y)\, dxdy \leqq \iint_D g(x,y)\, dxdy$$

なお，$f(x,y), g(x,y)$ が D 上で連続であるならば，上の式の等号が成り立つのは恒等的に $f(x,y) = g(x,y)$ が成り立つときに限る.

定理 5.1.2　　有界閉集合 D において連続な関数 $f(x,y)$ は D において 2 重積分可能である.

注意　実は定理 5.1.2 の主張は不正確で，正しくは「面積確定な有界閉集合 D において連続な $\cdots$」としなければならない.「面積確定な集合とは？」と思った人は解答サイトへ.

5.1.3　縦線集合・横線集合

2 重積分を計算するたびにリーマン和の極限を求めるのは大変なので，何らかの簡単な計算法を見つけたい. そのための準備として，まず xy-平面上の 2 種類の集合を定義する.

ある閉区間 $[a,b]$ と 2 つの連続関数 $\varphi_1(x)$, $\varphi_2(x)$　$(\varphi_1(x) \leqq \varphi_2(x))$ によって

$$D = \{(x,y)\,|\,a \leqq x \leqq b,\ \ \varphi_1(x) \leqq y \leqq \varphi_2(x)\}$$

と表される集合を縦線集合 (v-simple set) という.

また，ある閉区間 $[c,d]$ と 2 つの連続関数 $\psi_1(y)$, $\psi_2(y)$　$(\psi_1(x) \leqq \psi_2(x))$ によって

$$D = \{(x,y)\,|\,c \leqq y \leqq d,\ \ \psi_1(y) \leqq x \leqq \psi_2(y)\}$$

と表される集合を横線集合 (h-simple set) という.

縦線集合，横線集合ともに有界閉集合である.

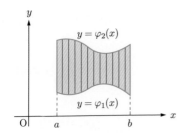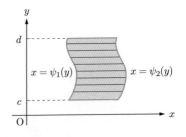

図 5.5　縦線集合・横線集合

例 5.1.2　　次の閉集合を図示せよ.

(1)　$D = \{(x, y) \mid 0 \leqq x \leqq 1,\ 0 \leqq y \leqq x^2\}$

(2)　$E = \{(x, y) \mid x - y \leqq 2,\ x + y \leqq 2,\ x \geqq 0\}$

解答　　(1) D は曲線 $y = x^2$ と 2 直線 $y = 0$, $x = 1$ で囲まれる閉集合であるから図 5.6 のようになる. なお D は縦線集合である.

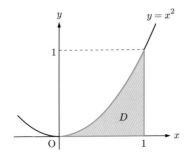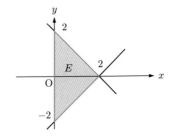

図 5.6　D の図　　　　　　　図 5.7　E の図

(2) E は 3 直線 $y = x - 2$, $y = -x + 2$ および $x = 0$ で囲まれる閉集合であるから図 5.7 のようになる. 図より, E は

$$E = \{(x, y) \mid 0 \leqq x \leqq 2,\ x - 2 \leqq y \leqq -x + 2\}$$

と表すことができるので縦線集合である.　　　　　　　　　　　　解答終了

例 5.1.2 の閉集合 D および E は，図からわかるように横線集合でもある．実際，D は

$$D = \{(x,y) \,|\, 0 \leqq y \leqq 1, \ \sqrt{y} \leqq x \leqq 1\}$$

と表すことができる．一方，E は 2 つの横線集合

$$E_1 = \{(x,y) \,|\, -2 \leqq y \leqq 0, \ 0 \leqq x \leqq y+2\}$$

$$E_2 = \{(x,y) \,|\, 0 \leqq y \leqq 2, \ 0 \leqq x \leqq -y+2\}$$

によって $E = E_1 \cup E_2$ と表すか，あるいは 1 つにまとめて

$$E = \{(x,y) \,|\, -2 \leqq y \leqq 2, \ 0 \leqq x \leqq 2-|y|\}$$

と表すことができる．

問 5.1.1 次の閉集合 D を図示し，縦線集合または横線集合の形で表せ．
(1) $D = \{(x,y) \,|\, 1 \leqq x \leqq 3, \ 0 \leqq y \leqq 3\}$
(2) $D = \{(x,y) \,|\, 0 \leqq x \leqq 2, \ 2x \leqq y \leqq 4\}$
(3) $D = \{(x,y) \,|\, y^2 \leqq x \leqq y\}$
(4) $D = \{(x,y) \,|\, x^2 + y^2 \leqq 4, \ x \geqq 0\}$
(5) $D = \{(x,y) \,|\, x + 2y \leqq 4, \ x \geqq 0, \ y \geqq 0\}$
(6) $D = \{(x,y) \,|\, y \leqq x, \ y \leqq -2x+5, \ y \geqq 0\}$
(7) $D = \{(x,y) \,|\, x^2 \leqq y \leqq -2x\}$
(8) $D = \{(x,y) \,|\, y^2 \leqq x, \ x^2 \leqq 8y\}$

問 5.1.2 次の集合を図示し，それぞれ縦線集合または横線集合の形で表せ．ただし，境界はすべて含むものとする．
(1) D は曲線 $y = x^2 - 4$ と x 軸で囲まれた図形．
(2) D は 3 直線 $x + y = 3, \ 3x - 2y = 6, \ y = 6$ で囲まれた図形．
(3) D は曲線 $y = \log x$ と直線 $y = -x + e + 1$ および x 軸で囲まれた図形．
(4) D は円 $x^2 + y^2 = 2$ で囲まれた集合と，円 $(x-2)^2 + y^2 = 2$ で囲まれた集合の共通部分．

5.1.4 累次積分法

D が縦線集合または横線集合であるとき，2 重積分 $\displaystyle\iint_D f(x,y)\,dxdy$ は 1 変数関数の定積分を 2 回繰り返すことで計算することができる．

定理 5.1.3（累次積分法 (iterated integral)）

$f(x, y)$ は有界閉集合 D において連続であるとする．このとき

(1) D が縦線集合

$$D = \{(x, y) \mid a \leqq x \leqq b, \quad \varphi_1(x) \leqq y \leqq \varphi_2(x)\}$$

ならば

$$\iint_D f(x, y)\, dxdy = \int_a^b \left(\int_{\varphi_1(x)}^{\varphi_2(x)} f(x, y)\, dy \right) dx$$

が成り立つ．

(2) D が横線集合

$$D = \{(x, y) \mid c \leqq y \leqq d, \quad \psi_1(y) \leqq x \leqq \psi_2(y)\}$$

ならば

$$\iint_D f(x, y)\, dxdy = \int_c^d \left(\int_{\psi_1(y)}^{\psi_2(y)} f(x, y)\, dx \right) dy$$

が成り立つ．

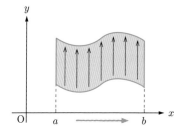
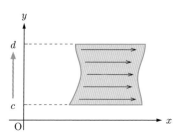

図 5.8　縦線集合の場合（左）と横線集合の場合（右）

証明の概説　以下は定理の厳密な証明ではなく，回転体の体積の公式を導いた考え方による直観的な説明である．簡単のため $f(x, y) \geqq 0$ とし，(1) の場合のみ解説する．このとき 2 重積分 $\displaystyle\iint_D f(x, y)\, dxdy$ は，底面 D と曲面 $z = f(x, y)$ で囲まれた柱状立体の体積である．また

$$F(x) = \int_{\varphi_1(x)}^{\varphi_2(x)} f(x, y)\, dy$$

とおくと，$F(\xi)$ は x 軸に垂直な平面 $x = \xi$ でこの柱状立体を切り取った切り口

$T(\xi)$ の面積であるから $F(\xi) = S(T(\xi))$ となる.

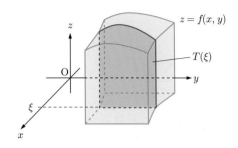

図 **5.9** 平面 $x = \xi$ による曲面 $z = f(x, y)$ の切り口

閉区間 $[a, b]$ の分割 $\Delta : x_0(= a), x_1, \cdots, x_{n-1}, x_n(= b)$ を考え

$$D_i = \{(x, y) \,|\, x_{i-1} \leqq x \leqq x_i, \; \varphi_1(x) \leqq y \leqq \varphi_2(x)\} \quad (1 \leqq i \leqq n)$$

と定義すると, 定理 5.1.1 より

$$\iint_D f(x, y)\, dxdy = \sum_{i=1}^{n} \iint_{D_i} f(x, y)\, dxdy$$

が成り立つ.

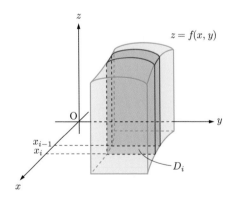

図 **5.10** $\displaystyle\iint_{D_i} f(x, y)\, dxdy$

各 i に対して $\displaystyle\iint_{D_i} f(x, y)\, dxdy$ は, 平面 $x = x_i$ での切り口 $T(x_i)$ を底面とし, 高さが $\Delta x_i = x_i - x_{i-1}$ である柱状立体 (横に見る) の体積で近似できる. す

なわち

$$\iint_{D_i} f(x,y)\,dxdy \fallingdotseq S(T(x_i))\Delta x_i = F(x_i)\Delta x_i$$

である．したがって

$$\iint_D f(x,y)\,dxdy = \sum_{i=1}^{n} \iint_{D_i} f(x,y)\,dxdy \fallingdotseq \sum_{i=1}^{n} F(x_i)\Delta x_i$$

が成り立つ．（右辺の $\displaystyle\sum_{i=1}^{n} F(x_i)\Delta x_i$ は関数 $F(x)$ のリーマン和であることに注意．）

このとき，$|\Delta| \to 0$ とすると両辺の誤差は小さくなり，極限値は等しくなる．すなわち

$$\iint_D f(x,y)\,dxdy = \lim_{|\Delta|\to 0} \sum_{i=1}^{n} \iint_{D_i} f(x,y)\,dxdy = \lim_{\Delta\to 0} \sum_{i=1}^{n} F(x_i)\Delta x_i$$

$$= \int_a^b F(x)\,dx = \int_a^b \left(\int_{\varphi_1(x)}^{\varphi_2(x)} f(x,y)\,dy \right) dx$$

となり (1) が成り立つ．　　　　　　　　　　　　　　　　　　概説終了

例 5.1.3　積分領域 D を図示し，2 重積分を求めよ．

(1) $\displaystyle\iint_D (3x-y)\,dxdy,$　　　　$D = \{(x,y)\,|\,0 \leqq x \leqq 1,\ -1 \leqq y \leqq 2\}$

(2) $\displaystyle\iint_D xy\,dxdy,$　　　　　　$D = \{(x,y)\,|\,0 \leqq y \leqq 1,\ 0 \leqq x \leqq y^2\}$

(3) $\displaystyle\iint_D \cos(x+y)\,dxdy,$　　$D = \left\{(x,y)\,\middle|\,0 \leqq x \leqq \dfrac{\pi}{6},\ x \leqq y \leqq 2x\right\}$

(4) $\displaystyle\iint_D \dfrac{1}{(x+y+3)^2}\,dxdy,$　　$D = \{(x,y)\,|\,x-y \leqq 2,\ x+y \leqq 2,\ x \geqq 0\}$

解答　(1) 定理 5.1.3 (1) より

$$\iint_D (3x-y)\,dxdy = \int_0^1 \left(\int_{-1}^2 (3x-y)\,dy \right) dx = \int_0^1 \left[3xy - \frac{1}{2}y^2 \right]_{-1}^2 dx$$

$$= \int_0^1 \left(6x - 2 + 3x + \frac{1}{2} \right) dx = \int_0^1 \left(9x - \frac{3}{2} \right) dx$$

$$= \left[\frac{9}{2}x^2 - \frac{3}{2}x \right]_0^1 = 3$$

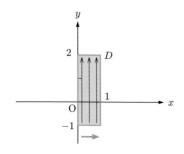

図 **5.11** (1) D の図

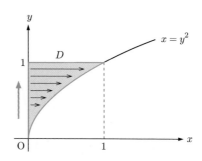

図 **5.12** (2) D の図

(2) 定理 5.1.3 (2) より

$$\iint_D xy\,dxdy = \int_0^1 \left(\int_0^{y^2} xy\,dx \right) dy = \int_0^1 \left[\frac{y}{2} x^2 \right]_0^{y^2} dy$$

$$= \int_0^1 \frac{y^5}{2}\,dy = \left[\frac{y^6}{12} \right]_0^1 = \frac{1}{12}$$

(3) 定理 5.1.3 (1) より

$$\iint_D \cos(x+y)\,dxdy = \int_0^{\frac{\pi}{6}} \left(\int_x^{2x} \cos(x+y)\,dy \right) dx = \int_0^{\frac{\pi}{6}} \left[\sin(x+y) \right]_x^{2x} dx$$

$$= \int_0^{\frac{\pi}{6}} (\sin 3x - \sin 2x)\,dx = \left[-\frac{1}{3}\cos 3x + \frac{1}{2}\cos 2x \right]_0^{\frac{\pi}{6}}$$

$$= \frac{1}{4} + \frac{1}{3} - \frac{1}{2} = \frac{1}{12}$$

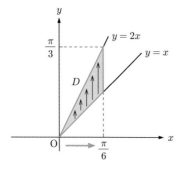

図 **5.13** (3) D の図

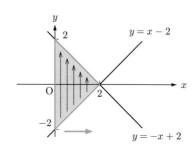

図 **5.14** (4) D の図

(4) 例 5.1.2 より

$$D = \{(x,y) \mid 0 \leqq x \leqq 2,\ x - 2 \leqq y \leqq -x + 2\}$$

であるから

$$\iint_D \frac{1}{(x+y+3)^2}\,dxdy = \int_0^2 \left(\int_{x-2}^{-x+2} \frac{1}{(x+y+3)^2}\,dy \right) dx$$

$$= \int_0^2 \left[-\frac{1}{x+y+3} \right]_{x-2}^{-x+2} dx = \int_0^2 \left(\frac{1}{2x+1} - \frac{1}{5} \right) dx$$

$$= \left[\frac{1}{2} \log(2x+1) - \frac{1}{5}x \right]_0^2 = \frac{1}{2}\log 5 - \frac{2}{5}$$

解答終了

この (4) を見てもわかるように，積分領域 D を図示することは重要である．

問 **5.1.3** 積分領域 D を図示し，2 重積分を求めよ．

(1) $\displaystyle\iint_D (1 + x + y)\,dxdy,$ $D = \{(x,y) \mid 1 \leqq x \leqq 2,\ 0 \leqq y \leqq 1\}$

(2) $\displaystyle\iint_D x^3 y\,dxdy,$ $D = \{(x,y) \mid 0 \leqq x \leqq 1,\ 1 - x \leqq y \leqq 1\}$

(3) $\displaystyle\iint_D xe^{xy}\,dxdy,$ $D = \left\{(x,y) \,\middle|\, 1 \leqq y \leqq 2,\ 0 \leqq x \leqq \dfrac{2}{y}\right\}$

(4) $\displaystyle\iint_D \sin(x+y)\,dxdy,$ $D = \{(x,y) \mid 0 \leqq x \leqq \pi,\ \pi - x \leqq y \leqq \pi\}$

(5) $\displaystyle\iint_D xy\,dxdy,$ D は $y = x^2 + 1$ と $y = -2x + 4$ で囲まれた図形．

5.1.5 積分順序の交換

有界閉集合 D が縦線集合であり，同時に横線集合でもあれば，$x,\ y$ どちらで先に積分してもよい．すなわち次の定理が成り立つ．

定理 **5.1.4** （積分順序の交換）

有界閉集合 D が

$$D = \{(x,y) \mid a \le x \le b,\ \varphi_1(x) \le y \le \varphi_2(x)\}$$
$$= \{(x,y) \mid c \le y \le d,\ \psi_1(y) \le x \le \psi_2(y)\}$$

のように 2 通りで表されているとする．このとき，D において連続な関数 $f(x,y)$ に対して

$$\iint_D f(x,y)\,dxdy = \int_a^b \left(\int_{\varphi_1(x)}^{\varphi_2(x)} f(x,y)\,dy \right) dx$$
$$= \int_c^d \left(\int_{\psi_1(y)}^{\psi_2(y)} f(x,y)\,dx \right) dy$$

が成り立つ．

例 **5.1.4** 積分領域 D を図示し，2 重積分を求めよ．

$$\iint_D e^{x^2}\,dxdy, \qquad D = \{(x,y) \mid 0 \le y \le 1,\ y \le x \le 1\}$$

解答 積分領域 D は横線集合であるから，定理 5.1.3 (2) より

$$\iint_D e^{x^2}\,dxdy = \int_0^1 \left(\int_y^1 e^{x^2}\,dx \right) dy$$

と累次積分の形に直すことができる．しかしながら，この累次積分の x に関する定積分は e^{x^2} の原始関数が求められないため計算できない．そこで，定理 5.1.4 を用いて積分の順序を交換してみる．

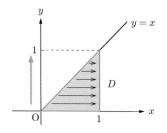
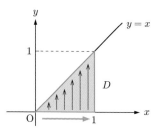

図 **5.15** D の図

図を見てわかるように，D は縦線集合であり

$$D = \{(x,y) \mid 0 \leqq x \leqq 1,\ 0 \leqq y \leqq x\}$$

とも表すことができる（図 5.15 右参照）．したがって，定理 5.1.3 (1) より

$$\iint_D e^{x^2}\,dxdy = \int_0^1 \left(\int_0^x e^{x^2}\,dy\right)dx = \int_0^1 \left[ye^{x^2}\right]_0^x dx$$

$$= \int_0^1 xe^{x^2}\,dx = \left[\frac{1}{2}e^{x^2}\right]_0^1 = \frac{1}{2}(e-1)$$

となる． 解答終了

　上の例は積分の順序交換がうまくいった例である．必ずしも積分の順序交換で解決するとは限らないし，解決するかどうかはやってみないとわからない．

問 5.1.4 次の累次積分の積分順序を交換して 2 重積分を求めよ．

(1) $\displaystyle\int_1^2 \left(\int_0^2 2xye^{x^2y}\,dy\right)dx$　　　(2) $\displaystyle\int_0^{\sqrt{\pi}} \left(\int_x^{\sqrt{\pi}} \cos y^2\,dy\right)dx$

(3) $\displaystyle\int_0^1 \left(\int_{\arcsin y}^{\frac{\pi}{2}} \frac{1}{1+\cos x}\,dx\right)dy$

5.2 置換積分法

前節で，2重積分を計算するには累次積分法が有効であることがわかった．しかしながら，実際には計算が煩雑になったり定積分の計算ができない場合がある．このような場合に有効な2重積分の置換積分法について解説する．そのためには少し準備が必要である．

5.2.1 面積比

変換

$$(*) \quad \begin{cases} x = x(u, v) \\ y = y(u, v) \end{cases}$$

によって uv-平面の集合と xy-平面の集合が1対1に対応しているとき，この2つの図形の面積比を考える．

uv-平面の1点 (u, v) を固定し，Δu, Δv を小さな正の数として

$$\Gamma = \{(\mu, \nu) \mid u \leqq \mu \leqq u + \Delta u, \ v \leqq \nu \leqq v + \Delta v\}$$

という小長方形を考える．この小長方形の面積は $\Delta u \Delta v$ である．Γ が変換 $(*)$ によって移される xy-平面上の集合を Λ とする．すなわち

$$\Lambda = \{(x, y) \mid x = x(\mu, \nu), \ y = y(\mu, \nu), \ (\mu, \nu) \in \Gamma\}$$

とする．

ここで，xy-平面上の3点 A, B, C を

$$\text{A} \ (x(u, v), \ y(u, v))$$
$$\text{B} \ (x(u + \Delta u, v), \ y(u + \Delta u, v))$$
$$\text{C} \ (x(u, v + \Delta v), \ y(u, v + \Delta v))$$

とすると，図形 Λ は図 5.16 のようにベクトル $\overrightarrow{\text{AB}}$, $\overrightarrow{\text{AC}}$ によって決まる平行四辺形 ABDC で近似することができる．

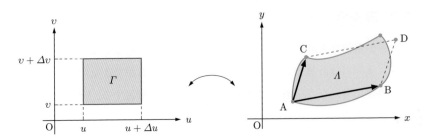

図 **5.16**　Γ と Λ の図

このときテイラーの定理より

$$x(u + \Delta u, v) \fallingdotseq x(u,v) + \frac{\partial x(u,v)}{\partial u}\Delta u$$

$$y(u + \Delta u, v) \fallingdotseq y(u,v) + \frac{\partial y(u,v)}{\partial u}\Delta u$$

$$x(u, v + \Delta v) \fallingdotseq x(u,v) + \frac{\partial x(u,v)}{\partial v}\Delta v$$

$$y(u, v + \Delta v) \fallingdotseq y(u,v) + \frac{\partial y(u,v)}{\partial v}\Delta v$$

であるから

$$\overrightarrow{AB} = \big(x(u + \Delta u, v) - x(u,v),\ y(u + \Delta u, v) - y(u,v)\big)$$

$$\fallingdotseq \left(\frac{\partial x(u,v)}{\partial u}\Delta u,\ \frac{\partial y(u,v)}{\partial u}\Delta u\right)$$

$$\overrightarrow{AC} = \big(x(u, v + \Delta v) - x(u,v),\ y(u, v + \Delta v) - y(u,v)\big)$$

$$\fallingdotseq \left(\frac{\partial x(u,v)}{\partial v}\Delta v,\ \frac{\partial y(u,v)}{\partial v}\Delta v\right)$$

となる．よって，平行四辺形 ABDC の面積は近似的に

$$\begin{vmatrix} \dfrac{\partial x}{\partial u}\Delta u & \dfrac{\partial x}{\partial v}\Delta v \\[2mm] \dfrac{\partial y}{\partial u}\Delta u & \dfrac{\partial y}{\partial v}\Delta v \end{vmatrix} = \begin{vmatrix} \dfrac{\partial x}{\partial u} & \dfrac{\partial x}{\partial v} \\[2mm] \dfrac{\partial y}{\partial u} & \dfrac{\partial y}{\partial v} \end{vmatrix} \Delta u \Delta v$$

の絶対値に等しい．ここで

$$J(u,v) = \frac{\partial(x,y)}{\partial(u,v)} = \begin{vmatrix} \dfrac{\partial x}{\partial u} & \dfrac{\partial x}{\partial v} \\[2mm] \dfrac{\partial y}{\partial u} & \dfrac{\partial y}{\partial v} \end{vmatrix}$$

を変換 (∗) のヤコビアン (Jacobian) という. この記号にしたがえば

$$(\text{平行四辺形 ABDC の面積}) \fallingdotseq |J(u,v)|\Delta u \Delta v$$

であるから

$$S(\Lambda) \fallingdotseq (\text{平行四辺形 ABDC の面積}) \fallingdotseq |J(u,v)|\Delta u \Delta v = |J(u,v)|S(\Gamma)$$

すなわち

$$(\flat) \qquad \frac{S(\Lambda)}{S(\Gamma)} \fallingdotseq |J(u,v)|$$

となる.

例 5.2.1（1 次変換） 定数 a, b, c, d $(ad - bc \neq 0)$ に対して，次の変換

$$\begin{cases} x = au + bv \\ y = cu + dv \end{cases}$$

を 1 次変換 (linear transformation) とよぶ．$(ad - bc \neq 0$ であるから，正確には正則 1 次変換とよぶ.）この変換のヤコビアン $J(u,v)$ を求めよ．

解答

$$J(u,v) = \begin{vmatrix} \dfrac{\partial x}{\partial u} & \dfrac{\partial x}{\partial v} \\ \dfrac{\partial y}{\partial u} & \dfrac{\partial y}{\partial v} \end{vmatrix} = \begin{vmatrix} a & b \\ c & d \end{vmatrix} = ad - bc$$

となる. **解答終了**

この例で Γ, Λ を上の説明のものとすると，下図のように Γ の面積は $\Delta u \Delta v$ であり，Λ は平行四辺形であって，その面積は $|ad - bc|\Delta u \Delta v$ である.

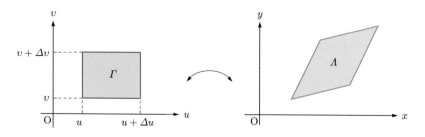

図 5.17 1 次変換

したがって，面積比は $\dfrac{S(\varLambda)}{S(\varGamma)} = |ad - bc| = |J(u, v)|$ となっている．

例 5.2.2　（極座標変換）　次の変換

$$\begin{cases} x = r\cos\theta \\ y = r\sin\theta \end{cases} \quad (r \geqq 0)$$

を極座標変換 (polar transformation) とよぶ．この変換のヤコビアン $J(r, \theta)$ を求めよ．

解答

$$J(r, \theta) = \begin{vmatrix} \dfrac{\partial x}{\partial r} & \dfrac{\partial x}{\partial \theta} \\ \dfrac{\partial y}{\partial r} & \dfrac{\partial y}{\partial \theta} \end{vmatrix} = \begin{vmatrix} \cos\theta & -r\sin\theta \\ \sin\theta & r\cos\theta \end{vmatrix} = r\cos^2\theta + r\sin^2\theta = r$$

となる．　　　　　　　　　　　　　　　　　　　　　　　　　　　　解答終了

なおこの例において，$r > 0$，θ をそれぞれ定め，0 に近い正の数 Δr，$\Delta\theta$ に対して $r\theta$-平面上の長方形

$$\varGamma = \{(\mu, \nu) \mid r \leqq \mu \leqq r + \Delta r,\ \theta \leqq \nu \leqq \theta + \Delta\theta\}$$

を考えると，$\varGamma$ は極座標変換により下図の $\varLambda$ と 1 対 1 に対応している．

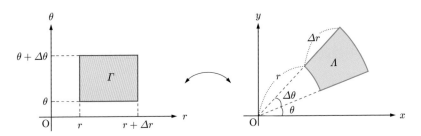

図 5.18　極座標変換

この $\varLambda$ の面積は

$$\frac{1}{2}(r + \Delta r)^2 \Delta\theta - \frac{1}{2}r^2\Delta\theta = r\Delta r\Delta\theta + \frac{1}{2}(\Delta r)^2\Delta\theta$$

であるから，

$$\frac{S(\Lambda)}{S(\Gamma)} = \frac{r\,\Delta r\Delta\theta + \dfrac{1}{2}(\Delta r)^2\Delta\theta}{\Delta r\Delta\theta} = r + \frac{1}{2}\Delta r$$

が成り立つ．ここで Δr は r にくらべ小さいので，$\dfrac{S(\Lambda)}{S(\Gamma)} \fallingdotseq |J(r,\theta)|$ といえる．

問 5.2.1 次の変換のヤコビアン $J(u,v)$ を求めよ.

(1) $\begin{cases} x = u + 2v \\ y = 3u - v \end{cases}$ (2) $\begin{cases} x = 3u + v \\ y = u + v \end{cases}$ (3) $\begin{cases} x = u^2 \\ y = uv \end{cases}$

(4) $\begin{cases} x = u(1-v) \\ y = uv \end{cases}$ (5) $\begin{cases} x = e^u\cos v \\ y = e^u\sin v \end{cases}$

5.2.2 置換積分法

前項の考察から，次の定理が成り立つ.

定理 5.2.1（置換積分法）

uv-平面上の有界閉集合 E と xy-平面上の有界閉集合 D が C^1-級関数

$$(*) \quad \begin{cases} x = x(u,v) \\ y = y(u,v) \end{cases}$$

による変換で境界の点を除いて 1 対 1 に対応しているとし，この変換のヤコビアンを $J(u,v)$ とする．このとき，D において連続な関数 $f(x,y)$ に対して

$$\iint_D f(x,y)\,dxdy = \iint_E f(x(u,v),y(u,v))|J(u,v)|\,dudv$$

が成り立つ.

証明の概説 簡単のために E が長方形の場合を考える．E の小長方形への分割 $\Delta : E_1, E_2, \cdots, E_n$ を考え，変換 $(*)$ により各 E_i が D の部分集合 D_i に 1 対 1 に対応しているとする．このとき $D_1, D_2, \cdots, D_n$ は D の分割になっている．小長方形 E_i の左下の座標を (μ_i, ν_i) とし，$\xi_i = x(\mu_i, \nu_i)$, $\eta_i = y(\mu_i, \nu_i)$ とする．このとき $\displaystyle\iint_D f(x,y)\,dxdy$ のリーマン和として

$$\sum_{i=1}^n f(\xi_i, \eta_i)S(D_i)$$

をとる. 237 ページの (b) から $S(D_i) \fallingdotseq |J(\mu_i, \nu_i)| S(E_i)$ であるので

$$\sum_{i=1}^{n} f(\xi_i, \eta_i) S(D_i) \fallingdotseq \sum_{i=1}^{n} f(x(\mu_i, \nu_i), y(\mu_i, \nu_i)) |J(\mu_i, \nu_i)| S(E_i)$$

である. ここで, E の分割の大きさ $|\Delta|$ を 0 に近づけると両辺の誤差は小さくなり, 極限値は等しくなる. すなわち

$$\iint_D f(x, y)\, dxdy = \lim_{|\Delta| \to 0} \sum_{i=1}^{n} f(\xi_i, \eta_i) S(D_i)$$

$$= \lim_{|\Delta| \to 0} \sum_{i=1}^{n} f(x(\mu_i, \nu_i), y(\mu_i, \nu_i)) |J(\mu_i, \nu_i)| S(E_i)$$

$$= \iint_E f(x(u, v), y(u, v)) |J(u, v)|\, dudv$$

が成り立つ.　　　　　　　　　　　　　　　　　　　　　　　　　　概説終了

例 5.2.3　積分領域 D を図示し, 2 重積分を求めよ.

(1) $\displaystyle\iint_D (x - 2y) e^{x+y}\, dxdy$, $D = \{(x, y) \,|\, 1 \leqq x - 2y \leqq 3,\ 0 \leqq x + y \leqq 1\}$

(2) $\displaystyle\iint_D xy^2\, dxdy$,　　　　　　　$D = \{(x, y) \,|\, x^2 + y^2 \leqq 1,\ x \leqq y\}$

解答　(1) $\begin{cases} u = x - 2y \\ v = x + y \end{cases}$ とすると $\begin{cases} x = \dfrac{1}{3}(u + 2v) \\ y = \dfrac{1}{3}(-u + v) \end{cases}$ であり, D はこの変換に

より uv-平面上の長方形

$$E = \{(u, v) \,|\, 1 \leqq u \leqq 3,\ 0 \leqq v \leqq 1\}$$

と対応している.

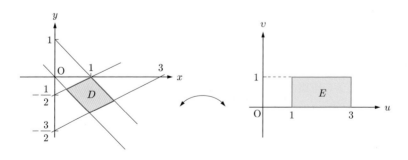

図 **5.19**　(1) D の図

また

$$J(u,v) = \begin{vmatrix} \dfrac{\partial x}{\partial u} & \dfrac{\partial x}{\partial v} \\ \dfrac{\partial y}{\partial u} & \dfrac{\partial y}{\partial v} \end{vmatrix} = \begin{vmatrix} \dfrac{1}{3} & \dfrac{2}{3} \\ -\dfrac{1}{3} & \dfrac{1}{3} \end{vmatrix} = \dfrac{1}{9} + \dfrac{2}{9} = \dfrac{1}{3}$$

であるから，定理 5.2.1 より

$$\iint_D (x - 2y)e^{x+y}\,dxdy = \iint_E ue^v \dfrac{1}{3}\,dudv = \dfrac{1}{3}\int_0^1 \left(\int_1^3 ue^v\,du \right) dv$$

$$= \dfrac{1}{3}\int_0^1 \left[\dfrac{1}{2}u^2 e^v \right]_1^3 dv = \dfrac{4}{3}\int_0^1 e^v\,dv = \dfrac{4}{3}\left[e^v \right]_0^1 = \dfrac{4}{3}(e-1)$$

となる.

(2) $\begin{cases} x = r\cos\theta \\ y = r\sin\theta \end{cases}$ とおくと，D は $r\theta$-平面上の長方形

$$E = \left\{ (r,\theta) \,\middle|\, 0 \le r \le 1,\ \dfrac{\pi}{4} \le \theta \le \dfrac{5}{4}\pi \right\}$$

と対応している.

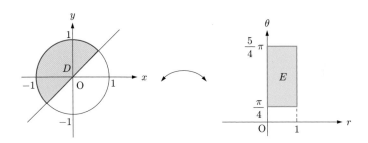

図 **5.20**　(2) D の図

また，例 5.2.2 より $J(r,\theta) = r$ であるから，定理 5.2.1 より

$$\iint_D xy^2\,dxdy = \iint_E r^3 \cos\theta \sin^2\theta\ r\,drd\theta = \int_{\frac{\pi}{4}}^{\frac{5}{4}\pi} \left(\int_0^1 r^4 \cos\theta \sin^2\theta\,dr \right) d\theta$$

$$= \int_{\frac{\pi}{4}}^{\frac{5}{4}\pi} \left[\dfrac{1}{5}r^5 \cos\theta \sin^2\theta \right]_0^1 d\theta = \dfrac{1}{5}\int_{\frac{\pi}{4}}^{\frac{5}{4}\pi} \cos\theta \sin^2\theta\,d\theta$$

$$= \dfrac{1}{5}\left[\dfrac{1}{3}\sin^3\theta \right]_{\frac{\pi}{4}}^{\frac{5}{4}\pi} = \dfrac{1}{15}\left(-\dfrac{\sqrt{2}}{4} - \dfrac{\sqrt{2}}{4} \right) = -\dfrac{\sqrt{2}}{30}$$

となる.　　　　　　　　　　　　　　　　　　　　　　　　　解答終了

問 5.2.2 積分領域 D を図示し，2 重積分を求めよ．

(1) $\displaystyle\iint_D (x+y)^2(x-y)^2\,dxdy,$ $D = \{(x,y)\,|\,0 \leqq x+y \leqq 2,\ -1 \leqq x-y \leqq 2\}$

(2) $\displaystyle\iint_D xy\,dxdy,$ $D = \{(x,y)\,|\,-2 \leqq x+y \leqq 3,\ 1 \leqq 2x+y \leqq 3\}$

(3) $\displaystyle\iint_D \frac{(x-2y)^2}{(2x+3y+1)^2}\,dxdy,$ $D = \{(x,y)\,|\,1 \leqq 2x+3y \leqq 6,\ 2 \leqq x-2y \leqq 4\}$

問 5.2.3 積分領域 D を図示し，2 重積分を求めよ．

(1) $\displaystyle\iint_D (x^2+y^2)\,dxdy,$ $D = \{(x,y)\,|\,x^2+y^2 \leqq 9\}$

(2) $\displaystyle\iint_D \frac{1}{x^2+y^2}\,dxdy,$ $D = \{(x,y)\,|\,1 \leqq x^2+y^2 \leqq 4,\ y \geqq 0\}$

(3) $\displaystyle\iint_D \frac{1}{1+\sqrt{x^2+y^2}}\,dxdy,$ $D = \{(x,y)\,|\,1 \leqq x^2+y^2 \leqq 4,\ y \leqq x\}$

(4) $\displaystyle\iint_D \sqrt{4-x^2-y^2}\,dxdy,$ $D = \{(x,y)\,|\,x^2+y^2 \leqq 2\}$

5.3　2 重積分の応用

5.3.1　曲面で囲まれた立体の体積

2 重積分の定義から次が成り立つ.

> **定理 5.3.1**　有界閉集合 D で定義された連続関数 $f(x,y)$, $g(x,y)$ が与えられたとする. D において $f(x,y) \leqq g(x,y)$ が成り立つならば, 2 つの曲面 $z = f(x,y)$ および $z = g(x,y)$ で囲まれた立体
> $$U = \{(x,y,z)\,|\,(x,y) \in D,\ f(x,y) \leqq z \leqq g(x,y)\}$$
> の体積 V は
> $$V = \iint_D (g(x,y) - f(x,y))\,dxdy$$
> で与えられる.

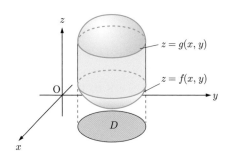

図 5.21　$z = f(x,y)$, $z = g(x,y)$ が囲む立体

> **例 5.3.1**　半径 a の球の体積を求めよ.

解答　中心 $(0,0,0)$, 半径 a の球 C は
$$U = \left\{(x,y,z)\,\middle|\,(x,y) \in D,\ -\sqrt{a^2 - x^2 - y^2} \leqq z \leqq \sqrt{a^2 - x^2 - y^2}\,\right\}$$
$$D = \left\{(x,y)\,|\,x^2 + y^2 \leqq a^2\right\}$$
と表せる.

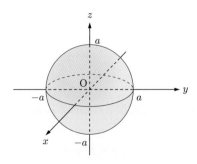

図 5.22　中心 $(0,0,0)$, 半径 a の球

したがって，求める球の体積 V は

$$V = \iint_D \left(\sqrt{a^2 - x^2 - y^2} - \left(-\sqrt{a^2 - x^2 - y^2} \right) \right) \, dxdy$$

$$= 2 \iint_D \sqrt{a^2 - x^2 - y^2} \, dxdy$$

である．ここで $\begin{cases} x = r\cos\theta \\ y = r\sin\theta \end{cases}$ とすると，D はこの変数変換により

$$E = \{(r,\theta) \,|\, 0 \leqq r \leqq a, \ 0 \leqq \theta \leqq 2\pi\}$$

と対応している．また $x^2 + y^2 = r^2$, $J(r,\theta) = r$ であるから

$$V = 2\iint_E \sqrt{a^2 - r^2} \, r \, drd\theta = 2\int_0^{2\pi} \left(\int_0^a r(a^2 - r^2)^{\frac{1}{2}} \, dr \right) d\theta$$

$$= 2\int_0^{2\pi} \left[-\frac{1}{3}(a^2 - r^2)^{\frac{3}{2}} \right]_0^a d\theta = 2\int_0^{2\pi} \frac{1}{3}a^3 d\theta = \frac{4}{3}\pi a^3$$

となる．　　　　　　　　　　　　　　　　　　　　　　　　　　　　解答終了

> **問 5.3.1**　次の立体の体積を求めよ．ただし，$a > 0$ とする．
> (1)　曲面 $z = x^2 + y^2 - a^2$ と平面 $z = 0$ で囲まれた部分．
> (2)　球 $x^2 + y^2 + z^2 \leqq 4a^2$ の円柱 $x^2 + y^2 \leqq a^2$ の内部にある部分．
> (3)　曲面 $z = x^2 + y^2$ と平面 $z = 2x + 2y$ で囲まれた部分．
> (4)　2 つの曲面 $z = x^2 + y^2 - 1$, $z = 2x^2 + 2y^2 - 10$ で囲まれた部分．

5.3.2　図形の面積

2重積分の定義より $\displaystyle\iint_D 1\,dxdy$ は D を底面とし，高さが 1 であるような柱状立体の体積を表している．すなわち

$$\iint_D 1\,dxdy = S(D) \cdot 1 = S(D)$$

が成り立つ．

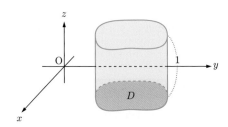

図 5.23　D の面積

例 5.3.2　楕円 $\dfrac{x^2}{a^2} + \dfrac{y^2}{b^2} = 1 \quad (a, b > 0)$ で囲まれた図形の面積 S を求めよ．

解答　上の公式より

$$S = \iint_D 1\,dxdy, \qquad D = \left\{ (x, y) \,\middle|\, \frac{x^2}{a^2} + \frac{y^2}{b^2} \leqq 1 \right\}$$

で与えられる．ここで $\begin{cases} x = ar\cos\theta \\ y = br\sin\theta \end{cases}$ とすると，D は

$$E = \{ (r, \theta) \,|\, 0 \leqq r \leqq 1,\ 0 \leqq \theta \leqq 2\pi \}$$

と対応している．また

$$J(r, \theta) = \begin{vmatrix} \dfrac{\partial x}{\partial r} & \dfrac{\partial x}{\partial \theta} \\ \dfrac{\partial y}{\partial r} & \dfrac{\partial y}{\partial \theta} \end{vmatrix} = \begin{vmatrix} a\cos\theta & -ar\sin\theta \\ b\sin\theta & br\cos\theta \end{vmatrix} = abr(\cos^2\theta + \sin^2\theta) = abr$$

であるから

$$S = \iint_E abr\,drd\theta = \int_0^{2\pi} \left(\int_0^1 abr\,dr \right) d\theta = ab \int_0^{2\pi} \left[\frac{1}{2}r^2 \right]_0^1 d\theta$$

$$= \frac{ab}{2} \int_0^{2\pi} 1\,d\theta = \pi ab$$

となる.   解答終了

余談　曲面の表面積

uv-平面上の集合 D において連続な 3 つの 2 変数関数 $x(u,v)$, $y(u,v)$, $z(u,v)$ が与えられたとき,

$$X = \{\,(x(u,v), y(u,v), z(u,v)) \mid (u,v) \in D\,\}$$

は xyz-空間の曲面を表す. これを曲面 X の媒介変数表示という. 証明は一切省くが, 曲面 X の表面積 $A(X)$ は

$$A(X) = \iint_D \left| \left(\frac{\partial x}{\partial u}, \frac{\partial y}{\partial u}, \frac{\partial z}{\partial u} \right) \times \left(\frac{\partial x}{\partial v}, \frac{\partial y}{\partial v}, \frac{\partial z}{\partial v} \right) \right| dudv$$

で求められる. これを認めれば, 曲面 $z = f(x,y)$, $((x,y) \in D)$ は, x,y を媒介変数として

$$X = \{\,(x, y, f(x,y)) \mid (x,y) \in D\,\}$$

と表されるので, その表面積は

$$A(X) = \iint_D \left| (1, 0, f_x(x,y)) \times (0, 1, f_y(x,y)) \right| dxdy$$

$$= \iint_D \left| (-f_x(x,y), -f_y(x,y), 1) \right| dxdy$$

$$= \iint_D \sqrt{(f_x(x,y))^2 + (f_y(x,y))^2 + 1}\,dxdy$$

で求められる.

たとえば $D = \{(x,y) \mid x^2 + y^2 \leqq 1\}$ のとき $z = \sqrt{1 - x^2 - y^2}$, $((x,y) \in D)$ は半径 1 の球面の上半分を表すので, その表面積は 2π になるはずである. この公式を用いて確認してみよう.

5.3.3 広義積分への応用

例 5.3.3　広義積分 $\displaystyle\int_0^\infty e^{-x^2}\,dx$ を求めよ.

解答　$R > 0$ に対して $I_R = \displaystyle\int_0^R e^{-x^2}\,dx$ とおくと

$$\int_0^\infty e^{-x^2}\,dx = \lim_{R\to\infty} I_R$$

である. また

$$(I_R)^2 = \left(\int_0^R e^{-x^2}\,dx\right)\left(\int_0^R e^{-y^2}\,dy\right) = \int_0^R \left(\int_0^R e^{-x^2-y^2}\,dx\right)\,dy$$

$$= \iint_{D_R} e^{-x^2-y^2}\,dxdy, \qquad D_R = \{(x,y)\,|\,0 \leqq x \leqq R,\ 0 \leqq y \leqq R\}$$

である. ここで

$$E_R = \{(x,y)\,|\,x^2+y^2 \leqq R^2,\ x \geqq 0,\ y \geqq 0\}$$

とすると, $E_R \subset D_R \subset E_{\sqrt{2}R}$ であり (図 5.24 参照), また $e^{-x^2-y^2} > 0$ である
から

$$\iint_{E_R} e^{-x^2-y^2}\,dxdy \leqq \iint_{D_R} e^{-x^2-y^2}\,dxdy \leqq \iint_{E_{\sqrt{2}R}} e^{-x^2-y^2}\,dxdy$$

が成り立つ.

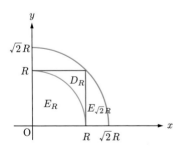

図 5.24　$E_R \subset D_R \subset E_{\sqrt{2}R}$

E_R および $E_{\sqrt{2}R}$ 上の 2 重積分において $\begin{cases} x = r\cos\theta \\ y = r\sin\theta \end{cases}$ とおくと, それぞれ

$$\iint_{E_R} e^{-x^2-y^2}\,dxdy = \int_0^{\frac{\pi}{2}} \left(\int_0^R e^{-r^2} r\,dr \right) d\theta$$

$$= \int_0^{\frac{\pi}{2}} \left[-\frac{1}{2}e^{-r^2} \right]_0^R d\theta = \frac{\pi}{4}\left(1 - e^{-R^2} \right)$$

$$\iint_{E_{\sqrt{2}R}} e^{-x^2-y^2}\,dxdy = \int_0^{\frac{\pi}{2}} \left(\int_0^{\sqrt{2}R} e^{-r^2} r\,dr \right) d\theta$$

$$= \int_0^{\frac{\pi}{2}} \left[-\frac{1}{2}e^{-r^2} \right]_0^{\sqrt{2}R} d\theta = \frac{\pi}{4}\left(1 - e^{-2R^2} \right)$$

となり

$$\lim_{R\to\infty} \iint_{E_R} e^{-x^2-y^2}\,dxdy = \lim_{R\to\infty} \iint_{E_{\sqrt{2}R}} e^{-x^2-y^2}\,dxdy = \frac{\pi}{4}$$

が成り立つ. よって, はさみうちの原理より

$$\left(\int_0^\infty e^{-x^2}dx \right)^2 = \left(\lim_{R\to\infty} I_R \right)^2 = \lim_{R\to\infty} {I_R}^2 = \frac{\pi}{4}$$

となり, $\displaystyle\int_0^\infty e^{-x^2}dx > 0$ より $\displaystyle\int_0^\infty e^{-x^2}\,dx = \frac{\sqrt{\pi}}{2}$ である.　　　解答終了

注意　e^{-x^2} は偶関数であるから, $\displaystyle\int_{-\infty}^\infty e^{-x^2}dx = \sqrt{\pi}$ となる.

5.4 3 重積分

直観的には，1 変数関数の定積分は面積，2 変数関数の 2 重積分は体積を求めることであった．3 変数関数の重積分は，密度が $f(x,y,z)$ である立体の質量と考えると理解しやすい．定義の方法は 2 重積分の場合と同様である．

5.4.1 3 重積分の定義

U を xyz-空間内の有界閉集合とする．（ここで，空間内の“有界な集合”とは，平面上の有界集合の定義（175 ページ参照）において，「円」とあるところを「球」と読み替えればよい．）$f(x,y,z)$ を U で定義された関数で，点 (x,y,z) における U の密度を表すとする．U を n 個の小立体 $U_1, U_2, \cdots, U_n$ に分割し，各 U_i から代表点 $(\xi_i,\ \eta_i,\ \zeta_i)$ を選ぶ．各 U_i が小さければ U_i の密度はほぼ均一で，近似的に定数 $f(\xi_i,\eta_i,\zeta_i)$ と思ってよい．密度が一様な立体の質量は（密度）×（体積）であるから，U_i の体積を $V(U_i)$ と表すと

$$(U_i \ \text{の質量}) \fallingdotseq f(\xi_i,\eta_i,\zeta_i)V(U_i)$$

となる．したがって，リーマン和

$$\sum_{i=1}^{n} f(\xi_i,\eta_i,\zeta_i)V(U_i)$$

は，立体 U の質量を近似していると考えられる．2 重積分のときと同様に，分割を細かくしたとき，分割の仕方と代表点 (ξ_i,η_i,ζ_i) の選び方によらずに上のリーマン和がある値に近づくならば，$f(x,y,z)$ は U において 3 重積分可能 (triple integrable) であるという．またこの極限値を $f(x,y,z)$ の U 上の 3 重積分 (triple integral) といい

$$\iiint_U f(x,y,z)\,dxdydz$$

と表す．今の場合，これは密度分布が $f(x,y,z)$ であるような立体 U の質量を表す．

注意 $f(x,y,z)=1$ （定数）のときは明らかに

$$\iiint_U 1\,dxdydz = 1 \cdot V(U) = V(U) = (U \ \text{の体積})$$

となる．

5.4.2　2 重積分への帰着

D を xy-平面上の有界閉集合とし，$\varphi_1(x,y)$, $\varphi_2(x,y)$ は D において連続な 2 変数関数であり，$\varphi_1(x,y) \leqq \varphi_2(x,y)$ を満たしているとする．また U を

$$U = \{(x,y,z) \,|\, (x,y) \in D, \ \varphi_1(x,y) \leqq z \leqq \varphi_2(x,y)\}$$

で与えられる xyz-空間内の集合とする．このとき，次の定理により 3 重積分は 2 重積分に帰着される．

定理 5.4.1　U は上のような xyz-空間内の集合であり，関数 $f(x,y,z)$ は U において連続であるとする．このとき

$$\iiint_U f(x,y,z)\,dxdydz = \iint_D \left(\int_{\varphi_1(x,y)}^{\varphi_2(x,y)} f(x,y,z)\,dz \right) dxdy$$

が成り立つ．

注意　$f(x,y,z) = 1$（定数）かつ

$$U = \{(x,y,z) \,|\, (x,y) \in D, \ \varphi_1(x,y) \leqq z \leqq \varphi_2(x,y)\}$$

のとき，前ページの注意より

$$(U \text{ の体積}) = \iiint_U 1\,dxdydz = \iint_D \left(\int_{\varphi_1(x,y)}^{\varphi_2(x,y)} 1\,dz \right) dxdy$$

$$= \iint_D \left(\varphi_2(x,y) - \varphi_1(x,y) \right) dxdy$$

となり，定理 5.3.1 の主張と一致する．

例 5.4.1　$U = \{(x,y,z) \,|\, (x,y) \in D, \ 0 \leqq z \leqq x + y\}$,

$D = \{(x,y) \,|\, 0 \leqq x \leqq 1, \ 0 \leqq y \leqq x\}$

であるとき，次の 3 重積分を求めよ．

$$\iiint_U z^2 \,dxdydz$$

解答　定理 5.4.1 より

$$\iiint_U z^2\,dxdydz = \iint_D \left(\int_0^{x+y} z^2\,dz\right)dxdy = \iint_D \left[\frac{1}{3}z^3\right]_0^{x+y} dxdy$$

$$= \frac{1}{3}\int_0^1 \left(\int_0^x (x+y)^3\,dy\right)dx = \frac{1}{3}\int_0^1 \left[\frac{1}{4}(x+y)^4\right]_0^x dx$$

$$= \frac{1}{12}\int_0^1 (16x^4 - x^4)\,dx = \frac{1}{4}\left[x^5\right]_0^1 = \frac{1}{4}$$

となる. 　　　　　　　　　　　　　　　　　　　　　　　　　解答終了

例 5.4.2　$U = \left\{(x,y,z)\,|\,(x,y)\in D,\ 0 \le z \le e^{-x^2-y^2}\right\}$,

$D = \{(x,y)\,|\,x^2+y^2 \le 1\}$

であるとき, 次の 3 重積分を求めよ.

$$\iiint_U z\,dxdydz$$

解答　定理 5.4.1 より

$$\iiint_U z\,dxdydz = \iint_D \left(\int_0^{e^{-x^2-y^2}} z\,dz\right)dxdy$$

$$= \iint_D \left[\frac{1}{2}z^2\right]_0^{e^{-x^2-y^2}} dxdy = \frac{1}{2}\iint_D e^{-2x^2-2y^2}\,dxdy$$

となる. ここで極座標変換 $x = r\cos\theta,\ y = r\sin\theta$ を行なうと, D は

$$E = \{(r,\theta)\,|\,0 \le r \le 1,\ 0 \le \theta \le 2\pi\}$$

と対応するので

$$\iiint_U z\,dxdydz = \frac{1}{2}\iint_E e^{-2r^2} r\,drd\theta = \frac{1}{2}\int_0^{2\pi}\left(\int_0^1 e^{-2r^2} r\,dr\right)d\theta$$

$$= \frac{1}{2}\int_0^{2\pi}\left[-\frac{1}{4}e^{-2r^2}\right]_0^1 d\theta = \frac{1}{8}(1-e^{-2})\int_0^{2\pi} 1\,d\theta$$

$$= \frac{\pi}{4}(1-e^{-2})$$

となる. 　　　　　　　　　　　　　　　　　　　　　　　　　解答終了

3 重積分 $\displaystyle\iiint_U f(x,y,z)\,dxdydz$ において，特に U が直方体

$$U = \{(x,y,z)\,|\,a_1 \leqq x \leqq a_2,\ b_1 \leqq y \leqq b_2,\ c_1 \leqq z \leqq c_2\}$$

であるとき

$$U = \{(x,y,z)\,|\,(x,y) \in D,\ c_1 \leqq z \leqq c_2\},$$

$$D = \{(x,y)\,|\,a_1 \leqq x \leqq a_2,\ b_1 \leqq y \leqq b_2\}$$

と表せる．したがって

$$\iiint_U f(x,y,z)\,dxdydz = \iint_D \left(\int_{c_1}^{c_2} f(x,y,z)\,dz\right)dxdy$$

$$= \int_{a_1}^{a_2} \left(\int_{b_1}^{b_2} \left(\int_{c_1}^{c_2} f(x,y,z)\,dz\right)dy\right)dx$$

である．

例 5.4.3　$U = \{(x,y,z)\,|\,1 \leqq x \leqq 2,\ 2 \leqq y \leqq 3,\ 3 \leqq z \leqq 4\}$ であるとき，次の 3 重積分を求めよ．

$$\iiint_U xyz\,dxdydz$$

解答　上で述べたことから

$$\iiint_U xyz\,dxdydz = \int_1^2 \left(\int_2^3 \left(\int_3^4 xyz\,dz\right)dy\right)dx$$

$$= \int_1^2 \left(\int_2^3 \left[\frac{xyz^2}{2}\right]_3^4 dy\right)dx = \int_1^2 \left(\int_2^3 \frac{7xy}{2}\,dy\right)dx$$

$$= \int_1^2 \left[\frac{7xy^2}{4}\right]_2^3 dx = \int_1^2 \frac{35x}{4}\,dx = \left[\frac{35x^2}{8}\right]_1^2 = \frac{105}{8}$$

となる．　　　　　　　　　　　　　　　　　　　　　　　　　　　　　　　　解答終了

問 5.4.1 次の 3 重積分を求めよ.

(1) $\displaystyle\iiint_U z\,dxdydz,$ $\qquad U = \{(x,y,z)\,|\,(x,y)\in D,\ x-1 \leqq z \leqq x+y\},$
$\qquad\qquad\qquad\qquad\quad D = \{(x,y)\,|\,0\leqq x\leqq 1,\ x\leqq y\leqq 1\}$

(2) $\displaystyle\iiint_U y\,dxdydz,$ $\qquad U = \{(x,y,z)\,|\,(x,y)\in D,\ xy \leqq z \leqq x^2\},$
$\qquad\qquad\qquad\qquad\quad D = \{(x,y)\,|\,0\leqq x\leqq 1,\ 0\leqq y\leqq x\}$

(3) $\displaystyle\iiint_U \cos z\,dxdydz,$ $\quad U = \left\{(x,y)\,\middle|\,x^2+y^2 \leqq \dfrac{\pi}{3},\ y\geqq 0,\ 0\leqq z\leqq x^2+y^2\right\}$

5.4.3 置換積分法

2 重積分と同様に，3 重積分について次の置換積分の公式が成り立つ．証明は省略する．

定理 5.4.2（置換積分法）

uvw-空間の集合 W と xyz-空間の集合 U が C^1-級関数

$$(*)\qquad \begin{cases} x = x(u,v,w) \\ y = y(u,v,w) \\ z = z(u,v,w) \end{cases}$$

による変数変換で，境界の点を除いて 1 対 1 に対応しているとする．このとき U において定義された連続関数 $f(x,y,z)$ に対して

$$\iiint_U f(x,y,z)\,dxdydz$$
$$= \iiint_W f(x(u,v,w),y(u,v,w),z(u,v,w))|J(u,v,w)|\,dudvdw$$

が成り立つ．ここで

$$J(u,v,w) = \frac{\partial(x,y,z)}{\partial(u,v,w)} = \begin{vmatrix} \dfrac{\partial x}{\partial u} & \dfrac{\partial x}{\partial v} & \dfrac{\partial x}{\partial w} \\[2mm] \dfrac{\partial y}{\partial u} & \dfrac{\partial y}{\partial v} & \dfrac{\partial y}{\partial w} \\[2mm] \dfrac{\partial z}{\partial u} & \dfrac{\partial z}{\partial v} & \dfrac{\partial z}{\partial w} \end{vmatrix}$$

である．この $J(u,v,w)$ を変数変換 $(*)$ のヤコビアンという．

例 5.4.4　空間の極座標変換

$$\begin{cases} x = r \sin\theta \cos\varphi \\ y = r \sin\theta \sin\varphi \\ z = r \cos\theta \end{cases}$$

のヤコビアン $J(r, \theta, \varphi)$ を求めよ.

解答　ヤコビアンの定義より

$$J(r, \theta, \varphi)$$

$$= \begin{vmatrix} \dfrac{\partial x}{\partial r} & \dfrac{\partial x}{\partial \theta} & \dfrac{\partial x}{\partial \varphi} \\[2mm] \dfrac{\partial y}{\partial r} & \dfrac{\partial y}{\partial \theta} & \dfrac{\partial y}{\partial \varphi} \\[2mm] \dfrac{\partial z}{\partial r} & \dfrac{\partial z}{\partial \theta} & \dfrac{\partial z}{\partial \varphi} \end{vmatrix} = \begin{vmatrix} \sin\theta\cos\varphi & r\cos\theta\cos\varphi & -r\sin\theta\sin\varphi \\ \sin\theta\sin\varphi & r\cos\theta\sin\varphi & r\sin\theta\cos\varphi \\ \cos\theta & -r\sin\theta & 0 \end{vmatrix}$$

$$= r^2(\sin^3\theta\sin^2\varphi + \cos^2\theta\sin\theta\cos^2\varphi + \cos^2\theta\sin\theta\sin^2\varphi + \sin^3\theta\cos^2\varphi)$$

$$= r^2\sin\theta$$

となる.

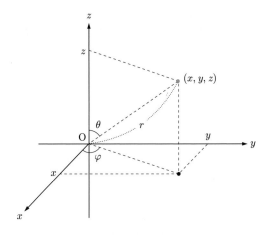

図 5.25　3 変数の極座標変換

解答終了

例 **5.4.5** $a > 0$ に対して，半径が a である球の体積を求めよ.

解答 半径が a である球の体積は

$$\iiint_U 1\,dxdydz, \qquad U = \{\,(x, y, z) \mid x^2 + y^2 + x^2 \leqq a^2\,\}$$

で求められる．U は空間の極座標変換

$$\begin{cases} x = r\sin\theta\cos\varphi \\ y = r\sin\theta\sin\varphi \\ z = r\cos\theta \end{cases}$$

により，$r\theta\varphi$-空間内の直方体

$$W = \{(r, \theta, \varphi) \mid 0 \leqq r \leqq a,\ 0 \leqq \theta \leqq \pi,\ 0 \leqq \varphi \leqq 2\pi\}$$

と対応している．

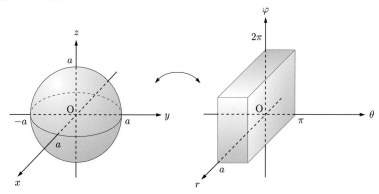

図 **5.26** U と W の図

また，例 5.4.4 より $J(r, \theta, \varphi) = r^2\sin\theta\ (\geqq 0)$ であるから

$$\iiint_U 1\,dxdydz = \iiint_W r^2\sin\theta\,drd\theta d\varphi = \int_0^a \left(\int_0^\pi \left(\int_0^{2\pi} r^2\sin\theta\,d\varphi \right) d\theta \right) dr$$

$$= \int_0^a \left(\int_0^\pi 2\pi r^2\sin\theta\,d\theta \right) dr = 2\pi \int_0^a \left[-r^2\cos\theta \right]_0^\pi dr$$

$$= 2\pi \int_0^a 2r^2\,dr = 4\pi \left[\frac{r^3}{3} \right]_0^a = \frac{4\pi a^3}{3}$$

となる．　　　　　　　　　　　　　　　　　　　　　　　　　　解答終了

例 **5.4.6**　$a > 0$ に対して
$$U = \{(x, y, z) \mid x^2 + y^2 + z^2 \leqq a^2,\ x \geqq 0,\ y \geqq 0,\ z \geqq 0\}$$
であるとき，次の 3 重積分を求めよ.
$$\iiint_U xyz\, dxdydz$$

解答　U は空間の極座標変換
$$\begin{cases} x = r\sin\theta\cos\varphi \\ y = r\sin\theta\sin\varphi \\ z = r\cos\theta \end{cases}$$
により，$r\theta\varphi$-空間内の直方体
$$W = \left\{(r, \theta, \varphi)\ \middle|\ 0 \leqq r \leqq a,\ 0 \leqq \theta \leqq \frac{\pi}{2},\ 0 \leqq \varphi \leqq \frac{\pi}{2}\right\}$$
と対応している.

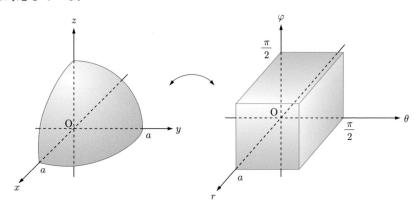

図 **5.27**　U と W の図

また，例 5.4.4 より $J(r, \theta, \varphi) = r^2 \sin\theta\ (\geqq 0)$ であるから

$$\iiint_U xyz\,dxdydz = \iiint_W (r\sin\theta\cos\varphi)(r\sin\theta\sin\varphi)(r\cos\theta)r^2\sin\theta\,drd\theta d\varphi$$

$$= \iiint_W r^5\sin^3\theta\cos\theta\sin\varphi\cos\varphi\,drd\theta d\varphi$$

$$= \int_0^a \left(\int_0^{\frac{\pi}{2}} \left(\int_0^{\frac{\pi}{2}} r^5\sin^3\theta\cos\theta\sin\varphi\cos\varphi\,d\varphi \right) d\theta \right) dr$$

$$= \int_0^a \left(\int_0^{\frac{\pi}{2}} \left[\frac{1}{2}r^5\sin^3\theta\cos\theta\sin^2\varphi \right]_0^{\frac{\pi}{2}} d\theta \right) dr$$

$$= \int_0^a \left(\int_0^{\frac{\pi}{2}} \frac{1}{2}r^5\sin^3\theta\cos\theta\,d\theta \right) dr$$

$$= \int_0^a \left[\frac{1}{8}r^5\sin^4\theta \right]_0^{\frac{\pi}{2}} dr = \int_0^a \frac{1}{8}r^5 dr = \frac{a^6}{48}$$

である.   解答終了

問 5.4.2 $a > 0$ を定数とする. このとき, 次の ３ 重積分を求めよ.

(1) $\displaystyle\iiint_U \sqrt{x^2+y^2+z^2}\,dxdydz, \quad U = \{(x,y,z)\,|\,x^2+y^2+z^2 \leqq a^2\}$

(2) $\displaystyle\iiint_U (x+y+z)\,dxdydz,$
$$U = \{(x,y,z)\,|\,x^2+y^2+z^2 \leqq a^2,\ x \geqq 0,\ y \geqq 0,\ z \geqq 0\}$$

演習問題 5

【A】

1. 次の閉集合 D を図示し，縦線集合または横線集合の形で表せ．

(1) $D = \{(x, y) \mid x^2 \leqq y \leqq 4x\}$

(2) $D = \{(x, y) \mid y - 2 \leqq x, \ x^2 \leqq y\}$

(3) D は2直線 $y = 2x + 4$, $3y = -x + 12$ と x 軸で囲まれた図形．

(4) D は3直線 $y = x + 4$, $3y = -x + 3$, $y = -1$ で囲まれた図形．

(5) D は直線 $y = x + 2$ と曲線 $y^2 = -x$ で囲まれた図形．

2. 次の閉集合 D を図示せよ．

(1) $D = \{(x, y) \mid 0 \leqq x - y \leqq 1, \ 0 \leqq x + 2y \leqq 1\}$

(2) $D = \{(x, y) \mid 4 \leqq x^2 + y^2 \leqq 9\}$

(3) $D = \{(x, y) \mid x^2 + y^2 \leqq 4, \ x \leqq y\}$

(4) $D = \{(x, y) \mid x^2 + y^2 \leqq 2x\}$

(5) $D = \left\{(r, \theta) \ \middle| \ 0 \leqq \theta \leqq \dfrac{\pi}{2}, \ 0 \leqq r \leqq \sin\theta \right\}$

3. 積分領域 D を図示し，2重積分を求めよ．

(1) $\displaystyle\iint_D 2xy \, dxdy,$ $\quad D = \{(x, y) \mid -1 \leqq x \leqq 3, \ 1 \leqq y \leqq 3\}$

(2) $\displaystyle\iint_D \sin(x + y) \, dxdy,$ $\quad D = \left\{(x, y) \ \middle| \ 0 \leqq x \leqq \dfrac{\pi}{2}, \ 0 \leqq y \leqq \dfrac{\pi}{2} \right\}$

(3) $\displaystyle\iint_D x \log(xy) \, dxdy,$ $\quad D = \{(x, y) \mid 1 \leqq x \leqq e, \ e \leqq y \leqq e^2\}$

4. 積分領域 D を図示し，2重積分を求めよ．

(1) $\displaystyle\iint_D x^3 y \, dxdy,$ $\quad D = \{(x, y) \mid 0 \leqq x \leqq 1, \ 0 \leqq y \leqq 1 - x\}$

(2) $\displaystyle\iint_D (x^2 - 2y) \, dxdy,$ $\quad D = \{(x, y) \mid x^2 + 1 \leqq y \leqq x + 1\}$

(3) $\displaystyle\iint_D x^2 \, dxdy,$ $\quad D = \{(x, y) \mid -1 \leqq y \leqq 1, \ y \leqq x \leqq y + 1\}$

(4) $\displaystyle\iint_D \dfrac{y^2}{x^2} e^{y^2} \, dxdy,$ $\quad D = \left\{(x, y) \ \middle| \ 1 \leqq y \leqq 2, \ \dfrac{1}{2}y \leqq x \leqq y \right\}$

(5) $\displaystyle\iint_D x^2 y \, dxdy,$ $\quad D = \{(x, y) \mid 1 \leqq x \leqq 2, \ 1 \leqq xy \leqq 2\}$

(6) $\displaystyle\iint_D x^2 y\,dxdy,$ $D = \{(x,y)\,|\,0 \le x \le \sqrt{y},\ x+y \le 6\}$

(7) $\displaystyle\iint_D \sin y\,dxdy,$ $D = \left\{(x,y)\,\middle|\,0 \le x \le \pi,\ \dfrac{\pi}{2} - x \le y \le \pi + x\right\}$

(8) $\displaystyle\iint_D \sin(x+y)\,dxdy,$ $D = \{(x,y)\,|\,0 \le x \le \pi,\ 0 \le y \le \pi - x\}$

(9) $\displaystyle\iint_D \cos x \sin y\,dxdy,$ $D = \left\{(x,y)\,\middle|\,0 \le x \le \dfrac{\pi}{4},\ 0 \le y \le x\right\}$

(10) $\displaystyle\iint_D x\cos(x+y)\,dxdy,$ $D = \left\{(x,y)\,\middle|\,0 \le x \le \dfrac{\pi}{4},\ 0 \le y \le \dfrac{\pi}{4} - x\right\}$

(11) $\displaystyle\iint_D e^y \cos x\,dxdy,$ $D = \left\{(x,y)\,\middle|\,0 \le x \le \dfrac{\pi}{3},\ 0 \le y \le \sin x\right\}$

(12) $\displaystyle\iint_D x\,dxdy,$
D は 2 直線 $y = x+1$, $y = -x+3$ と x 軸で囲まれた図形.

(13) $\displaystyle\iint_D (x+y)\,dxdy,$
D は 3 直線 $x+y+1=0$, $-2x+y+4=0$, $x+3y-2=0$ で囲まれた図形.

(14) $\displaystyle\iint_D xy\,dxdy,$
D は 2 曲線 $y = x^2$ と $y^2 = 8x$ で囲まれた図形.

5. 次の累次積分の積分順序を交換して 2 重積分を求めよ.

(1) $\displaystyle\int_0^1 \left(\int_0^{\sqrt{x}} \dfrac{1}{y^2+1}\,dy\right)dx$ (2) $\displaystyle\int_0^1 \left(\int_{4x}^4 e^{-y^2}\,dy\right)dx$

(3) $\displaystyle\int_0^\pi \left(\int_y^\pi \dfrac{\sin x}{x}\,dx\right)dy$ (4) $\displaystyle\int_0^1 \left(\int_{\sqrt{y}}^1 \sin(x^3+1)\,dx\right)dy$

6. 積分領域 D を図示し，2 重積分を求めよ.

(1) $\displaystyle\iint_D (x-y)(2x+y)^2\,dxdy,$ $D = \{(x,y)\,|\,0 \le x-y \le 1,\ -1 \le 2x+y \le 1\}$

(2) $\displaystyle\iint_D \dfrac{2x+y}{x-3y}\,dxdy,$ $D = \{(x,y)\,|\,1 \le 2x+y \le 2,\ 1 \le x-3y \le 3\}$

(3) $\displaystyle\iint_D x^2\,dxdy,$ $D = \{(x,y)\,|\,-1 \le x+y \le 0,\ 0 \le x-y \le 3\}$

(4) $\displaystyle\iint_D y e^{x-y}\,dxdy,$ $D = \{(x,y)\,|\,0 \le x+3y \le 3,\ 1 \le x-y \le 2\}$

(5) $\displaystyle\iint_D \sin y\,dxdy,$ $D = \left\{(x,y)\,\middle|\,0 \le x+2y \le \pi,\ 0 \le x-y \le \dfrac{\pi}{2}\right\}$

(6) $\displaystyle\iint_D (x+y)^2\,dxdy,$ $D = \{(x,y)\,|\,1 \le 2x+y \le 3,\ 2 \le x+2y \le 4\}$

(7) $\displaystyle\iint_D x\log(x-4y)\,dxdy,$ $\qquad D=\{(x,y)\,|\,1\leqq x-4y\leqq e,\ 0\leqq x+y\leqq e\}$

(8) $\displaystyle\iint_D (x+y)\,dxdy,$ $\qquad D=\{(x,y)\,|\,x^2+y^2\leqq 1\}$

(9) $\displaystyle\iint_D xy\,dxdy,$ $\qquad D=\{(x,y)\,|\,x^2+y^2\leqq 4,\ x\geqq 0,\ y\geqq 0\}$

(10) $\displaystyle\iint_D e^{x^2+y^2}\,dxdy,$ $\qquad D=\{(x,y)\,|\,1\leqq x^2+y^2\leqq 9\}$

(11) $\displaystyle\iint_D \log(x^2+y^2)\,dxdy,$ $\qquad D=\{(x,y)\,|\,1\leqq x^2+y^2\leqq e^2\}$

(12) $\displaystyle\iint_D \frac{y}{x}\,dxdy,$ $\qquad D=\{(x,y)\,|\,1\leqq x^2+y^2\leqq 4,\ 0\leqq y\leqq x\}$

(13) $\displaystyle\iint_D x\sqrt{9-x^2-y^2}\,dxdy,$ $\quad D=\{(x,y)\,|\,x^2+y^2\leqq 9,\ x\geqq 0\}$

(14) $\displaystyle\iint_D \frac{1}{\sqrt{9-x^2-y^2}}\,dxdy,$ $\quad D=\{(x,y)\,|\,x^2+y^2\leqq 5,\ 0\leqq x+y\}$

(15) $\displaystyle\iint_D \sqrt{4-x^2-y^2}\,dxdy,$ $\quad D=\{(x,y)\,|\,1\leqq x^2+y^2\leqq 4,\ 0\leqq x+y\}$

(16) $\displaystyle\iint_D \frac{y}{\sqrt{4-x^2-y^2}}\,dxdy,$ $\quad D=\{(x,y)\,|\,x^2+y^2\leqq 1,\ y\geqq 0\}$

(17) $\displaystyle\iint_D \frac{1}{x^2+y^2+9}\,dxdy,$ $\quad D=\{(x,y)\,|\,x^2+y^2\leqq 9,\ 0\leqq x+y\}$

(18) $\displaystyle\iint_D \frac{x}{x^2+y^2+9}\,dxdy,$ $\quad D=\{(x,y)\,|\,x^2+y^2\leqq 9,\ x+y\leqq 0\}$

7. 次の 3 重積分を求めよ. ただし, $a>0$ とする.

(1) $\displaystyle\iiint_U (x+y)z\,dxdydz,$

$\qquad U=\{(x,y,z)\,|\,(x,y)\in D,\ x+y\leqq z\leqq 3\},$

$\qquad D=\{(x,y)\,|\,0\leqq x\leqq 1,\ x\leqq y\leqq 2x\}$

(2) $\displaystyle\iiint_U x^2 e^z\,dxdydz,$

$\qquad U=\{(x,y,z)\,|\,(x,y)\in D,\ 0\leqq z\leqq xy\},$

$\qquad D=\{(x,y)\,|\,0\leqq x\leqq 1,\ x\leqq y\leqq 1\}$

(3) $\displaystyle\iiint_U \sin(x+y+z)\,dxdydz,$

$\qquad U=\left\{(x,y,z)\,\middle|\,x+y+z\leqq \dfrac{\pi}{2},\ x\geqq 0,\ y\geqq 0,\ z\geqq 0\right\}$

(4) $\displaystyle\iiint_U e^z\,dxdydz,$

$\qquad U=\{(x,y,z)\,|\,6x+4y+3z\leqq 12,\ x\geqq 0,\ y\geqq 0,\ z\geqq 0\}$

(5) $\displaystyle\iiint_U yz\,dxdydz,$

$$U = \{(x,y,z)\,|\,\sqrt{x^2+y^2} \leqq z \leqq 2\}$$

(6) $\displaystyle\iiint_U (x+y+z)\,dxdydz,$

$$U = \{(x,y,z)\,|\,x+y+z \leqq 1,\ x \geqq 0,\ y \geqq 0,\ z \geqq 0\}$$

【B】

1. 積分領域 D を図示し，2 重積分を求めよ．ただし，$a>0, b>0$ とする．

(1) $\displaystyle\iint_D (x^2+y^2)\,dxdy,$ $D = \left\{(x,y)\,\Big|\,\dfrac{x^2}{a^2}+\dfrac{y^2}{b^2} \leqq 1\right\}$

(2) $\displaystyle\iint_D x^2\,dxdy,$ $D = \{(x,y)\,|\,x^2+y^2 \leqq 2y\}$

(3) $\displaystyle\iint_D (x^2+y^2)\,dxdy,$ $D = \{(x,y)\,|\,(x-1)^2+y^2 \leqq 1\}$

(4) $\displaystyle\iint_D x\,dxdy,$ $D = \{(x,y)\,|\,(x-3)^2+y^2 \leqq 9,\ y \geqq 0\}$

(5) $\displaystyle\iint_D \sqrt{x^2+y^2}\,dxdy,$ $D = \{(x,y)\,|\,ax \leqq x^2+y^2 \leqq a^2,\ x \geqq 0,\ y \geqq 0\}$

(6) $\displaystyle\iint_D \dfrac{1}{x^2}\,dxdy,$ $D = \left\{(x,y)\,|\,1 \leqq y-\dfrac{1}{x} \leqq 2,\ 3 \leqq y+\dfrac{1}{x} \leqq 4\right\}$

2. 次の立体の体積を求めよ．ただし，$a>0, b>0, c>0$ とする．

(1) 曲面 $z = a-\sqrt{x^2+y^2}$ と平面 $z=0$ で囲まれた部分（円錐）．

(2) 曲面 $z = x^2+y^2$ と平面 $z=a^2$ で囲まれた部分．

(3) 2 曲面 $z = x^2+y^2+4,\ z = 2x^2+5y^2$ で囲まれた部分．

(4) 曲面 $\dfrac{x^2}{a^2}+\dfrac{y^2}{b^2}+\dfrac{z^2}{c^2} \leqq 1$ で囲まれた部分（楕円体）．

(5) 2 つの円柱面 $x^2+y^2=a^2,\ y^2+z^2=a^2$ で囲まれた部分．

級　数

第 1 章で等比級数，第 2 章ではテイラー級数について簡単に述べたが，ここではより詳しく級数について論じる．べき級数に対する項別微分・項別積分の定理は，今後学ぶフーリエ級数や複素関数論などで必須となる重要な定理である．

本書を何冊も積み重ねている．一番上の本と一番下の本は 1 冊分以上ずれているのがわかる．なぜこのようなことが可能なのか．その理由には級数の発散が関係している．（ⓒ 学術図書出版社）

6.1 級数

6.1.1 定義と基本的性質

数列 $\{a_n\}$ に対して

$$\sum_{n=1}^{\infty} a_n = a_1 + a_2 + \cdots + a_n + \cdots$$

を級数という．部分和 $S_n = a_1 + a_2 + \cdots + a_n$ からなる数列 $\{S_n\}$ が S に収束するとき，**級数 $\displaystyle\sum_{n=1}^{\infty} a_n$ は収束する**という．このとき S を級数の和とよび $S = \displaystyle\sum_{n=1}^{\infty} a_n$ と書く．収束しないとき級数は**発散する**という．

級数が収束するとき，その和が具体的に求められればよいのだが，実際には困難な場合が多い．それでも応用上，級数が収束するかどうかを判定することは重要である．次の例はすでに例 1.5.6 で示したが，これからの議論で重要な役割を果たすので，あらためて挙げておく．

例 6.1.1　等比級数 $\displaystyle\sum_{n=0}^{\infty} r^n$ は，公比 r が $-1 < r < 1$ のとき収束して，和は

$$1 + r + r^2 + r^3 + \cdots + r^n + \cdots = \sum_{n=1}^{\infty} r^{n-1} = \frac{1}{1-r}$$

となる．それ以外のとき発散する．

また，ここで定理 1.5.5 をあらためて述べ，証明を与える．

定理 6.1.1　級数 $\displaystyle\sum_{n=1}^{\infty} a_n, \sum_{n=1}^{\infty} b_n$ がともに収束するならば

$$\sum_{n=1}^{\infty} (ka_n + \ell b_n) = k\sum_{n=1}^{\infty} a_n + \ell \sum_{n=1}^{\infty} b_n \qquad (k, \ell \text{ は定数})$$

が成り立つ．

証明　部分和について

$$\sum_{i=1}^{n}(ka_i + \ell b_i) = k\sum_{i=1}^{n}a_i + \ell\sum_{i=1}^{n}b_i$$

が成り立つから，あとは極限の性質（定理 1.5.1）から明らかである．　**証明終了**

注意　和の級数 $\sum_{n=1}^{\infty}(a_n + b_n)$ が収束するからといって，$\sum_{n=1}^{\infty}a_n$, $\sum_{n=1}^{\infty}b_n$ がそれぞれ収束するとは限らない．たとえば，$a_n = \dfrac{1-3^n}{2^n}$, $b_n = \dfrac{3^n}{2^n}$ について考えてみよ．

定理 6.1.2　次が成り立つ．

(1) 級数 $\displaystyle\sum_{n=1}^{\infty}a_n$ が収束するならば，$\displaystyle\lim_{n\to\infty}a_n = 0$ である．

(2) $\displaystyle\lim_{n\to\infty}a_n \neq 0$ ならば，級数 $\displaystyle\sum_{n=1}^{\infty}a_n$ は発散する．

証明　(1) $S = \sum_{n=1}^{\infty}a_n, S_n = \sum_{i=1}^{n}a_i$ とすると，$S_n = S_{n-1} + a_n$ であるから

$$a_n = S_n - S_{n-1} \longrightarrow S - S = 0 \quad (n\to\infty)$$

となる．

(2) (1) の対偶であるから (2) も成り立つ．　**証明終了**

注意　$\displaystyle\lim_{n\to\infty}a_n = 0$ であっても，級数 $\displaystyle\sum_{n=1}^{\infty}a_n$ が収束するとは限らない．たとえば，あとの例 6.1.4 を見よ．

例 6.1.2　級数 $\displaystyle\sum_{n=1}^{\infty}\dfrac{n}{3n+2}$ が収束するかどうか調べよ．

解答　$a_n = \dfrac{n}{3n+2} = \dfrac{1}{3+\dfrac{2}{n}} \longrightarrow \dfrac{1}{3} \neq 0 \quad (n\to\infty)$

であるから，この級数は発散する．　**解答終了**

問 6.1.1 次の級数の和を求めよ.

(1) $\displaystyle\sum_{n=1}^{\infty} \frac{2^n - 4^n}{5^n}$ 　　(2) $\displaystyle\sum_{n=1}^{\infty} \frac{3^{n+1} + (-2)^n}{4^n}$ 　　(3) $\displaystyle\sum_{n=1}^{\infty} \frac{1}{n(n+1)}$

(4) $\displaystyle\sum_{n=1}^{\infty} \frac{1}{n(n+2)}$ 　　(5) $\displaystyle\sum_{n=1}^{\infty} \frac{1}{n^2 + 5n + 4}$

問 6.1.2 次の級数は発散することを示せ.

(1) $\displaystyle\sum_{n=1}^{\infty} \frac{n^2 - 3n + 1}{(n+1)(2n-1)}$ 　　(2) $\displaystyle\sum_{n=1}^{\infty} n\left(\sqrt{n^2 + 1} - \sqrt{n^2 - 1}\right)$

(3) $\displaystyle\sum_{n=1}^{\infty} n \log\left(1 + \frac{1}{n}\right)$ 　　(4) $\displaystyle\sum_{n=1}^{\infty} n \sin\frac{1}{n}$

6.1.2 収束の判定 I

　以下, 級数のさまざまな収束判定法を学ぶが, 次の定理はその基本となる定理である.

> **定理 6.1.3** すべての n に対して $a_n \geqq 0$ であり, 部分和 $S_n = \displaystyle\sum_{k=1}^{n} a_k$ が上に有界ならば, 級数 $\displaystyle\sum_{n=1}^{\infty} a_n$ は収束する.

証明 $a_n \geqq 0$ であるから数列 $\{S_n\}$ は増加列である. したがって, 定理 1.5.4 より数列 $\{S_n\}$ は収束する. 　　　　　　　　　　　　　　　　　　**証明終了**

> **例 6.1.3** 級数 $\displaystyle\sum_{n=1}^{\infty} \frac{1}{n^2(n^2+1)}$ が収束することを示せ.

解答 すべての n に対して $\dfrac{1}{n^2(n^2+1)} > 0$ であり, また

$$S_n = \sum_{k=1}^{n} \frac{1}{k^2(k^2+1)} = \sum_{k=1}^{n} \left(\frac{1}{k^2} - \frac{1}{k^2+1}\right)$$

$$< \sum_{k=1}^{n} \left(\frac{1}{k^2} - \frac{1}{(k+1)^2}\right) = 1 - \frac{1}{(n+1)^2} < 1$$

であるから定理 6.1.3 より収束する. 　　　　　　　　　　　　　　　　　**解答終了**

定理 6.1.4（積分判定法 (integral test)）

関数 $f(x)$ が区間 $[1,\infty)$ において $f(x) > 0$ かつ単調減少であるとする．このとき，級数 $\displaystyle\sum_{n=1}^{\infty} f(n)$ の収束・発散は，広義積分 $\displaystyle\int_1^{\infty} f(x)\,dx$ の収束・発散と一致する．

証明　広義積分 $\displaystyle\int_1^{\infty} f(x)\,dx$ が収束するとき，各 n に対して $f(n) > 0$ であり，下図左より

$$\sum_{k=1}^{n} f(k) < f(1) + \int_1^{n} f(x)\,dx < f(1) + \int_1^{\infty} f(x)\,dx < \infty$$

となる．したがって，定理 6.1.3 より級数 $\displaystyle\sum_{n=1}^{\infty} f(n)$ は収束する．

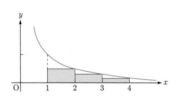

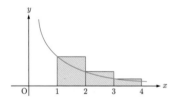

図 **6.1** $\displaystyle\int_1^{\infty} f(x)\,dx$ が収束する場合　　図 **6.2** $\displaystyle\int_1^{\infty} f(x)\,dx$ が発散する場合

一方，広義積分 $\displaystyle\int_1^{\infty} f(x)\,dx$ が発散するとき，上図右より

$$\sum_{k=1}^{n} f(k) > \int_1^{n+1} f(x)\,dx$$

となり，$\displaystyle\lim_{n\to\infty} \int_1^{n+1} f(x)\,dx = \infty$ と定理 1.5.2 より級数 $\displaystyle\sum_{n=1}^{\infty} f(n)$ は発散する．

証明終了

次の例は重要である．

例 **6.1.4** $s > 0$ に対して, 級数

$$1 + \frac{1}{2^s} + \frac{1}{3^s} + \frac{1}{4^s} + \cdots + \frac{1}{n^s} + \cdots = \sum_{n=1}^{\infty} \frac{1}{n^s}$$

は, $s > 1$ のとき収束し, $0 < s \leqq 1$ のとき発散する.

解答 $f(x) = \dfrac{1}{x^s}$ とおくと, $f(x)$ は区間 $[1, \infty)$ において $f(x) > 0$ かつ単調減少であり

$$\sum_{n=1}^{\infty} \frac{1}{n^s} = \sum_{n=1}^{\infty} f(n)$$

となる. また, 例 3.6.2 より広義積分 $\displaystyle\int_1^{\infty} f(x)\, dx$ は $s > 1$ のとき収束し, $0 < s \leqq 1$ のとき発散する. したがって, 定理 6.1.4 より級数 $\displaystyle\sum_{n=1}^{\infty} \frac{1}{n^s}$ も $s > 1$ のとき収束し, $0 < s \leqq 1$ のとき発散する. **解答終了**

注意 定理 6.1.4 は, 区間 $[1, \infty)$ を $[M, \infty)$ (M は任意の正の数) に置き換えても成り立つ.

問 6.1.3 次の級数の収束・発散を積分判定法で調べよ.

(1) $\displaystyle\sum_{n=1}^{\infty} \frac{1}{n^2 + 3}$ (2) $\displaystyle\sum_{n=1}^{\infty} n e^{-n}$ (3) $\displaystyle\sum_{n=1}^{\infty} \frac{\log n}{n}$

定理 6.1.5 (比較判定法 (comparison test))

級数 $\displaystyle\sum_{n=1}^{\infty} a_n$, $\displaystyle\sum_{n=1}^{\infty} b_n$ の各項が, ある正の数 K に対して

$$(*) \quad 0 \leqq a_n \leqq K b_n \quad (n = 1, 2, 3, \cdots)$$

を満たすとする. このとき

(1) 級数 $\displaystyle\sum_{n=1}^{\infty} b_n$ が収束するならば $\displaystyle\sum_{n=1}^{\infty} a_n$ も収束する.

(2) 級数 $\displaystyle\sum_{n=1}^{\infty} a_n$ が発散するならば $\displaystyle\sum_{n=1}^{\infty} b_n$ も発散する.

証明 　(1) $T = \sum\limits_{n=1}^{\infty} b_n$ とおく. このとき, すべての n に対して $a_n \geqq 0$ であり,また

$$S_n = \sum_{i=1}^{n} a_i \leqq \sum_{i=1}^{n} K b_i \leqq KT < \infty$$

であるから定理 6.1.3 によって $\sum\limits_{n=1}^{\infty} a_n$ は収束する.

(2) (1) の対偶であるから (2) も成り立つ.　　　　　　　　証明終了

注意　実は (*) の条件は, ある番号より大きいすべての n で満たされていればよい.

例 6.1.5　次の級数の収束・発散を調べよ.

(1) $\sum\limits_{n=1}^{\infty} \dfrac{\sqrt{n}}{n+1}$　　(2) $\sum\limits_{n=1}^{\infty} \dfrac{n+3}{n^2(\sqrt{n}+1)}$　　(3) $\sum\limits_{n=1}^{\infty} \sin \dfrac{1}{n^2}$

解答 　(1) すべての n に対して

$$\frac{\sqrt{n}}{n+1} \geqq \frac{\sqrt{n}}{n+n} = \frac{1}{2\sqrt{n}} > 0$$

であり, $\sum\limits_{n=1}^{\infty} \dfrac{1}{n^{\frac{1}{2}}}$ は例 6.1.4 から発散する. よって, 比較判定法から級数 $\sum\limits_{n=1}^{\infty} \dfrac{\sqrt{n}}{n+1}$ は発散する.

(2) すべての n に対して

$$0 < \frac{n+3}{n^2(\sqrt{n}+1)} < \frac{n+3}{n^2\sqrt{n}} \leqq \frac{4n}{n^2\sqrt{n}} = 4\frac{1}{n\sqrt{n}}$$

であり, 級数 $\sum\limits_{n=1}^{\infty} \dfrac{1}{n^{\frac{3}{2}}}$ は例 6.1.4 から収束する. よって, 比較判定法から級数 $\sum\limits_{n=1}^{\infty} \dfrac{n+3}{n^2(\sqrt{n}+1)}$ は収束する.

(3) $0 < x < \pi$ のとき $0 < \sin x < x$ に注意すると, $0 < \sin \dfrac{1}{n^2} < \dfrac{1}{n^2}$ であり, $\sum\limits_{n=1}^{\infty} \dfrac{1}{n^2}$ は例 6.1.4 から収束するので, 比較判定法より $\sum\limits_{n=1}^{\infty} \sin \dfrac{1}{n^2}$ は収束する.

解答終了

問 6.1.4 次の級数の収束・発散を調べよ.

(1) $\displaystyle\sum_{n=1}^{\infty} \frac{2n}{2n^2 + 3n + 1}$ (2) $\displaystyle\sum_{n=1}^{\infty} \frac{\sqrt[3]{n}}{n^2 + 4}$ (3) $\displaystyle\sum_{n=1}^{\infty} \sin \frac{1}{n}$

(4) $\displaystyle\sum_{n=1}^{\infty} \frac{1}{\log (n + 1)}$ (5) $\displaystyle\sum_{n=1}^{\infty} \log \left(1 + \frac{1}{n^2}\right)$

余談　本はいくらでもずらして積める？

　級数 $1 + \dfrac{1}{2} + \dfrac{1}{3} + \cdots = \displaystyle\sum_{n=1}^{\infty} \dfrac{1}{n}$ は調和級数とよばれるが，例 6.1.4 より発散することが
わかっている．この「調和級数は発散する」という事実を使うと，本章のとびらの写真の
ように本をいくらでもずらして積めることが証明できる．積み重ねた本の山が崩れないた
めには，すべての本について，その上に乗っている本の山の重心がその本の上になければ
ならない．簡単のため本の幅を 1 とし，上から n 番目の本を a_n とすると，a_1 の重心は右
端から $\dfrac{1}{2}$ の位置にあるので，a_2 から右に $\dfrac{1}{2}$ だけせり出して重ねて置ける．またこのとき，
a_1 と a_2 の山の重心は a_2 の右端から $\dfrac{1}{4}$ の位置にあるので，a_3 から右に $\dfrac{1}{4}$ だけせり出し
て重ねて置ける．

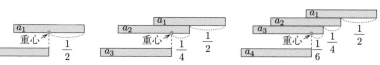

　以下同様に考えれば，a_1 から a_n までを崩れないぎりぎりの状態で重ねた山の重心は，
a_n の右端から $\dfrac{1}{2n}$ の位置にある（重心の位置を求める計算は読者に任せる）ので，a_{n+1} の
右端から $\dfrac{1}{2n}$ だけせり出して重ねて置ける．このように積み重ねたとき，a_1 と a_n の（水
平方向の）差は $\dfrac{1}{2} + \dfrac{1}{4} + \dfrac{1}{6} + \cdots + \dfrac{1}{2n} = \dfrac{1}{2}\displaystyle\sum_{k=1}^{n} \dfrac{1}{k}$ であり，調和級数が発散するため，こ
の値は n を大きくすればいくらでも大きくなるのである．積むときは下の段から積んでい
くが，積み方を上の段から決めていくのがポイントである．

6.1.3　絶対収束・条件収束

$a_n > 0 \ (n = 1, 2, 3, \cdots)$ である数列 $\{a_n\}$ に対して，級数

$$\sum_{n=1}^{\infty}(-1)^{n-1}a_n = a_1 - a_2 + a_3 - a_4 + a_5 - a_6 + \cdots$$

を交項級数 (alternating series) という．交項級数について次の定理が成り立つ．

> **定理 6.1.6**　数列 $\{a_n\}$ が次の2つの条件
> (1) $\{a_n\}$ は正の減少列：$a_1 \geqq a_2 \geqq \cdots \geqq a_n \geqq a_{n+1} \geqq \cdots > 0$
> (2) $a_n \longrightarrow 0 \ (n \to \infty)$
> を満たすとする．このとき，交項級数 $\displaystyle\sum_{n=1}^{\infty}(-1)^{n-1}a_n$ は収束する．

証明　部分和を $S_n = \displaystyle\sum_{i=1}^{n}(-1)^{i-1}a_i$ とおく．このとき

$$S_{2n} = a_1 - a_2 + a_3 - a_4 + \cdots + a_{2n-1} - a_{2n}$$

$$= (a_1 - a_2) + (a_3 - a_4) + \cdots + (a_{2n-1} - a_{2n})$$

であるから，数列 $\{S_{2n}\}_{n=1}^{\infty}$ は増加列である．一方

$$S_{2n} = a_1 - (a_2 - a_3) - (a_4 - a_5) - \cdots - (a_{2n-2} - a_{2n-1}) - a_{2n} \leqq a_1$$

だから有界でもある．よって，定理 1.5.4 により，数列 $\{S_{2n}\}_{n=1}^{\infty}$ は収束することがわかる．$\{S_{2n}\}_{n=1}^{\infty}$ の極限値を S とする．

次に

$$S_{2n+1} = S_{2n} + a_{2n+1} \longrightarrow S + 0 = S \quad (n \to \infty)$$

であるから，数列 $\{S_{2n+1}\}_{n=1}^{\infty}$ も S に収束する．したがって，$\{S_n\}_{n=1}^{\infty}$ は S に収束する．　　　　　　　　　　　　　　　　　　　　　　**証明終了**

> **例 6.1.6**　次の交項級数は収束することを示せ．
>
> $$1 - \frac{1}{2} + \frac{1}{3} - \frac{1}{4} + \frac{1}{5} - \frac{1}{6} + \cdots + (-1)^{n-1}\frac{1}{n} + \cdots = \sum_{n=1}^{\infty}(-1)^{n-1}\frac{1}{n}$$

解答　$a_n = \dfrac{1}{n}$ は定理 6.1.6 の2つの条件を満たすから収束する．　　**解答終了**

級数 $\displaystyle\sum_{n=1}^{\infty} a_n$ に対して，各項に絶対値を付けた級数 $\displaystyle\sum_{n=1}^{\infty} |a_n|$ が収束するとき，元

の級数 $\displaystyle\sum_{n=1}^{\infty} a_n$ は絶対収束 (absolutely convergent) するという．また，絶対収

束はしないが収束するとき条件収束 (conditionally convergent) するという．

例 6.1.7　次の級数について，絶対収束か条件収束か発散かを調べよ．

(1) $1 - \dfrac{1}{2^2} + \dfrac{1}{3^2} - \dfrac{1}{4^2} + \cdots + (-1)^{n-1}\dfrac{1}{n^2} + \cdots = \displaystyle\sum_{n=1}^{\infty} (-1)^{n-1}\dfrac{1}{n^2}$

(2) $1 - \dfrac{1}{2} + \dfrac{1}{3} - \dfrac{1}{4} + \cdots + (-1)^{n-1}\dfrac{1}{n} + \cdots = \displaystyle\sum_{n=1}^{\infty} (-1)^{n-1}\dfrac{1}{n}$

解答　(1)　この級数が収束することは定理 6.1.6 よりただちにわかる．また

$$\sum_{n=1}^{\infty} \left| (-1)^{n-1}\dfrac{1}{n^2} \right| = \sum_{n=1}^{\infty} \dfrac{1}{n^2}$$

であり，右辺の級数が収束することは例 6.1.4 からわかる．したがって，この級数
は絶対収束する．

(2)　この級数が収束することはすでに例 6.1.6 で示した．一方

$$\sum_{n=1}^{\infty} \left| (-1)^{n-1}\dfrac{1}{n} \right| = \sum_{n=1}^{\infty} \dfrac{1}{n}$$

であり，例 6.1.4 からこの右辺の級数は発散する．したがって，元の級数は絶対収
束しない．すなわち，この級数は条件収束する．　　　　　　　　　　**解答終了**

　絶対収束については次の定理が重要である．

定理 6.1.7　絶対収束する級数は収束する．

証明　各 n に対して，$-|a_n| \leqq a_n \leqq |a_n|$ であるから

$$0 \leqq \frac{1}{2}(|a_n| + a_n) \leqq |a_n|$$

$$0 \leqq \frac{1}{2}(|a_n| - a_n) \leqq |a_n|$$

が成り立つ．よって，比較判定法より，2 つの級数

$$\sum_{n=1}^{\infty} \frac{1}{2}(|a_n| + a_n) \text{ および } \sum_{n=1}^{\infty} \frac{1}{2}(|a_n| - a_n)$$

は収束する．したがって，定理 6.1.1 より

$$\sum_{n=1}^{\infty} a_n = \sum_{n=1}^{\infty} \left(\frac{1}{2}(|a_n| + a_n) - \frac{1}{2}(|a_n| - a_n) \right)$$

も収束する． 証明終了

例 6.1.8 級数 $\displaystyle\sum_{n=1}^{\infty} \frac{\sin n}{n^2}$ は収束することを示せ．

解答 $\left| \dfrac{\sin n}{n^2} \right| \leqq \dfrac{1}{n^2}$ であり，$\displaystyle\sum_{n=1}^{\infty} \frac{1}{n^2}$ は収束するので $\displaystyle\sum_{n=1}^{\infty} \left| \frac{\sin n}{n^2} \right|$ は収束する．すなわち，$\displaystyle\sum_{n=1}^{\infty} \frac{\sin n}{n^2}$ は絶対収束する．よって，定理 6.1.7 より級数は収束する．

解答終了

注意 実は定理 6.1.6 の (1) は，ある番号より大きいすべての n に対して成り立てばよい．

問 6.1.5 次の級数について，絶対収束か条件収束か発散かを調べよ．

(1) $\displaystyle\sum_{n=1}^{\infty} (-1)^{n-1} \frac{\sqrt{n}}{3n+5}$

(2) $\displaystyle\sum_{n=1}^{\infty} (-1)^{n-1} \frac{2}{n\sqrt{n}+1}$

(3) $\displaystyle\sum_{n=1}^{\infty} (-1)^{n-1} \left(\sqrt{n^3+3} - \sqrt{n^3+1} \right)$

(4) $\displaystyle\sum_{n=1}^{\infty} (-1)^{n-1} \sin \frac{1}{n}$

(5) $\displaystyle\sum_{n=1}^{\infty} (-1)^{n-1} n \sin \frac{1}{\sqrt{n}}$

(6) $\displaystyle\sum_{n=1}^{\infty} (-1)^{n-1} \log \left(1 + \frac{1}{n} \right)$

6.1.4 収束の判定 II

これから述べる 2 つの定理は，いずれも級数の収束・発散を判定するのに有効な定理である．

定理 **6.1.8**（ダランベールの判定法 (d'Alembert's ratio test)）

級数 $\displaystyle\sum_{n=1}^{\infty} a_n$ に対して

$$\lim_{n \to \infty} \left| \frac{a_{n+1}}{a_n} \right| = \ell$$

とする．このとき，$0 \leqq \ell < 1$ ならば絶対収束し，$1 < \ell \leqq \infty$ ならば発散する．

証明 $0 \leqq \ell < 1$ のとき，$\ell < r < 1$ となるような r を 1 つ定めると，十分大きな N が存在して $n \geqq N$ ならば

$$\left| \frac{a_{n+1}}{a_n} \right| \leqq r \quad \text{すなわち} \quad |a_{n+1}| \leqq r|a_n|$$

が成り立つとしてよい．よって

$$|a_{N+k}| \leqq r^k |a_N| \quad (k = 1, 2, 3, \cdots)$$

となる．ここで，$0 < r < 1$ であるから等比級数 $\displaystyle\sum_{k=1}^{\infty} r^k |a_N|$ は収束し，比較判定法

から級数 $\displaystyle\sum_{k=1}^{\infty} |a_{N+k}|$ も収束する．したがって

$$\sum_{n=1}^{\infty} |a_n| = \sum_{n=1}^{N} |a_n| + \sum_{k=1}^{\infty} |a_{N+k}|$$

は収束する．すなわち，$\displaystyle\sum_{n=1}^{\infty} a_n$ は絶対収束している．

一方，$1 < \ell \leqq \infty$ のとき，$1 < r < \ell$ となるような r を 1 つ定めると，十分大きな N が存在して $n \geqq N$ ならば

$$\left| \frac{a_{n+1}}{a_n} \right| \geqq r \quad \text{すなわち} \quad |a_{n+1}| \geqq r|a_n|$$

が成り立つとしてよい．このとき

$$|a_{N+k}| \geqq r^k |a_N| > |a_N| > 0 \quad (k = 1, 2, 3, \cdots)$$

であるから

$$\lim_{n \to \infty} a_n = \lim_{k \to \infty} a_{N+k} \neq 0$$

となり，定理 6.1.2 (2) より級数は発散する． **証明終了**

注意　$\ell = 1$ のとき，この判定法は適用できない．$a_n = \dfrac{1}{n^s}$ とおくと，任意の $s > 0$ に対して

$$\left|\frac{a_{n+1}}{a_n}\right| = \left|\frac{\dfrac{1}{(n+1)^s}}{\dfrac{1}{n^s}}\right| = \left(\frac{n}{n+1}\right)^s = \left(\frac{1}{1+\dfrac{1}{n}}\right)^s \longrightarrow 1 \quad (n \to \infty)$$

である．しかしながら，例 6.1.4 により，級数は $s > 1$ ならば収束し，$0 < s \leqq 1$ ならば発散する．

例 6.1.9　次の級数の収束・発散を調べよ．

(1) $\displaystyle\sum_{n=1}^{\infty} \frac{3^n}{n2^n}$　　(2) $\displaystyle\sum_{n=1}^{\infty}(-1)^{n-1}\frac{n^3}{2^n}$　　(3) $\displaystyle\sum_{n=1}^{\infty}\frac{n!}{n^n}$

解答　(1) $a_n = \dfrac{3^n}{n2^n}$ とおくと

$$\left|\frac{a_{n+1}}{a_n}\right| = \left|\frac{\dfrac{3^{n+1}}{(n+1)2^{n+1}}}{\dfrac{3^n}{n2^n}}\right| = \frac{3n}{2(n+1)} = \frac{3}{2}\frac{n}{n+1} \longrightarrow \frac{3}{2} \quad (n \to \infty)$$

であるから定理 6.1.8 より発散する．

(2) $a_n = (-1)^{n-1}\dfrac{n^3}{2^n}$ とおくと

$$\left|\frac{a_{n+1}}{a_n}\right| = \left|\frac{(-1)^n\dfrac{(n+1)^3}{2^{n+1}}}{(-1)^{n-1}\dfrac{n^3}{2^n}}\right| = \frac{1}{2}\left(\frac{n+1}{n}\right)^3 \longrightarrow \frac{1}{2} \quad (n \to \infty)$$

であるから定理 6.1.8 より絶対収束する．

(3) $a_n = \dfrac{n!}{n^n}$ とおくと

$$\left|\frac{a_{n+1}}{a_n}\right| = \left|\frac{\dfrac{(n+1)!}{(n+1)^{n+1}}}{\dfrac{n!}{n^n}}\right| = \frac{n^n}{(n+1)^n} = \frac{1}{\left(1+\dfrac{1}{n}\right)^n} \longrightarrow \frac{1}{e} \quad (n \to \infty)$$

であるから定理 6.1.8 より絶対収束する．　　　　　　　　　　　解答終了

定理 6.1.9 (コーシーの判定法 (Cauchy's root test))

級数 $\displaystyle\sum_{n=1}^{\infty} a_n$ に対して

$$\lim_{n \to \infty} \sqrt[n]{|a_n|} = \ell$$

とする．このとき，$0 \leqq \ell < 1$ ならば絶対収束し，$1 < \ell \leqq \infty$ ならば発散する．

証明　$0 \leqq \ell < 1$ のとき，$\ell < r < 1$ となるような r を 1 つ定めると，十分大きな N が存在して $n \geqq N$ ならば

$$\sqrt[n]{|a_n|} \leqq r \quad \text{すなわち} \quad |a_n| \leqq r^n$$

が成り立つとしてよい．ここで，$0 < r < 1$ であるから等比級数 $\displaystyle\sum_{n=N}^{\infty} r^n$ は収束し，比較判定法から級数 $\displaystyle\sum_{n=N}^{\infty} |a_n|$ も収束する．したがって，$\displaystyle\sum_{n=1}^{\infty} |a_n|$ も収束する．すなわち，$\displaystyle\sum_{n=1}^{\infty} a_n$ は絶対収束している．

　一方，$1 < \ell \leqq \infty$ のとき，$1 < r < \ell$ となるような r を 1 つ定めると，十分大きな N が存在して $n \geqq N$ ならば

$$\sqrt[n]{|a_n|} \geqq r \quad \text{すなわち} \quad |a_n| \geqq r^n > 1$$

が成り立つとしてよい．よって

$$\lim_{n \to \infty} a_n \neq 0$$

となり，定理 6.1.2 (2) より級数は発散する．　　　　　　　　　　証明終了

注意　定理 6.1.8 と同様，$\ell = 1$ のときこの判定法は適用できない．

　この定理を使う際に $\displaystyle\lim_{n \to \infty} \sqrt[n]{n} = \lim_{n \to \infty} n^{\frac{1}{n}} = 1$ に注意しておく．

例 6.1.10　次の級数の収束・発散を調べよ．

(1) $\displaystyle\sum_{n=1}^{\infty} \frac{n 2^n}{3^n}$ 　　(2) $\displaystyle\sum_{n=1}^{\infty} \left(\frac{3n-1}{2n+1} \right)^n$

解答　(1) 　　　　$\displaystyle\sqrt[n]{\frac{n 2^n}{3^n}} = \frac{2 \sqrt[n]{n}}{3} \longrightarrow \frac{2}{3} \quad (n \to \infty)$

であるから定理 6.1.9 により絶対収束する.

(2)
$$\sqrt[n]{\left(\frac{3n-1}{2n+1}\right)^n} = \frac{3n-1}{2n+1} \longrightarrow \frac{3}{2} \quad (n \to \infty)$$

であるから定理 6.1.9 により発散する.

解答終了

問 6.1.6 次の級数の収束・発散を調べよ.

(1) $\displaystyle\sum_{n=1}^{\infty} \frac{n}{2^n}$ (2) $\displaystyle\sum_{n=1}^{\infty} \frac{n^4}{3^n}$ (3) $\displaystyle\sum_{n=1}^{\infty} \frac{4^n}{n^4 3^n}$ (4) $\displaystyle\sum_{n=1}^{\infty} \frac{n^3}{3^n - n^2}$

(5) $\displaystyle\sum_{n=1}^{\infty} \frac{(2n^2+1)^n}{n^{2n}}$ (6) $\displaystyle\sum_{n=1}^{\infty} \left(\frac{2n^2+5n}{3n^2+2}\right)^{2n}$ (7) $\displaystyle\sum_{n=1}^{\infty} \left(1 - \frac{1}{n}\right)^{n^2}$

余談　ダランベール vs コーシー

定理 6.1.8 と定理 6.1.9 を見比べると，任意の数列 $\{a_n\}$ に対して
$$\lim_{n\to\infty} \left|\frac{a_{n+1}}{a_n}\right| = \lim_{n\to\infty} |a_n|^{\frac{1}{n}}$$
が成り立つと思うかもしれない．しかし，実際は
$$\lim_{n\to\infty} \left|\frac{a_{n+1}}{a_n}\right| = \ell \text{ ならば } \lim_{n\to\infty} |a_n|^{\frac{1}{n}} = \ell$$
は成立するが逆は成り立たないことがわかっている．つまり，ダランベールの判定法は適用できないが，コーシーの判定法は適用できるケースがあるのである．

たとえば，数列 $\{a_n\}$ を $a_n = \dfrac{2+(-1)^n}{2^n}$ で定めると，n が奇数のとき $a_n = \dfrac{1}{2^n}$ であり，n が偶数のとき $a_n = \dfrac{3}{2^n}$ である．したがって
$$\left|\frac{a_{n+1}}{a_n}\right| = \begin{cases} \dfrac{3}{2} & (n：奇数) \\ \dfrac{1}{6} & (n：偶数) \end{cases}$$
となり $\displaystyle\lim_{n\to\infty} \left|\frac{a_{n+1}}{a_n}\right|$ は存在しないので，ダランベールの判定法を用いて $\displaystyle\sum_{n=1}^{\infty} a_n$ の収束・発散を判定することはできない．一方，任意の自然数 n に対して
$$\frac{1}{2} \leqq |a_n|^{\frac{1}{n}} \leqq \frac{3^{\frac{1}{n}}}{2}$$
が成り立ち，$\displaystyle\lim_{n\to\infty} 3^{\frac{1}{n}} = 1$ であるので，はさみうちの原理より $\displaystyle\lim_{n\to\infty} |a_n|^{\frac{1}{n}} = \frac{1}{2} < 1$ となる．したがって，コーシーの判定法より $\displaystyle\sum_{n=1}^{\infty} a_n$ は収束することがわかる.

6.2　べき級数

2.7 節では関数 $f(x)$ が a の近くで無限回微分可能で, 剰余項 $R_n(x)$ が $n \to \infty$ のとき 0 に収束するならば $f(x) = \sum_{n=0}^{\infty} \dfrac{f^{(n)}(a)}{n!}(x-a)^n$ とテイラー級数で表すことができた. ここで, $c_n = \dfrac{f^{(n)}(a)}{n!}$ とおけば $f(x) = \sum_{n=0}^{\infty} c_n(x-a)^n$ と書ける.

この節では逆に, このような級数の形で与えられた関数の性質を考えよう.

6.2.1　べき級数と収束半径

級数

$$\sum_{n=0}^{\infty} c_n(x-a)^n$$

を中心 a, 係数 c_n のべき級数 (power series) という. ここで x は変数であるが, 固定して考えれば前節の級数の議論がそのまま適用できる.

注意　べき級数では添え字 n は 1 からではなく 0 から始まっていることが多い.

例 6.2.1　等比級数

$$1 + x + x^2 + x^3 + \cdots + x^n + \cdots = \sum_{n=0}^{\infty} x^n$$

は中心 0, 係数 $c_n = 1$ のべき級数である.

例 6.2.2　e^x のマクローリン級数

$$1 + x + \frac{1}{2!}x^2 + \frac{1}{3!}x^3 + \cdots + \frac{1}{n!}x^n + \cdots = \sum_{n=0}^{\infty} \frac{1}{n!}x^n$$

は中心 0, 係数 $c_n = \dfrac{1}{n!}$ のべき級数である.

べき級数は変数 x の値によって収束したり発散したりする. べき級数が収束する x の範囲ついては次の定理が成り立つ.

定理 6.2.1　べき級数 $\displaystyle\sum_{n=0}^{\infty} c_n(x-a)^n$ が $x_0\ (\neq a)$ で収束するならば, $|x-a| <$ $|x_0-a|$ を満たすすべての x で絶対収束する.

定理 6.2.1 の証明に次の定理を準備する.

定理 6.2.2　級数 $\displaystyle\sum_{n=0}^{\infty} a_n$ が収束するならば
$$|a_n| \leqq K \quad (n=0,1,2,\cdots)$$
となる正の数 K が存在する.

証明　級数が収束するから, $\displaystyle\lim_{n\to\infty} a_n = 0$ である. よって, ある N が存在して, $n \geqq N$ ならば
$$|a_n| \leqq 1$$
であるとしてよい. したがって, $K = \max\{1, |a_0|, |a_1|, |a_2|, \cdots, |a_{N-1}|\}$ とおけば, すべての n に対して $|a_n| \leqq K$ が成り立つ.　　　**証明終了**

定理 6.2.1 の証明　級数 $\displaystyle\sum_{n=0}^{\infty} c_n(x_0-a)^n$ が収束するので, 定理 6.2.2 によりある正の数 K が存在して
$$|c_n(x_0-a)^n| \leqq K \quad (n=0,1,2,\cdots)$$
が成り立つ. $|x-a| < |x_0-a|$ を満たすような x を 1 つ固定すると
$$|c_n(x-a)^n| = |c_n(x_0-a)^n|\left|\frac{x-a}{x_0-a}\right|^n \leqq K\left|\frac{x-a}{x_0-a}\right|^n$$
が成り立つ. x の選び方から $\left|\dfrac{x-a}{x_0-a}\right| < 1$ であるので, 等比級数 $\displaystyle\sum_{n=0}^{\infty} K\left|\frac{x-a}{x_0-a}\right|^n$ は収束する. よって, 比較判定法から級数 $\displaystyle\sum_{n=0}^{\infty}|c_n(x-a)^n|$ も収束する. **証明終了**

注意　$x = a$ のときは, $\displaystyle\sum_{n=0}^{\infty} c_n(x-a)^n = c_0$ であるから, どんなべき級数も中心 $x = a$ では必ず収束している.

べき級数 $\displaystyle\sum_{n=0}^{\infty} c_n(x-a)^n$ が $x_0\ (\neq a)$ で収束し，x_1 で発散しているとする．このとき，定理 6.2.1 から $|x_0-a|<|x_1-a|$ である（そうでなければ定理と矛盾する）．同じ理由で $|x-a|>|x_1-a|$ なる x に対しては発散する．

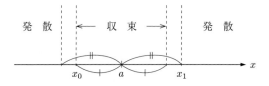

発　散　　　←──　収　束　──→　　　　発　散

x_0　　　a　　　x_1

図 **6.3**　収束域と発散域

次に $|x_0-a|<|x_2-a|<|x_1-a|$ なる x_2 に対して，級数は収束するか発散するかのどちらかである．もし収束したとすると，やはり定理から，$|x-a|<|x_2-a|$ なるすべての x に対して収束する．そして再び，$|x_2-a|<|x_3-a|<|x_1-a|$ なる x_3 に対して，級数は収束するか発散するかのどちらかである．たとえば，今度は発散したとすると，定理から，$|x-a|>|x_3-a|$ なるすべての x に対して発散する．以下同様の議論を繰り返せば，最終的に $|x-a|<R$ なるすべての x で収束し，$|x-a|>R$ なるすべての x で発散するような正の数 R が存在する．

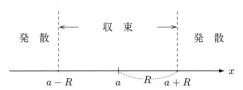

発　散　　　←──　収　束　──→　　　　発　散

$a-R$　　　a　　R　$a+R$

図 **6.4**　収束半径

以上の考察から，べき級数 $\displaystyle\sum_{n=0}^{\infty} c_n(x-a)^n$ は

(1) 中心 a のみで収束

(2) $|x-a|<R$ で収束，$|x-a|>R$ で発散

(3) すべての x で収束

のいずれかであることがわかる．

(2) の R を，べき級数 $\displaystyle\sum_{n=0}^{\infty} c_n(x-a)^n$ の収束半径 (radius of convergence) という．また，便宜上 (1) のとき収束半径は $R=0$, (3) のとき収束半径は $R=\infty$

と約束する.

注意 　$R\,(0 < R < \infty)$ を収束半径とするとき, $|x - a| = R$ なる x では収束する場合も発散する場合もある.

例 6.2.3　等比級数
$$1 + x + x^2 + x^3 + \cdots + x^n + \cdots = \sum_{n=0}^{\infty} x^n$$
は, $|x| < 1$ のとき収束し $|x| \geqq 1$ のとき発散するから, 収束半径は $R = 1$ である.

例 6.2.4　e^x のマクローリン級数
$$1 + x + \frac{1}{2!}x^2 + \frac{1}{3!}x^3 + \cdots + \frac{1}{n!}x^n + \cdots = \sum_{n=0}^{\infty} \frac{1}{n!}x^n$$
は, すべての x に対して収束するから, 収束半径は $R = \infty$ である.

以下, 簡単のため $a = 0$ とする. 収束半径を求めるには次の定理が有効である.

定理 6.2.3（ダランベールの定理 (d'Alembert's ratio theorem)）

べき級数 $\displaystyle\sum_{n=0}^{\infty} c_n x^n$ に対して
$$\lim_{n \to \infty} \left| \frac{c_{n+1}}{c_n} \right| = \ell \quad (0 \leqq \ell \leqq \infty)$$
とする. このとき, べき級数の収束半径は
$$R = \frac{1}{\ell}$$
である. ここで, $\dfrac{1}{\infty} = 0,\ \dfrac{1}{0} = \infty$ と約束する.

証明 　$x\,(\neq 0)$ を 1 つ固定して $a_n = c_n x^n$ とする.

i) $0 < \ell < \infty$ のとき
$$\left| \frac{a_{n+1}}{a_n} \right| = \left| \frac{c_{n+1} x^{n+1}}{c_n x^n} \right| = \left| \frac{c_{n+1}}{c_n} \right| |x| \longrightarrow \ell |x| \quad (n \to \infty)$$

であるから，定理 6.1.8 より

$$\ell|x| < 1 \implies \sum_{n=0}^{\infty} c_n x^n \text{は絶対収束する}$$

$$\ell|x| > 1 \implies \sum_{n=0}^{\infty} c_n x^n \text{は発散する}$$

がわかる．したがって，収束半径は $R = \dfrac{1}{\ell}$ である．

ii) $\ell = 0$ のとき

$$\left|\frac{a_{n+1}}{a_n}\right| = \left|\frac{c_{n+1}x^{n+1}}{c_n x^n}\right| = \left|\frac{c_{n+1}}{c_n}\right| |x| \longrightarrow 0 \quad (n \to \infty)$$

であるから，すべての x に対して収束する．つまり，$R = \infty$ である．

iii) $\ell = \infty$ のとき

$$\left|\frac{a_{n+1}}{a_n}\right| = \left|\frac{c_{n+1}x^{n+1}}{c_n x^n}\right| = \left|\frac{c_{n+1}}{c_n}\right| |x| \longrightarrow \infty \quad (n \to \infty)$$

であるから，すべての $x \neq 0$ に対して発散する．つまり，$R = 0$ である． 証明終了

例 6.2.5 次のべき級数の収束半径を求めよ．

(1) $\displaystyle\sum_{n=0}^{\infty} n x^n$　　(2) $\displaystyle\sum_{n=0}^{\infty} n! x^n$　　(3) $\displaystyle\sum_{n=0}^{\infty} \frac{1}{2^n} x^n$　　(4) $\displaystyle\sum_{n=0}^{\infty} \frac{3^n}{n!} x^n$

解答 (1) $c_n = n$ とおくと

$$\left|\frac{c_{n+1}}{c_n}\right| = \frac{n+1}{n} = 1 + \frac{1}{n} \longrightarrow 1 \quad (n \to \infty)$$

となる．したがって，定理 6.2.3 より収束半径は $R = 1$ である．

(2) $c_n = n!$ とおくと

$$\left|\frac{c_{n+1}}{c_n}\right| = \frac{(n+1)!}{n!} = n + 1 \longrightarrow \infty \quad (n \to \infty)$$

となる．したがって，定理 6.2.3 より収束半径は $R = 0$ である．

(3) $c_n = \dfrac{1}{2^n}$ とおくと

$$\left|\frac{c_{n+1}}{c_n}\right| = \frac{\dfrac{1}{2^{n+1}}}{\dfrac{1}{2^n}} = \frac{1}{2} \longrightarrow \frac{1}{2} \quad (n \to \infty)$$

となる. したがって, 定理 6.2.3 より収束半径は $R = 2$ である.

(4) $c_n = \dfrac{3^n}{n!}$ とおくと

$$\left| \frac{c_{n+1}}{c_n} \right| = \frac{\dfrac{3^{n+1}}{(n+1)!}}{\dfrac{3^n}{n!}} = \frac{3}{n+1} \longrightarrow 0 \quad (n \to \infty)$$

となる. したがって, 定理 6.2.3 より収束半径は $R = \infty$ である.　　　解答終了

次の例は定理 6.2.3 を直接適用することはできないので工夫を要する.

例 6.2.6　次のべき級数の収束半径を求めよ.

$$1 - \frac{1}{3}x^2 + \frac{1}{3^2}x^4 - \frac{1}{3^3}x^6 + \cdots + \frac{(-1)^n}{3^n}x^{2n} + \cdots = \sum_{n=0}^{\infty} \frac{(-1)^n}{3^n}x^{2n}$$

解答　$z = x^2$ とおけば, 級数は

$$1 - \frac{1}{3}z + \frac{1}{3^2}z^2 - \frac{1}{3^3}z^3 + \cdots + \frac{(-1)^n}{3^n}z^n + \cdots$$

と書き直せるから, z に関するべき級数として定理 6.2.3 が適用できる. $c_n = \dfrac{(-1)^n}{3^n}$ とおくと

$$\left| \frac{c_{n+1}}{c_n} \right| = \left| \frac{\dfrac{(-1)^{n+1}}{3^{n+1}}}{\dfrac{(-1)^n}{3^n}} \right| = \frac{1}{3} \longrightarrow \frac{1}{3} \quad (n \to \infty)$$

であるから, z に関するべき級数の収束半径は 3 である. したがって

$$|z| < 3 \text{ のとき収束}, \ |z| > 3 \text{ のとき発散}$$

$$\Longleftrightarrow |x^2| < 3 \text{ のとき収束}, \ |x^2| > 3 \text{ のとき発散}$$

$$\Longleftrightarrow |x| < \sqrt{3} \text{ のとき収束}, \ |x| > \sqrt{3} \text{ のとき発散}$$

より, 元のべき級数の収束半径は $R = \sqrt{3}$ である.　　　解答終了

定理 **6.2.4**（コーシーの定理 (Cauchy's root theorem)）

級数 $\displaystyle\sum_{n=0}^{\infty} c_n x^n$ に対して

$$\lim_{n \to \infty} \sqrt[n]{|c_n|} = \ell \quad (0 \leqq \ell \leqq \infty)$$

とする．このとき，べき級数の収束半径は

$$R = \frac{1}{\ell}$$

である．

証明　$a_n = c_n x^n$ とおくと

$$\sqrt[n]{|a_n|} = \sqrt[n]{|c_n x^n|} = \sqrt[n]{c_n}\,|x| \longrightarrow \ell\,|x| \quad (n \to \infty)$$

であるから，定理 6.1.9 を使って定理 6.2.3 と同様にして示される．　証明終了

例 **6.2.7**　次のべき級数の収束半径を求めよ．

(1) $\displaystyle\sum_{n=0}^{\infty} \frac{n}{4^n} x^n$　　(2) $\displaystyle\sum_{n=0}^{\infty} e^{-\sqrt{n}}\, x^n$

解答　(1) 　　　　$$\sqrt[n]{\frac{n}{4^n}} = \frac{\sqrt[n]{n}}{4} \longrightarrow \frac{1}{4} \quad (n \to \infty)$$

であるから，定理 6.2.4 より収束半径は $R = 4$ である．

(2) 　　　　$$\sqrt[n]{e^{-\sqrt{n}}} = \left(e^{-\sqrt{n}}\right)^{\frac{1}{n}} = e^{-\frac{1}{\sqrt{n}}} \longrightarrow 1 \quad (n \to \infty)$$

であるから，定理 6.2.4 より収束半径は $R = 1$ である．　解答終了

問 **6.2.1**　次のべき級数の収束半径を求めよ．

(1) $\displaystyle\sum_{n=0}^{\infty} n^3 x^n$　　　　(2) $\displaystyle\sum_{n=0}^{\infty} 3^n x^n$　　　　(3) $\displaystyle\sum_{n=0}^{\infty} \frac{(-1)^n}{\sqrt{n+1}} x^n$

(4) $\displaystyle\sum_{n=0}^{\infty} \frac{n^2}{5^n} x^n$　　　(5) $\displaystyle\sum_{n=0}^{\infty} (3^n - 4^n) x^n$　　(6) $\displaystyle\sum_{n=1}^{\infty} (\log n) x^n$

(7) $\displaystyle\sum_{n=1}^{\infty} \left(\frac{2n^2+1}{n^2}\right)^n x^n$　(8) $\displaystyle\sum_{n=1}^{\infty} \left(1+\frac{1}{n}\right)^{n^2} x^n$　(9) $\displaystyle\sum_{n=1}^{\infty} \left(1-\frac{3}{n}\right)^{n^2} x^n$

6.2.2　項別微分・項別積分

べき級数 $\displaystyle\sum_{n=0}^{\infty} c_n x^n$ の収束半径を $R\ (> 0)$ とする．このとき，開区間 $(-R, R)$ を定義域とする関数

$$f(x) = \sum_{n=0}^{\infty} c_n x^n$$

が定義できる．この関数について次の定理が成り立つ．

定理 6.2.5　べき級数 $\displaystyle\sum_{n=0}^{\infty} c_n x^n$ の収束半径を $R\ (> 0)$ とする．このとき関数

$$f(x) = \sum_{n=0}^{\infty} c_n x^n \quad (-R < x < R)$$

に対して次が成り立つ．

(1)　$\displaystyle f'(x) = \left(\sum_{n=0}^{\infty} c_n x^n \right)' = \sum_{n=1}^{\infty} n c_n x^{n-1}$

(2)　$\displaystyle \int_0^x f(t)\,dt = \int_0^x \left(\sum_{n=0}^{\infty} c_n t^n \right) dt = \sum_{n=0}^{\infty} \frac{c_n}{n+1} x^{n+1}$

また，右辺のべき級数の収束半径は，それぞれ元の級数の収束半径と同じ R である．

この (1) を項別微分 (termwise differentiation)，(2) を項別積分 (termwise integration) という．

この定理の証明は簡単ではないが，$\displaystyle\lim_{n\to\infty} \left| \frac{c_{n+1}}{c_n} \right| = \ell$ が存在するときには，右辺の級数の収束半径が R と一致することは次のように示される．(1) の場合

$$\left| \frac{(n+1)c_{n+1}}{n c_n} \right| = \frac{n+1}{n} \left| \frac{c_{n+1}}{c_n} \right| \longrightarrow \ell \quad (n \to \infty)$$

であるから，収束半径は $\dfrac{1}{\ell} = R$ である．(2) の右辺の級数の収束半径についても同様である．

例 **6.2.8**　マクローリン級数

$$\sin x = \sum_{n=0}^{\infty} \frac{(-1)^n}{(2n+1)!} x^{2n+1}, \quad \cos x = \sum_{n=0}^{\infty} \frac{(-1)^n}{(2n)!} x^{2n}$$

を用いて次を示せ.

(1) $(\sin x)' = \cos x$　　(2) $\displaystyle\int_0^x \sin t \, dt = 1 - \cos x$

解答　(1) 定理 6.2.5 (1) から

$$(\sin x)' = \left(\sum_{n=0}^{\infty} \frac{(-1)^n}{(2n+1)!} x^{2n+1} \right)' = \sum_{n=0}^{\infty} \frac{(-1)^n}{(2n+1)!} \left(x^{2n+1} \right)'$$

$$= \sum_{n=0}^{\infty} \frac{(-1)^n}{(2n+1)!} (2n+1) x^{2n} = \sum_{n=0}^{\infty} \frac{(-1)^n}{(2n)!} x^{2n} = \cos x$$

となる.

(2) 定理 6.2.5 (2) から

$$\int_0^x \sin t \, dt = \int_0^x \left(\sum_{n=0}^{\infty} \frac{(-1)^n}{(2n+1)!} t^{2n+1} \right) dt = \sum_{n=0}^{\infty} \frac{(-1)^n}{(2n+1)!} \int_0^x t^{2n+1} \, dt$$

$$= \sum_{n=0}^{\infty} \frac{(-1)^n}{(2n+1)!} \frac{1}{2n+2} x^{2n+2} = \sum_{n=0}^{\infty} \frac{(-1)^n}{(2(n+1))!} x^{2(n+1)}$$

$$= \sum_{k=1}^{\infty} \frac{(-1)^{k-1}}{(2k)!} x^{2k} = 1 - \sum_{k=0}^{\infty} \frac{(-1)^k}{(2k)!} x^{2k} = 1 - \cos x$$

となる.　　　　　　　　　　　　　　　　　　　　　　　　　**解答終了**

例 **6.2.9**　$\log(1+x)$ をべき級数で表せ.

解答　$\log(1+x) = \displaystyle\int_0^x \frac{1}{1+t} \, dt$ に注意する.

$$\frac{1}{1+t} = 1 - t + t^2 - t^3 + t^4 - \cdots + (-1)^n t^n + \cdots = \sum_{n=0}^{\infty} (-1)^n t^n \quad (|t| < 1)$$

であるから，両辺を積分して

$$\log (1+x) = \sum_{n=0}^{\infty} \int_0^x (-1)^n t^n \, dt = \sum_{n=0}^{\infty} \frac{(-1)^n}{n+1} x^{n+1}$$

$$= x - \frac{1}{2}x^2 + \frac{1}{3}x^3 - \frac{1}{4}x^4 + \cdots + \frac{(-1)^n}{n+1}x^{n+1} + \cdots \quad (|x| < 1)$$

となる.　　　　　　　　　　　　　　　　　　　　　　　　解答終了

例 6.2.10　　$\dfrac{1}{(1+x)^2}$ をべき級数で表せ.

解答　　$\dfrac{1}{(1+x)^2} = \left(\dfrac{-1}{1+x} \right)'$ に注意する.

$$\frac{-1}{1+x} = - \left(1 - x + x^2 - x^3 + \cdots + (-1)^n x^n + \cdots \right)$$

$$= - \sum_{n=0}^{\infty} (-1)^n x^n \quad (|x| < 1)$$

であるから，両辺を微分して

$$\frac{1}{(1+x)^2} = \left(- \sum_{n=0}^{\infty} (-1)^n x^n \right)' = - \sum_{n=1}^{\infty} (-1)^n n x^{n-1} = \sum_{n=0}^{\infty} (-1)^n (n+1) x^n$$

$$= 1 - 2x + 3x^2 - 4x^3 + \cdots + (-1)^n (n+1) x^n + \cdots \quad (|x| < 1)$$

となる.　　　　　　　　　　　　　　　　　　　　　　　　解答終了

問 6.2.2　次を示せ.

(1) $e^x = \sum_{n=0}^{\infty} \dfrac{1}{n!} x^n$　を用いて　$(e^x)' = e^x$

(2) $\cos x = \sum_{n=0}^{\infty} \dfrac{(-1)^n}{(2n)!} x^{2n}$　を用いて　$(\cos x)' = -\sin x$

問 6.2.3　$\dfrac{x}{(1+x^2)^2}$ をべき級数で表せ.

演習問題 6

【A】

1. 次の級数の収束・発散を調べよ.

(1) $\displaystyle\sum_{n=1}^{\infty} \frac{4^n}{2^n + 5^n}$

(2) $\displaystyle\sum_{n=1}^{\infty} \frac{n}{n^2 + 1}$

(3) $\displaystyle\sum_{n=1}^{\infty} \frac{n}{n^3 + 1}$

(4) $\displaystyle\sum_{n=1}^{\infty} \frac{1}{\sqrt{n(n+1)}}$

(5) $\displaystyle\sum_{n=1}^{\infty} \frac{1}{\sqrt{n^3 + 3}}$

(6) $\displaystyle\sum_{n=1}^{\infty} \frac{1}{n} \sin \frac{1}{\sqrt{n}}$

(7) $\displaystyle\sum_{n=1}^{\infty} \log \left(2 + \frac{1}{n}\right)$

(8) $\displaystyle\sum_{n=2}^{\infty} \frac{1}{n \log n}$

(9) $\displaystyle\sum_{n=1}^{\infty} (\sqrt{n^2 + 4} - \sqrt{n^2 + 1})$

(10) $\displaystyle\sum_{n=1}^{\infty} (\sqrt{n^3 + 1} - \sqrt{n^3 - 1})$

2. 次の級数について，絶対収束か条件収束か発散かを調べよ.

(1) $\displaystyle\sum_{n=1}^{\infty} \frac{(-1)^{n-1}}{\sqrt{n}}$

(2) $\displaystyle\sum_{n=1}^{\infty} (-1)^{n-1} \frac{\sqrt{n}}{n^2 + 3}$

(3) $\displaystyle\sum_{n=1}^{\infty} \frac{(-1)^{n-1}}{n} \sin \frac{1}{n}$

(4) $\displaystyle\sum_{n=1}^{\infty} (-1)^{n-1} \sin \frac{1}{\sqrt{n}}$

(5) $\displaystyle\sum_{n=1}^{\infty} (-1)^{n-1} n e^{-n}$

(6) $\displaystyle\sum_{n=1}^{\infty} (-1)^{n-1} n \big(\log (n+1) - \log n\big)$

(7) $\displaystyle\sum_{n=1}^{\infty} (-1)^{n-1} \frac{\log n}{n^2}$

(8) $\displaystyle\sum_{n=1}^{\infty} (-1)^{n-1} \tan^2 \frac{\pi}{3n}$

3. 次の級数の収束・発散を調べよ. ただし，$a > 0$, $b > 0$ とする.

(1) $\displaystyle\sum_{n=1}^{\infty} \frac{102^n}{100^n + 101^n}$

(2) $\displaystyle\sum_{n=1}^{\infty} \left(\frac{n}{2n+1}\right)^n$

(3) $\displaystyle\sum_{n=1}^{\infty} \left(1 + \frac{1}{n}\right)^{-n^2}$

(4) $\displaystyle\sum_{n=1}^{\infty} \frac{(n!)^2}{(2n)!}$

(5) $\displaystyle\sum_{n=1}^{\infty} \left(\frac{\log n}{n}\right)^n$

(6) $\displaystyle\sum_{n=1}^{\infty} \frac{1 \cdot 3 \cdot 5 \cdots (2n+1)}{n!}$

(7) $\displaystyle\sum_{n=1}^{\infty} \frac{a^n}{n^2}$

(8) $\displaystyle\sum_{n=1}^{\infty} \left(\frac{an+1}{bn+1}\right)^n$

(9) $\displaystyle\sum_{n=1}^{\infty} \frac{1 \cdot 3 \cdot 5 \cdots (2n-1)}{3 \cdot 6 \cdot 9 \cdots (3n)}$

(10) $\displaystyle\sum_{n=1}^{\infty} \frac{n^n}{(2n)!}$

(11) $\displaystyle\sum_{n=1}^{\infty} a^{n^2} b^n$

(12) $\displaystyle\sum_{n=1}^{\infty} \frac{2^n + n}{3^n + 2}$

4. 次のべき級数の収束半径を求めよ.

(1) $\displaystyle\sum_{n=0}^{\infty}(-1)^n x^n$

(2) $\displaystyle\sum_{n=0}^{\infty}\frac{1}{n+1}x^n$

(3) $\displaystyle\sum_{n=0}^{\infty}\frac{(-1)^n}{\sqrt{n^2+1}}x^n$

(4) $\displaystyle\sum_{n=0}^{\infty}\frac{1}{(n+2)^2}x^n$

(5) $\displaystyle\sum_{n=0}^{\infty}n^3 2^n x^n$

(6) $\displaystyle\sum_{n=0}^{\infty}(3^n+n^3)x^n$

(7) $\displaystyle\sum_{n=0}^{\infty}\frac{(3n)!}{n!}x^n$

(8) $\displaystyle\sum_{n=0}^{\infty}\frac{(3n)!}{(n!)^3}x^n$

(9) $\displaystyle\sum_{n=0}^{\infty}\frac{n^n}{n!}x^n$

(10) $\displaystyle\sum_{n=0}^{\infty}\frac{(-1)^n}{(2n)!}x^{2n}$

(11) $\displaystyle\sum_{n=0}^{\infty}\frac{(-1)^n}{(2n+1)!}x^{2n+1}$

(12) $\displaystyle\sum_{n=0}^{\infty}\frac{(-1)^n}{\log(n+2)}x^n$

(13) $\displaystyle\sum_{n=0}^{\infty}\left(1+\frac{1}{n+1}\right)^{n^2}x^n$

(14) $\displaystyle\sum_{n=0}^{\infty}nx^{2n}$

(15) $\displaystyle\sum_{n=0}^{\infty}(-1)^n\frac{1}{2^n}x^{3n}$

【B】

1. $a_n\geqq 0,\ b_n\geqq 0$ である級数 $\displaystyle\sum_{n=0}^{\infty}a_n,\ \sum_{n=0}^{\infty}b_n$ がともに収束しているとする. このとき

$$c_n=\sum_{k=0}^{n}a_k b_{n-k}=a_0 b_n+a_1 b_{n-1}+a_2 b_{n-2}+\cdots+a_n b_0$$

とおくと, 級数 $\displaystyle\sum_{n=0}^{\infty}c_n$ も収束し

$$\sum_{n=0}^{\infty}c_n=\left(\sum_{n=0}^{\infty}a_n\right)\left(\sum_{n=0}^{\infty}b_n\right)$$

が成り立つことを示せ.

2. 上の結果を用いて, $e^a=\displaystyle\sum_{n=0}^{\infty}\frac{a^n}{n!},\ e^b=\sum_{n=0}^{\infty}\frac{b^n}{n!}$ に対して

$$e^a e^b=e^{a+b}$$

を示せ.

3. べき級数 $f(x)=\displaystyle\sum_{n=0}^{\infty}c_n x^n$ の収束半径を $R\ (0<R<\infty)$ とする. このとき, 級数 $\displaystyle\sum_{n=0}^{\infty}c_n R^n\left(\text{または }\sum_{n=0}^{\infty}c_n(-R)^n\right)$ が収束すれば

$$\lim_{x\to R-0}f(x)=\sum_{n=0}^{\infty}c_n R^n\quad\left(\text{または }\lim_{x\to -R+0}f(x)=\sum_{n=0}^{\infty}c_n(-R)^n\right)$$

が成り立つ．これをアーベルの定理 (Abel's theorem) という．このとき，次の問いに答えよ．

(1) 例 6.2.9 で示した等式が $x = 1$ でも成り立つこと，すなわち

$$\log 2 = 1 - \frac{1}{2} + \frac{1}{3} - \frac{1}{4} + \cdots + \frac{(-1)^{n-1}}{n} + \cdots = \sum_{n=1}^{\infty} \frac{(-1)^{n-1}}{n}$$

となることを，アーベルの定理を用いてを示せ．

(2) この級数の最初の 20 項を計算して $\log 2$ の近似値を求めよ．

($\log 2 = 0.693147\cdots$)

4. 次の問いに答えよ．

(1) $|x| < 1$ のとき，$\log \dfrac{1+x}{1-x}$ のマクローリン級数を求めよ．

(2) $a > 0$ とする．

$$\log a = 2\left(\left(\frac{a-1}{a+1} \right) + \frac{1}{3} \left(\frac{a-1}{a+1} \right)^3 + \cdots + \frac{1}{2n+1} \left(\frac{a-1}{a+1} \right)^{2n+1} + \cdots \right)$$

を示せ．

(3) $a = 2$ として上の級数の最初の 2 項を計算し，$\log 2$ の近似値を求めよ．

5. 次の問いに答えよ．

(1) $|x| < 1$ のとき

$$\frac{1}{1+x^2} = 1 - x^2 + x^4 - x^6 + \cdots + (-1)^{n-1} x^{2n} + \cdots$$

であることを用いて

$$\arctan x = x - \frac{x^3}{3} + \frac{x^5}{5} - \frac{x^7}{7} + \cdots + (-1)^{n-1} \frac{x^{2n+1}}{2n+1} + \cdots$$

を示せ．

(2) 級数

$$\sum_{n=0}^{\infty} (-1)^n \frac{1}{2n+1} = 1 - \frac{1}{3} + \frac{1}{5} - \frac{1}{7} + \cdots + (-1)^{n-1} \frac{1}{2n+1} + \cdots$$

は収束することを示せ．

(3) $\dfrac{\pi}{4} = 1 - \dfrac{1}{3} + \dfrac{1}{5} - \dfrac{1}{7} + \cdots + (-1)^{n-1} \dfrac{1}{2n+1} + \cdots$ を示せ．

(4) (3) の級数の最初の何項かを計算して π の近似値を求めよ．

($\pi = 3.141592\cdots$)

(5) $\dfrac{\pi}{4} = 4\arctan \dfrac{1}{5} - \arctan \dfrac{1}{239}$ に対して (1) を使って級数に展開し，最初の何項かを計算して π の近似値を求めよ．

7

ベクトル値関数

これまで扱ってきた関数はすべて実数（スカラー）に値をとるものであったが，応用上では3次元ベクトルに値をとる関数（ベクトル値関数）を用いることがたびたびある．この章ではベクトル値関数の微分の方法を学び，のちに学ぶ「ベクトル解析」の準備をする．

潮の流れは巨大なベクトル場である．潮の速度が異なる場所では渦ができるが，日本では鳴門のうず潮が有名である．狭い海峡を速さの異なる潮が流れるために渦が生じるのである．(ⓒ 後藤昌美/PPS)

■ 7.1 ベクトル値関数とその微分

7.1.1 1変数のベクトル値関数

第4章で述べたように，空間の点全体の集合 $\mathbb{R}^3$ を3次元数ベクトル空間とよぶ．これは，$\mathbb{R}^3$ の要素 (x, y, z) が空間内のある点 P の座標を表すと同時に，点 P の位置ベクトル $\overrightarrow{\mathrm{OP}} = (x, y, z)$ とも見ることができるからである．また，$\mathbb{R}^3$ の標準基底を $\boldsymbol{i} = (1, 0, 0)$, $\boldsymbol{j} = (0, 1, 0)$, $\boldsymbol{k} = (0, 0, 1)$ とし，

$$\overrightarrow{\mathrm{OP}} = x\boldsymbol{i} + y\boldsymbol{j} + z\boldsymbol{k}$$

と表すこともある．

区間 I で定義された3つの1変数関数 $a_1(t)$, $a_2(t)$, $a_3(t)$ によって定まる空間ベクトル

$$\boldsymbol{A}(t) = (a_1(t),\ a_2(t),\ a_3(t)) = a_1(t)\boldsymbol{i} + a_2(t)\boldsymbol{j} + a_3(t)\boldsymbol{k}$$

を I で定義された**1変数の**ベクトル値関数 **(vector valued function)** という．特に，$a_1(t)$, $a_2(t)$, $a_3(t)$ が閉区間 $[\alpha, \beta]$ において連続であるとき，$\boldsymbol{A}(t)$ $(\alpha \leqq t \leqq \beta)$ の終点の軌跡は空間内の曲線を描く．これを空間曲線の媒介変数表示という．

また，$a_1(t)$, $a_2(t)$, $a_3(t)$ がいずれも微分可能であるとき，ベクトル値関数 $\boldsymbol{A}(t)$ の導関数を

$$\frac{d\boldsymbol{A}}{dt}(t) = \left(\frac{da_1}{dt}(t),\ \frac{da_2}{dt}(t),\ \frac{da_3}{dt}(t) \right)$$

で定義する．t を時間変数とし，ベクトル値関数 $\boldsymbol{A}(t)$ を時間にともない運動する物体の位置ベクトルと考えるとき，導関数 $\dfrac{d\boldsymbol{A}}{dt}(t)$ は速度ベクトルとよばれ，$\boldsymbol{A}(t)$ が描く曲線の，点 $(a_1(t),\ a_2(t),\ a_3(t))$ における接線の方向ベクトルと一致する．詳しくは線形代数学の教科書を参照せよ．

同様にして，$\boldsymbol{A}(t)$ の高次導関数を

$$\frac{d^n \boldsymbol{A}}{dt^n}(t) = \left(\frac{d^n a_1}{dt^n}(t),\ \frac{d^n a_2}{dt^n}(t),\ \frac{d^n a_3}{dt^n}(t) \right) \qquad (n \geqq 2)$$

で定義する．$a_1(t)$, $a_2(t)$, $a_3(t)$ がともに C^n-級であるとき，$\boldsymbol{A}(t)$ は C^n-級であるといい，$a_1(t)$, $a_2(t)$, $a_3(t)$ がともに C^∞-級であるとき，$\boldsymbol{A}(t)$ は C^∞-級であるという．

ベクトル値関数の導関数については，次の定理が成り立つ．

定理 7.1.1　　1 変数関数 $f(t)$ と 2 つのベクトル値関数 $\boldsymbol{A}(t)$, $\boldsymbol{B}(t)$ はいずれも C^1-級であるとする．このとき，次が成り立つ．

(1) $\dfrac{d}{dt}(\boldsymbol{A}(t) + \boldsymbol{B}(t)) = \dfrac{d\boldsymbol{A}}{dt}(t) + \dfrac{d\boldsymbol{B}}{dt}(t)$

(2) $\dfrac{d}{dt}(f(t)\boldsymbol{A}(t)) = \dfrac{df}{dt}(t)\boldsymbol{A}(t) + f(t)\dfrac{d\boldsymbol{A}}{dt}(t)$

(3) $\dfrac{d}{dt}(\boldsymbol{A}(t) \cdot \boldsymbol{B}(t)) = \dfrac{d\boldsymbol{A}}{dt}(t) \cdot \boldsymbol{B}(t) + \boldsymbol{A}(t) \cdot \dfrac{d\boldsymbol{B}}{dt}(t)$

特に
$$\dfrac{d}{dt}\left(|\boldsymbol{A}(t)|^2\right) = \dfrac{d}{dt}(\boldsymbol{A}(t) \cdot \boldsymbol{A}(t)) = 2\dfrac{d\boldsymbol{A}}{dt}(t) \cdot \boldsymbol{A}(t)$$

(4) $\dfrac{d}{dt}(\boldsymbol{A}(t) \times \boldsymbol{B}(t)) = \dfrac{d\boldsymbol{A}}{dt}(t) \times \boldsymbol{B}(t) + \boldsymbol{A}(t) \times \dfrac{d\boldsymbol{B}}{dt}(t)$

証明　　(2) のみ証明する．$\boldsymbol{A}(t) = (a_1(t),\ a_2(t),\ a_3(t))$ とすると

$$\dfrac{d}{dt}(f(t)\boldsymbol{A}(t)) = \left(\dfrac{d}{dt}(f(t)a_1(t)),\ \dfrac{d}{dt}(f(t)a_2(t)),\ \dfrac{d}{dt}(f(t)a_3(t))\right)$$

$$= \left(\dfrac{df}{dt}(t)a_1(t) + f(t)\dfrac{da_1}{dt}(t),\ \dfrac{df}{dt}(t)a_2(t) + f(t)\dfrac{da_2}{dt}(t),\ \dfrac{df}{dt}(t)a_3(t) + f(t)\dfrac{da_3}{dt}(t)\right)$$

$$= \dfrac{df}{dt}(t)\boldsymbol{A}(t) + f(t)\dfrac{d\boldsymbol{A}}{dt}(t)$$

となる．　　　　　　　　　　　　　　　　　　　　　　　　　　　　　　　　　**証明終了**

例 7.1.1　　空間内の点 P(x, y, z) が，時間にともない原点を中心とする半径 r の球面上を動いているとする．このとき，P の位置ベクトルはその速度ベクトルと常に直交することを示せ．

解答　　時間変数を t とし，P の位置ベクトルを $\boldsymbol{A}(t)$ とすると，条件より

$$|\boldsymbol{A}(t)|^2 = r^2$$

が成り立つ．この両辺を t で微分すると，定理 7.1.1(3) より

$$2\dfrac{d\boldsymbol{A}}{dt}(t) \cdot \boldsymbol{A}(t) = 0$$

となる．これは P の位置ベクトルとその速度ベクトルが直交していることを示している．　　　　　　　　　　　　　　　　　　　　　　　　　　　　　　　　　**解答終了**

問 7.1.1 C^2-級であるベクトル値関数 $\boldsymbol{A}(t)$ が $\dfrac{d^2\boldsymbol{A}}{dt^2}(t) = k\boldsymbol{A}$ （k は定数）を満たすならば，$\boldsymbol{A}(t) \times \dfrac{d\boldsymbol{A}}{dt}(t)$ は定ベクトルであることを示せ.

7.1.2　スカラー場とベクトル場

1 変数のベクトル値関数と同じように，多変数のベクトル値関数も定義できる．$\mathbb{R}^n$ の部分集合 D で定義された 3 つの n 変数関数 $a_1(u_1, u_2, \cdots, u_n)$, $a_2(u_1, u_2, \cdots, u_n), a_3(u_1, u_2, \cdots, u_n)$ によって定まる空間内のベクトル

$$\boldsymbol{A}(u_1, u_2, \cdots, u_n)$$
$$= (a_1(u_1, u_2, \cdots, u_n),\ a_2(u_1, u_2, \cdots, u_n),\ a_3(u_1, u_2, \cdots, u_n))$$
$$= a_1(u_1, u_2, \cdots, u_n)\boldsymbol{i} + a_2(u_1, u_2, \cdots, u_n)\boldsymbol{j} + a_3(u_1, u_2, \cdots, u_n)\boldsymbol{k}$$

を D で定義された **n 変数**のベクトル値関数という．a_1, a_2, a_3 がいずれも偏微分可能であるとき，$\boldsymbol{A}(u_1, u_2, \cdots, u_n)$ の偏導関数 $\dfrac{\partial \boldsymbol{A}}{\partial u_i}(u_1, u_2, \cdots, u_n)$ $(i = 1, 2, \cdots n)$ が定義でき，定理 7.1.1 の"微分"を"偏微分"に置き換えた公式が成り立つ.

また，1 変数の場合と同じく $\boldsymbol{A}(u_1, u_2, \cdots, u_n)$ の高次偏導関数も定義でき，**C^n-級**および **C^∞-級**な関数も同様に定義できる.

特に $n = 3$ のとき，すなわち $\mathbb{R}^3$ の部分集合 D で定義されたベクトル値関数

$$\boldsymbol{A}(x, y, z)$$
$$= (a_1(x, y, z),\ a_2(x, y, z),\ a_3(x, y, z))$$
$$= a_1(x, y, z)\boldsymbol{i} + a_2(x, y, z)\boldsymbol{j} + a_3(x, y, z)\boldsymbol{k}, \qquad (x, y, z) \in D$$

を D 上の**ベクトル場** (vector field) という．電磁場や流体の速度分布などはベクトル場である．これに対し，D 上の実数値関数 $f(x, y, z)$ を**スカラー場** (scalar field) とよぶ．たとえば，空気中の温度分布や物体の質量密度分布などはスカラー場である.

次節ではスカラー場・ベクトル場の微分についての考察を行なうが，簡単のため，それらはすべて無限回偏微分可能であるとする.

7.2　スカラー場の勾配

7.2.1　スカラー場の勾配

スカラー場 $f(x, y, z)$ が与えられたとき，ベクトル場

$$\operatorname{grad} f = \left(\frac{\partial f}{\partial x}, \frac{\partial f}{\partial y}, \frac{\partial f}{\partial z} \right) = \frac{\partial f}{\partial x} \boldsymbol{i} + \frac{\partial f}{\partial y} \boldsymbol{j} + \frac{\partial f}{\partial z} \boldsymbol{k}$$

を f の勾配 (gradient) という．形式的に

$$\nabla = \left(\frac{\partial}{\partial x}, \frac{\partial}{\partial y}, \frac{\partial}{\partial z} \right)$$

とおくと，$\operatorname{grad} f = \nabla f$ と表すこともできる．この ∇ をナブラ (nabla) という．

勾配については，次の微分公式が成り立つ．

定理 7.2.1　2 つのスカラー場 f, g と 1 変数関数 F に対して，次が成り立つ．

(1)　$\operatorname{grad}(f + g) = \operatorname{grad} f + \operatorname{grad} g$

(2)　$\operatorname{grad}(fg) = f \operatorname{grad} g + g \operatorname{grad} f$

(3)　$\operatorname{grad}(F(f)) = F'(f) \operatorname{grad} f$

いずれも明らかなので証明は省略する．

例 7.2.1　次のスカラー場 f に対して，勾配 $\operatorname{grad} f$ を求めよ．

(1)　$f(x, y, z) = \dfrac{z}{x - y}$　　　(2)　$f(x, y, z) = \arctan \dfrac{y}{x}$

解答　(1)　$\dfrac{\partial f}{\partial x} = -\dfrac{z}{(x-y)^2}, \quad \dfrac{\partial f}{\partial y} = \dfrac{z}{(x-y)^2}, \quad \dfrac{\partial f}{\partial z} = \dfrac{1}{x-y}$

であるから

$$\operatorname{grad} f = \left(\frac{-z}{(x-y)^2}, \frac{z}{(x-y)^2}, \frac{1}{x-y} \right) = \frac{1}{(x-y)^2} (-z, z, x-y)$$

となる．

(2)　$\dfrac{\partial f}{\partial x} = \dfrac{1}{1 + \dfrac{y^2}{x^2}} \left(-\dfrac{y}{x^2} \right) = -\dfrac{y}{x^2 + y^2}, \quad \dfrac{\partial f}{\partial y} = \dfrac{1}{1 + \dfrac{y^2}{x^2}} \dfrac{1}{x} = \dfrac{x}{x^2 + y^2}, \quad \dfrac{\partial f}{\partial z} = 0$

であるから

$$\operatorname{grad} f = \left(\frac{-y}{x^2 + y^2}, \frac{x}{x^2 + y^2}, 0 \right) = \frac{1}{x^2 + y^2} (-y, x, 0)$$

となる．　　　　　　　　　　　　　　　　　　　　　　　　　　　解答終了

例 **7.2.2** $r = (x, y, z), r = |r| = \sqrt{x^2 + y^2 + z^2}$ とするとき，次の計算を
せよ．

(1) $\operatorname{grad} r$　　　(2) $\operatorname{grad} \dfrac{1}{r}$

解答 (1) $\dfrac{\partial r}{\partial x} = \dfrac{x}{\sqrt{x^2 + y^2 + z^2}} = \dfrac{x}{r}$ であり，同様にして $\dfrac{\partial r}{\partial y} = \dfrac{y}{r}, \ \dfrac{\partial r}{\partial z} = \dfrac{z}{r}$ が
わかる．したがって

$$\operatorname{grad} r = \left(\frac{x}{r}, \frac{y}{r}, \frac{z}{r} \right) = \frac{1}{r}(x, y, z) = \frac{1}{r} r$$

となる．

(2) (1) と定理 7.2.1 より

$$\operatorname{grad} \frac{1}{r} = -\frac{1}{r^2} \operatorname{grad} r = -\frac{1}{r^3} r$$

となる．　　　　　　　　　　　　　　　　　　　　　　　　　　　　**解答終了**

問 7.2.1 次のスカラー場 f に対して，勾配 $\operatorname{grad} f$ を求めよ．

(1) $f(x, y, z) = (xy - z)(x + y + z)$　　(2) $f(x, y, z) = \sin(x - y^2 + xz)$

(3) $f(x, y, z) = \sqrt{x^2 + z^2}$　　　　　　(4) $f(x, y, z) = \log|xy + xz - yz|$

問 7.2.2 $r = (x, y, z), r = |r|$ とするとき，次の計算をせよ．

(1) $\operatorname{grad}(r + 1)$　　(2) $\operatorname{grad} \dfrac{1}{\sqrt{r}}$　　(3) $\operatorname{grad}(e^{r^2})$

7.2.2 スカラーポテンシャル

ベクトル場 A に対して

$$A = -\operatorname{grad} f$$

となるようなスカラー場 f が存在するとき，f をベクトル場 A のスカラーポテン
シャル (scalar potential) といい，A を保存場 (conservative field) という．
たとえば，ニュートンの万有引力の法則によると，原点 O に物体 A を置き，点
P(x, y, z) に物体 B を置いたとき，A が B を引きつける引力 p は例 7.2.2 の記号を

用いると

$$\boldsymbol{p} = -\frac{c}{r^3}\boldsymbol{r}$$

で与えられる．ただし，c は物体の質量な
どによって決まる定数である．$\boldsymbol{p}$ は各点
P(x, y, z) によって定まるからベクトル場で
あるが，例 7.2.2 の結果から

$$\boldsymbol{p} = -\mathrm{grad}\left(-\frac{c}{r}\right)$$

と表すことができるので特に保存場であり，
そのスカラーポテンシャルは $f = -\dfrac{c}{r}$ で
ある．

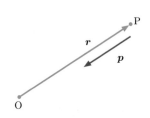

図 7.1　A が B を引きつける力 $\boldsymbol{p}$

例 7.2.3　次のベクトル場がスカラーポテンシャルをもつならば求めよ．

(1)　$\boldsymbol{A} = (2, 1, -1)$　　(2)　$\boldsymbol{A} = (0, y, z)$

解答　(1)　$-\mathrm{grad}\, f = \boldsymbol{A} = (2, 1, -1)$ となるためには

$$\frac{\partial f}{\partial x} = -2, \ \ \frac{\partial f}{\partial y} = -1, \ \ \frac{\partial f}{\partial z} = 1$$

であればよい．$\dfrac{\partial f}{\partial x} = -2$ より $f(x, y, z) = -2x + g(y, z)$ となり，さらに
$\dfrac{\partial f}{\partial y} = \dfrac{\partial g}{\partial y} = -1$ より $g(y, z) = -y + h(z)$ がわかる．最後に $\dfrac{\partial f}{\partial z} = \dfrac{dh}{dz} = 1$ よ
り $h(z) = z + C$ がわかる．したがって，$\boldsymbol{A}$ のスカラーポテンシャルは

$$f(x, y, z) = -2x - y + z + C$$

となる．ただし，C は任意の定数である．

(2)　(1) と同様に

$$\frac{\partial f}{\partial x} = 0, \ \ \frac{\partial f}{\partial y} = -y, \ \ \frac{\partial f}{\partial z} = -z$$

であればよい．$\dfrac{\partial f}{\partial x} = 0$ より $f(x, y, z) = g(y, z)$ となり，さらに $\dfrac{\partial f}{\partial y} = \dfrac{\partial g}{\partial y} = -y$ よ
り $g(y, z) = -\dfrac{1}{2}y^2 + h(z)$ がわかる．最後に $\dfrac{\partial f}{\partial z} = \dfrac{dh}{dz} = -z$ より $h(z) = -\dfrac{1}{2}z^2 +$
C がわかる．したがって，ベクトル場 $\boldsymbol{A}$ のスカラーポテンシャルは

$$f(x, y, z) = -\frac{y^2 + z^2}{2} + C$$

となる. ただし, C は任意の定数である. 解答終了

> **問 7.2.3** 次のベクトル場がスカラーポテンシャルをもつならば求めよ.
> (1) $\boldsymbol{A} = (x, y, z)$ (2) $\boldsymbol{A} = (x + 2y + 4z, 2x - 3y - z, 4x - y + 2z)$
> (3) $\boldsymbol{A} = (yz, xz, xy)$ (4) $\boldsymbol{A} = (2xye^z, x^2 e^z, x^2 y e^z)$

7.2.3 等高面と勾配

スカラー場 $f(x, y, z)$ において, 定数 k に対して

$$f(x, y, z) = k$$

で定まる曲面を f の等高面 (level surface) という. 207 ページの注意にあるように, 等高面 $f(x, y, z) = k$ の点 (a, b, c) における接平面の方程式は

$$f_x(a, b, c)(x - a) + f_y(a, b, c)(y - b) + f_z(a, b, c)(z - c) = 0$$

で与えられる. これは $\boldsymbol{v} = (x - a, y - b, z - c)$ とするとき,

$$\boldsymbol{v} \cdot \operatorname{grad} f(a, b, c) = 0$$

と表すことができる. すなわち次の定理が成り立つ.

> **定理 7.2.2** スカラー場 f の勾配 $\operatorname{grad} f$ は, 等高面 $f(x, y, z) = k$ の接平面の法線ベクトルとなる.

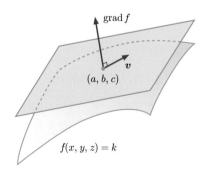

図 7.2 等高面 $f(x, y, z) = k$ の接平面と勾配 $\operatorname{grad} f$ の関係

7.3 ベクトル場の発散・回転

7.3.1 ベクトル場の発散

ベクトル場 $\boldsymbol{A} = (a_1(x, y, z), a_2(x, y, z), a_3(x, y, z))$ に対して，スカラー場
$$\mathrm{div}\,\boldsymbol{A} = \frac{\partial a_1}{\partial x} + \frac{\partial a_2}{\partial y} + \frac{\partial a_3}{\partial z}$$
を $\boldsymbol{A}$ の発散 (divergence) という．$\mathrm{div}\,\boldsymbol{A}$ は形式的に ∇ と $\boldsymbol{A}$ の内積とも考えられるので，$\mathrm{div}\,\boldsymbol{A} = \nabla \cdot \boldsymbol{A}$ と表すこともある．

発散については，次の微分公式が成り立つ．

定理 7.3.1　スカラー場 f とベクトル場 $\boldsymbol{A}$, $\boldsymbol{B}$ に対して，次が成り立つ．

(1) $\mathrm{div}\,(\boldsymbol{A} + \boldsymbol{B}) = \mathrm{div}\,\boldsymbol{A} + \mathrm{div}\,\boldsymbol{B}$

(2) $\mathrm{div}\,(f\boldsymbol{A}) = f\,\mathrm{div}\,\boldsymbol{A} + \boldsymbol{A} \cdot \mathrm{grad}\,f$

(3) $\mathrm{div}\,(\mathrm{grad}\,f) = \Delta f = \dfrac{\partial^2 f}{\partial x^2} + \dfrac{\partial^2 f}{\partial y^2} + \dfrac{\partial^2 f}{\partial z^2}$

証明　(2) のみ示す．$\boldsymbol{A} = (a_1, a_2, a_3)$ とすると

$$
\begin{aligned}
\mathrm{div}\,(f\boldsymbol{A}) &= \frac{\partial(fa_1)}{\partial x} + \frac{\partial(fa_2)}{\partial y} + \frac{\partial(fa_3)}{\partial z} \\
&= f\frac{\partial a_1}{\partial x} + a_1\frac{\partial f}{\partial x} + f\frac{\partial a_2}{\partial y} + a_2\frac{\partial f}{\partial y} + f\frac{\partial a_3}{\partial z} + a_3\frac{\partial f}{\partial z} \\
&= f\left(\frac{\partial a_1}{\partial x} + \frac{\partial a_2}{\partial y} + \frac{\partial a_3}{\partial z}\right) + a_1\frac{\partial f}{\partial x} + a_2\frac{\partial f}{\partial y} + a_3\frac{\partial f}{\partial z} \\
&= f\,\mathrm{div}\,\boldsymbol{A} + \boldsymbol{A} \cdot \mathrm{grad}\,f
\end{aligned}
$$

が成り立つ．　　　　　　　　　　　　　　　　　　　　　　　　**証明終了**

例 7.3.1　次のベクトル場 $\boldsymbol{A}$ に対して，発散 $\mathrm{div}\,\boldsymbol{A}$ を求めよ．

(1) $\boldsymbol{A}(x, y, z) = (x^2 - xz, xy + 2yz, xy - xz)$

(2) $\boldsymbol{A}(x, y, z) = (\arcsin(x + y + z), \arccos(x + y + z), \arctan(x + y + z))$

解答　(1)　$\mathrm{div}\,\boldsymbol{A} = \dfrac{\partial(x^2 - xz)}{\partial x} + \dfrac{\partial(xy + 2yz)}{\partial y} + \dfrac{\partial(xy - xz)}{\partial z}$
$$= 2x - z + x + 2z - x = 2x + z$$

となる.

(2) $\text{div}\boldsymbol{A} = \dfrac{\partial \arcsin(x+y+z)}{\partial x} + \dfrac{\partial \arccos(x+y+z)}{\partial y} + \dfrac{\partial \arctan(x+y+z)}{\partial z}$

$= \dfrac{1}{\sqrt{1-(x+y+z)^2}} - \dfrac{1}{\sqrt{1-(x+y+z)^2}} + \dfrac{1}{1+(x+y+z)^2}$

$= \dfrac{1}{1+(x+y+z)^2}$

となる.　　　　　　　　　　　　　　　　　　　　　　　　　解答終了

例 7.3.2　$\boldsymbol{r}=(x,y,z), r=|\boldsymbol{r}|$ とするとき，次の計算をせよ.

(1) $\text{div}\,\boldsymbol{r}$　　　(2) $\text{div}\left(\dfrac{1}{r^3}\boldsymbol{r}\right)$

解答　(1) $\text{div}\,\boldsymbol{r} = \dfrac{\partial x}{\partial x} + \dfrac{\partial y}{\partial y} + \dfrac{\partial z}{\partial z} = 1+1+1 = 3$ となる.

(2) 定理 7.2.1(3) と定理 7.3.1(2) より

$\text{div}\left(\dfrac{1}{r^3}\boldsymbol{r}\right) = \dfrac{1}{r^3}\text{div}\,\boldsymbol{r} + \boldsymbol{r}\cdot\text{grad}\,\dfrac{1}{r^3} = \dfrac{3}{r^3} - \dfrac{3}{r^4}\boldsymbol{r}\cdot\text{grad}\,r = \dfrac{3}{r^3} - \dfrac{3}{r^5}\boldsymbol{r}\cdot\boldsymbol{r} = 0$

となる.　　　　　　　　　　　　　　　　　　　　　　　　　解答終了

問 7.3.1 次のベクトル場 $\boldsymbol{A}$ の発散 $\text{div}\,\boldsymbol{A}$ を求めよ.

(1) $\boldsymbol{A} = \left(x^3 - 2xyz, xy^2+yz^2, xyz+y^2z\right)$

(2) $\boldsymbol{A} = \left(\dfrac{x}{x+y+z}, \dfrac{y}{x+y+z}, \dfrac{z}{x+y+z}\right)$

(3) $\boldsymbol{A} = \left(\log(x^2+y^2+z^2), \dfrac{xy}{x^2+y^2+z^2}, \dfrac{z^2}{x^2+y^2+z^2}\right)$

問 7.3.2 $\boldsymbol{r}=(x,y,z), r=|\boldsymbol{r}|$ とするとき，次の計算をせよ.

(1) $\text{div}\,(r\boldsymbol{r})$　　　(2) $\text{div}\left(\dfrac{1}{r}\boldsymbol{r}\right)$　　　(3) $\text{div}\,(e^r\boldsymbol{r})$

7.3.2　ベクトル場の回転

ベクトル場 $\boldsymbol{A} = (a_1(x, y, z), a_2(x, y, z), a_3(x, y, z))$ に対して，ベクトル場

$$\operatorname{rot} \boldsymbol{A} = \left(\frac{\partial a_3}{\partial y} - \frac{\partial a_2}{\partial z}, \frac{\partial a_1}{\partial z} - \frac{\partial a_3}{\partial x}, \frac{\partial a_2}{\partial x} - \frac{\partial a_1}{\partial y} \right)$$

を $\boldsymbol{A}$ の回転 (rotation) という．$\operatorname{rot} \boldsymbol{A}$ は形式的に ∇ と $\boldsymbol{A}$ の外積とも考えられるので，$\operatorname{rot} \boldsymbol{A} = \nabla \times \boldsymbol{A}$ と表すこともある．また，回転は 3 次の行列式を用いて

$$\operatorname{rot} \boldsymbol{A} = \begin{vmatrix} \boldsymbol{i} & \boldsymbol{j} & \boldsymbol{k} \\ \dfrac{\partial}{\partial x} & \dfrac{\partial}{\partial y} & \dfrac{\partial}{\partial z} \\ a_1 & a_2 & a_3 \end{vmatrix}$$

と表すことができる．

回転については，次の微分公式が成り立つ．

定理 7.3.2　スカラー場 f とベクトル場 $\boldsymbol{A}$, $\boldsymbol{B}$ に対して，次が成り立つ．

(1)　$\operatorname{rot}(\boldsymbol{A} + \boldsymbol{B}) = \operatorname{rot} \boldsymbol{A} + \operatorname{rot} \boldsymbol{B}$

(2)　$\operatorname{rot}(f\boldsymbol{A}) = f \operatorname{rot} \boldsymbol{A} + (\operatorname{grad} f) \times \boldsymbol{A}$

証明　(2) のみ示す．$\boldsymbol{A} = (a_1, a_2, a_3)$ とすると

$\operatorname{rot}(f\boldsymbol{A})$

$$= \left(\frac{\partial(fa_3)}{\partial y} - \frac{\partial(fa_2)}{\partial z}, \frac{\partial(fa_1)}{\partial z} - \frac{\partial(fa_3)}{\partial x}, \frac{\partial(fa_2)}{\partial x} - \frac{\partial(fa_1)}{\partial y} \right)$$

$$= \left(f \left(\frac{\partial a_3}{\partial y} - \frac{\partial a_2}{\partial z} \right) + \frac{\partial f}{\partial y} a_3 - \frac{\partial f}{\partial z} a_2, \ f \left(\frac{\partial a_1}{\partial z} - \frac{\partial a_3}{\partial x} \right) + \frac{\partial f}{\partial z} a_1 - \frac{\partial f}{\partial x} a_3, \right.$$

$$\left. f \left(\frac{\partial a_2}{\partial x} - \frac{\partial a_1}{\partial y} \right) + \frac{\partial f}{\partial x} a_2 - \frac{\partial f}{\partial y} a_1 \right)$$

$$= f \operatorname{rot} \boldsymbol{A} + (\operatorname{grad} f) \times \boldsymbol{A}$$

が成り立つ．　　　　　　　　　　　　　　　　　　　　　　　　　　　　**証明終了**

例 7.3.3　次のベクトル場 $\boldsymbol{A}$ に対して，回転 $\operatorname{rot} \boldsymbol{A}$ を求めよ．

(1)　$\boldsymbol{A}(x, y, z) = (yz, zx, xy)$

(2)　$\boldsymbol{A}(x, y, z) = (y \log |z|, z \log |x|, x \log |y|)$

解答 (1)

$$\mathrm{rot}\,\boldsymbol{A} = \left(\frac{\partial}{\partial y}(xy) - \frac{\partial}{\partial z}(zx),\ \frac{\partial}{\partial z}(yz) - \frac{\partial}{\partial x}(xy),\ \frac{\partial}{\partial x}(zx) - \frac{\partial}{\partial y}(yz) \right)$$
$$= (x - x,\ y - y,\ z - z) = (0,\,0,\,0) = \boldsymbol{o}$$

となる.

(2) $\mathrm{rot}\,\boldsymbol{A} = \Bigg(\dfrac{\partial}{\partial y}(x \log |y|) - \dfrac{\partial}{\partial z}(z \log |x|),\ \dfrac{\partial}{\partial z}(y \log |z|) - \dfrac{\partial}{\partial x}(x \log |y|),$

$$\frac{\partial}{\partial x}(z \log |x|) - \frac{\partial}{\partial y}(y \log |z|) \Bigg)$$
$$= \left(\frac{x}{y} - \log |x|,\ \frac{y}{z} - \log |y|,\ \frac{z}{x} - \log |z| \right)$$

となる. 解答終了

例 7.3.4 $\boldsymbol{r} = (x, y, z),\ r = |\boldsymbol{r}|$ とするとき,次の計算をせよ.

(1) $\mathrm{rot}\,\boldsymbol{r}$ (2) $\mathrm{rot}\left(\dfrac{1}{r}\boldsymbol{r} \right)$

解答 (1) $\mathrm{rot}\,\boldsymbol{r} = \left(\dfrac{\partial z}{\partial y} - \dfrac{\partial y}{\partial z},\ \dfrac{\partial x}{\partial z} - \dfrac{\partial z}{\partial x},\ \dfrac{\partial y}{\partial x} - \dfrac{\partial x}{\partial y} \right) = (0, 0, 0) = \boldsymbol{o}$

となる.

(2) 定理 7.3.2 と例 7.2.2 および上の (1) の結果より

$$\mathrm{rot}\left(\frac{1}{r}\boldsymbol{r} \right) = \frac{1}{r}\mathrm{rot}\,\boldsymbol{r} + \left(\mathrm{grad}\,\frac{1}{r} \right) \times \boldsymbol{r} = -\frac{1}{r^3}(\boldsymbol{r} \times \boldsymbol{r}) = \boldsymbol{o}$$

となる. 解答終了

例 7.3.5 スカラー場 f とベクトル場 $\boldsymbol{A}$ に対して,次の等式を示せ.

(1) $\mathrm{rot}\,(\mathrm{grad}\,f) = \boldsymbol{o}$ (2) $\mathrm{div}\,(\mathrm{rot}\,\boldsymbol{A}) = 0$

解答　(1)

$\mathrm{rot}\,(\mathrm{grad}\,f)$

$= \mathrm{rot}\left(\dfrac{\partial f}{\partial x},\ \dfrac{\partial f}{\partial y},\ \dfrac{\partial f}{\partial z}\right)$

$= \left(\dfrac{\partial}{\partial y}\left(\dfrac{\partial f}{\partial z}\right) - \dfrac{\partial}{\partial z}\left(\dfrac{\partial f}{\partial y}\right),\ \dfrac{\partial}{\partial z}\left(\dfrac{\partial f}{\partial x}\right) - \dfrac{\partial}{\partial x}\left(\dfrac{\partial f}{\partial z}\right),\ \dfrac{\partial}{\partial x}\left(\dfrac{\partial f}{\partial y}\right) - \dfrac{\partial}{\partial y}\left(\dfrac{\partial f}{\partial x}\right)\right)$

$= (0,0,0) = \boldsymbol{o}$

となる.

(2)　$\boldsymbol{A} = (a_1, a_2, a_3)$ とすると

$\mathrm{div}\,(\mathrm{rot}\,\boldsymbol{A}) = \mathrm{div}\left(\dfrac{\partial a_3}{\partial y} - \dfrac{\partial a_2}{\partial z},\ \dfrac{\partial a_1}{\partial z} - \dfrac{\partial a_3}{\partial x},\ \dfrac{\partial a_2}{\partial x} - \dfrac{\partial a_1}{\partial y}\right)$

$= \dfrac{\partial}{\partial x}\left(\dfrac{\partial a_3}{\partial y}\right) - \dfrac{\partial}{\partial x}\left(\dfrac{\partial a_2}{\partial z}\right) + \dfrac{\partial}{\partial y}\left(\dfrac{\partial a_1}{\partial z}\right) - \dfrac{\partial}{\partial y}\left(\dfrac{\partial a_3}{\partial x}\right)$

$\qquad + \ \dfrac{\partial}{\partial z}\left(\dfrac{\partial a_2}{\partial x}\right) - \dfrac{\partial}{\partial z}\left(\dfrac{\partial a_1}{\partial y}\right)$

$= 0$

となる.　　　　　　　　　　　　　　　　　　　　　　　　　　　解答終了

問 7.3.3　次のベクトル場 $\boldsymbol{A}$ に対して, 回転 $\mathrm{rot}\,\boldsymbol{A}$ を求めよ.
(1)　$\boldsymbol{A} = (x + 3y + z,\ x - y + 2z,\ 4x + y - 2z)$
(2)　$\boldsymbol{A} = \left(\dfrac{z}{y},\ \dfrac{x}{z},\ \dfrac{y}{x}\right)$
(3)　$\boldsymbol{A} = \left(ye^{y+z},\ xe^{y+z},\ ze^{y+z}\right)$

問 7.3.4　$\boldsymbol{r} = (x, y, z)$, $r = |\boldsymbol{r}|$ とするとき, 任意の C^1-級関数 $f(r)$ に対して, $\mathrm{rot}\,(f(r)\boldsymbol{r}) = \boldsymbol{o}$ が成り立つことを示せ.

問 7.3.5　$\boldsymbol{r} = (x, y, z)$ とし, $\boldsymbol{a}$, $\boldsymbol{b}$ を定ベクトルとするとき, 次の等式を示せ.
(1)　$\mathrm{div}\,(\boldsymbol{a} \times \boldsymbol{r}) = 0$　　　　(2)　$\mathrm{rot}\,(\boldsymbol{a} \times \boldsymbol{r}) = 2\boldsymbol{a}$
(3)　$\mathrm{div}\,((\boldsymbol{a} \cdot \boldsymbol{r})\boldsymbol{b}) = \boldsymbol{a} \cdot \boldsymbol{b}$　　(4)　$\mathrm{rot}\,((\boldsymbol{a} \cdot \boldsymbol{r})\boldsymbol{b}) = \boldsymbol{a} \times \boldsymbol{b}$

7.3.3 ベクトルポテンシャル

ベクトル場 A に対して，$A = \mathrm{rot}\,B$ となるようなベクトル場 B が存在するとき，B を A のベクトルポテンシャル (vector potential) という．例 7.3.5 より，次のことがわかる．

・ベクトル場 A がベクトルポテンシャル B をもつならば $\mathrm{div}\,A = 0$.

・ベクトル場 A がスカラーポテンシャル f をもつならば $\mathrm{rot}\,A = o$.

また証明は省くが，これらの命題はいずれも逆が成り立つこともわかっている．すなわち，次の定理が成り立つ．

定理 7.3.3　ベクトル場 A に対して，次が成り立つ．

(1) $\mathrm{div}\,A = 0$ であるための必要十分条件は A がベクトルポテンシャルをもつことである．

(2) $\mathrm{rot}\,A = o$ であるための必要十分条件は A がスカラーポテンシャルをもつことである．

一般に，各点で $\mathrm{div}\,A = 0$ を満たすベクトル場を管状ベクトル場 (solenoidal vector field) とよび，各点で $\mathrm{rot}\,A = o$ を満たすベクトル場を，層状ベクトル場 (lamellar vector field) とよぶ．上の定理は，ベクトル場 A が保存場であることと層状ベクトル場であることは同値であることを意味している．

この章の最後に，ベクトル解析において重要な次の定理を紹介しておく．

定理 7.3.4　（ヘルムホルツの分解定理 (Helmholtz's decomposition)）
任意のベクトル場 A に対して，

$$A = -\mathrm{grad}\,f + \mathrm{rot}\,B$$

を満たすスカラー場 f とベクトル場 B が存在する．

この定理は，任意のベクトル場は管状ベクトル場と層状ベクトル場の和で表すことができることを意味している．

問 7.3.6 与えられたベクトル場 A に対して $\Delta\varphi = \mathrm{div}\,A$ となるようなスカラー場 φ が存在するとき，

$$A = -\mathrm{grad}\,f + \mathrm{rot}\,B$$

を満たすスカラー場 f とベクトル場 B を，それぞれ φ を用いて表せ．

演習問題 7

【A】

1. 次のスカラー場 f に対して, 勾配 $\operatorname{grad} f$ を求めよ.

(1) $f(x, y, z) = x^2 y + xyz - 3yz^2$　(2) $f(x, y, z) = e^{xz} \cos(2x - y)$

(3) $f(x, y, z) = \sqrt{\dfrac{x}{y - z}}$　　　(4) $f(x, y, z) = \log(e^y (x^2 + z^2))$

2. 次のベクトル場 $\boldsymbol{A}$ に対して, 発散 $\operatorname{div} \boldsymbol{A}$ および回転 $\operatorname{rot} \boldsymbol{A}$ をそれぞれ求めよ.

(1) $\boldsymbol{A} = (x - 3y + 2z, \, 3x + 4y - z, \, -x - y + 3z)$

(2) $\boldsymbol{A} = (xy + yz, \, yz + xz, \, xz + xy)$

(3) $\boldsymbol{A} = \left(\arctan \dfrac{z}{y}, \, \arctan \dfrac{y}{z}, \, 0 \right)$

(4) $\boldsymbol{A} = (\log|x - y|, \, \log|y - z|, \, \log|z - x|)$

(5) $\boldsymbol{A} = \left(\dfrac{yz}{x^2 + y^2 + z^2}, \, \dfrac{xz}{x^2 + y^2 + z^2}, \, \dfrac{xy}{x^2 + y^2 + z^2} \right)$

3. 次のベクトル場がスカラーポテンシャルをもつならば求めよ.

(1) $\boldsymbol{A} = \left(2xy + 3z, \, x^2 + 2, \, 3x - 1 \right)$

(2) $\boldsymbol{A} = (3x + 2y, \, 3y + 2z, \, 3z + 2x)$

(3) $\boldsymbol{A} = (z \cos x + \sin y, \, x \cos y + \sin z, \, y \cos z + \sin x)$

(4) $\boldsymbol{A} = \left(\dfrac{y}{x} + \log z, \, \dfrac{z}{y} + \log x, \, \dfrac{x}{z} + \log y \right)$

4. $\boldsymbol{r} = (x, y, z)$, $r = |\boldsymbol{r}| = \sqrt{x^2 + y^2 + z^2}$ とする. このとき, 次の計算をせよ.

(1) $\operatorname{grad}(\log r)$　　(2) $\operatorname{rot}(r^2 \boldsymbol{r})$　　(3) $\Delta(\log r)$

5. $\boldsymbol{r} = (x, y, z)$, $r = |\boldsymbol{r}| = \sqrt{x^2 + y^2 + z^2}$ とし, $\boldsymbol{a}, \boldsymbol{b}$ を定ベクトルとする. このとき, 次の等式を示せ. (必要ならば 【B】 **2** の等式を使ってもよい.)

(1) $\operatorname{div}((\boldsymbol{a} \times \boldsymbol{r}) \times \boldsymbol{r}) = 2\boldsymbol{a} \cdot \boldsymbol{r}$　(2) $\operatorname{rot}((\boldsymbol{a} \times \boldsymbol{r}) \times \boldsymbol{r}) = 3\boldsymbol{a} \times \boldsymbol{r}$

(3) $\operatorname{div}(\boldsymbol{a} \times (\boldsymbol{r} \times \boldsymbol{b})) = 2\boldsymbol{a} \cdot \boldsymbol{b}$　(4) $\operatorname{rot}(\boldsymbol{a} \times (\boldsymbol{r} \times \boldsymbol{b})) = \boldsymbol{b} \times \boldsymbol{a}$

【B】

1. 2 つの等高面 $xy + z = 0$, $x^2 + y^2 + z^2 = 9$ を考える. このとき, 次の問いに答えよ.

(1) 2 つの等高面上の点 $(2, 1, -2)$ における, 各等高面の接平面の方程式をそれぞれ求めよ.

(2) (1) で求めた 2 つの接平面の交線の方程式を求めよ.

2. スカラー場 f, g, ベクトル場 $\boldsymbol{A}$, $\boldsymbol{B}$ に対して，次の等式を示せ．ただし，ベクトル場 $\boldsymbol{v} = (v_1, v_2, v_3)$ に対して，$\boldsymbol{v} \cdot \mathrm{grad} = v_1 \dfrac{\partial}{\partial x} + v_2 \dfrac{\partial}{\partial y} + v_3 \dfrac{\partial}{\partial z}$ とする．

(1) $\mathrm{rot}\,(f\,\mathrm{grad}\,g) = \mathrm{grad}\,f \times \mathrm{grad}\,g$

(2) $\mathrm{div}\,(\boldsymbol{A} \times \boldsymbol{B}) = \boldsymbol{B} \cdot \mathrm{rot}\,\boldsymbol{A} - \boldsymbol{A} \cdot \mathrm{rot}\,\boldsymbol{B}$

(3) $\mathrm{rot}\,(\boldsymbol{A} \times \boldsymbol{B}) = (\boldsymbol{B} \cdot \mathrm{grad})\boldsymbol{A} - (\boldsymbol{A} \cdot \mathrm{grad})\boldsymbol{B} + \boldsymbol{A}\,\mathrm{div}\,\boldsymbol{B} - \boldsymbol{B}\,\mathrm{div}\,\boldsymbol{A}$

(4) $\mathrm{grad}\,(\boldsymbol{A} \cdot \boldsymbol{B}) = (\boldsymbol{B} \cdot \mathrm{grad})\boldsymbol{A} + (\boldsymbol{A} \cdot \mathrm{grad})\boldsymbol{B} + \boldsymbol{B} \times \mathrm{rot}\,\boldsymbol{A} + \boldsymbol{A} \times \mathrm{rot}\,\boldsymbol{B}$

(5) $\mathrm{rot}\,(\mathrm{rot}\,\boldsymbol{A}) = \mathrm{grad}\,(\mathrm{div}\,\boldsymbol{A}) - \Delta \boldsymbol{A}$

3. $\mathbb{R}^3$ で定義されたベクトル場 $\boldsymbol{A} = (a_1(x,y,z), a_2(x,y,z), a_3(x,y,z))$ に対して，次を示せ．

(1) $\mathrm{rot}\,\boldsymbol{A} = \boldsymbol{o}$ ならば，スカラー場

$$f(x,y,z) = -\int_0^x a_1(s,0,0)\,ds - \int_0^y a_2(x,t,0)\,dt - \int_0^z a_3(x,y,u)\,du$$

は $\boldsymbol{A}$ のスカラーポテンシャルである．

(2) $\mathrm{div}\,\boldsymbol{A} = 0$ ならば，ベクトル場

$$\boldsymbol{B} = \left(0,\ \int_0^x a_3(s,y,z)\,ds,\ -\int_0^x a_2(t,y,z)\,dt + \int_0^y a_1(0,u,z)\,du\right)$$

は $\boldsymbol{A}$ のベクトルポテンシャルである．

4. $\boldsymbol{r} = (x,y,z)$, $r = |\boldsymbol{r}| = \sqrt{x^2+y^2+z^2}$ とするとき，ベクトル場 $\mathrm{grad}\,\dfrac{1}{r}$ は管状ベクトル場であることを示し，ベクトルポテンシャルを求めよ．

5. $r = \sqrt{x^2+y^2+z^2}$ とする．このとき，次の問いに答えよ．

(1) C^2-級である 1 変数関数 $f(r)$ に対して，$u(x,y,z) = f(r)$ とするとき

$$\Delta u = f''(r) + \frac{2f'(r)}{r}$$

が成り立つことを示せ．

(2) 定数 k に対して $u(x,y,z) = \dfrac{\sin kr}{r}$ とするとき

$$\Delta u = -k^2 u$$

が成り立つことを示せ．

(3) 定数 k に対して $u(x,y,z) = \dfrac{e^{-kr}}{r}$ とするとき

$$\Delta u = k^2 u$$

が成り立つことを示せ．

6. 時間にともない変化するベクトル場 $\boldsymbol{E} = \boldsymbol{E}(x,y,z,t)$ および $\boldsymbol{H} = \boldsymbol{H}(x,y,z,t)$ が定数 $c > 0$ に対して

$$\operatorname{div}\boldsymbol{E} = 0, \quad \operatorname{div}\boldsymbol{H} = 0, \quad \operatorname{rot}\boldsymbol{E} = -\frac{1}{c}\frac{\partial \boldsymbol{H}}{\partial t}, \quad \operatorname{rot}\boldsymbol{H} = \frac{1}{c}\frac{\partial \boldsymbol{E}}{\partial t}$$

を満たしているとき

$$\frac{\partial^2 \boldsymbol{E}}{\partial t^2} = c^2 \Delta \boldsymbol{E}, \qquad \frac{\partial^2 \boldsymbol{H}}{\partial t^2} = c^2 \Delta \boldsymbol{H}$$

が成り立つことを示せ.

余談　発散と回転の意味

　流れの場 $\boldsymbol{A}$ において，発散 $\operatorname{div}\boldsymbol{A}$ は各点における湧き出し量を，回転 $\operatorname{rot}\boldsymbol{A}$ は各点における渦の向きと強さをそれぞれ表している．簡単なベクトル場でこの意味を説明しよう．非常に浅く，流れが緩やかでまっすぐな川を考える．川の流れが緩やかでまっすぐなので，地面を xy-平面とし，川は x 軸の正の方向に流れていると考えてよい．また浅い川なので深さによる流れの変化はないとする．このとき，川の中の各点 (x,y,z) における流れの場は $\boldsymbol{A} = (a(x,y),0,0)$ のように表されるので，それぞれ

$$\operatorname{div}\boldsymbol{A} = \frac{\partial a}{\partial x}, \qquad \operatorname{rot}\boldsymbol{A} = \left(0,0,-\frac{\partial a}{\partial y}\right)$$

となる．ベクトル場 $\boldsymbol{A}$ が下図のような場合，$a(x,y)$ は矢印の長さと考えてよい．

　図の左側（上流部分）では流れは一定であるが，点 A から点 B に移ったところで急に流れが速くなっている．これは川底などから水が湧き出して流量が増えているためと考えられるが，点 A から点 B へ位置が動いたとき，つまり x が増えたとき矢印の長さ $a(x,y)$ が増えているので，湧き出しのある AB 間では $\operatorname{div}\boldsymbol{A} = \dfrac{\partial a}{\partial x} > 0$ となっている．

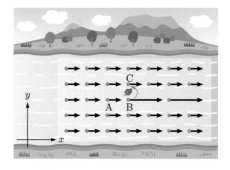

　一方，点 C よりも点 B の流れの方が速いので，流された木の葉がちょうど BC 間を通過するとき，木の葉は図のように左回りに回転をするが，点 B から点 C へ位置が動いたとき，つまり y が増えたとき矢印の長さ $a(x,y)$ は減っているので $\dfrac{\partial a}{\partial y} < 0$ であるから，左回りの渦がある BC 間では $\operatorname{rot}\boldsymbol{A}$ は z 軸の正の方向のベクトルとなっていることがわかる．$\operatorname{rot}\boldsymbol{A}$ の向きは，渦の回転に対して右ネジの進む向きと考えればよい．

複素数

われわれが日常使う数値（長さ，面積，質量，時間など）はすべて実数であるが，さまざまな現象を解析するためには，しばしば**複素数**を用いることが有効となる．この章では，複素関数論への導入として複素数について学ぶ．

北の空に見える星は，北極星を中心にすべて同じ角速度で反時計回りに回転している．天空を，北極星を原点とする複素平面に見立てて，星の角速度を θ（ラジアン／分）とするとき，複素数 α の位置にある星は，θ 分後には $\alpha e^{\theta i}$ の位置にある．(© 田中秀明/PPS)

▌ 8.1 複素数と複素平面

8.1.1 複素数とは

i を形式的に 2 乗すると -1 になる数と定義し，虚数単位 (imaginary unit) とよぶことにする．つまり

$$i^2 = -1$$

である．このため $i = \sqrt{-1}$ と表すこともある．さらに，2 つの実数 a, b に対して $z = a + bi \, (= a + ib)$ と表される z を複素数 (complex number) とよぶ．複素数全体の集合を $\mathbb{C}$ で表す．

複素数 $z = a + bi$ に対して，a を z の実部 (real part) とよび $a = \operatorname{Re} z$ と表す．また b を z の虚部 (imaginary part) とよび，$b = \operatorname{Im} z$ と表す．虚部が 0 である複素数を $z = a$ と表し，実数とみなす．一方，実部が 0 である複素数を $z = bi$ と表し，純虚数 (purely imaginary number) という．なお，実部も虚部も 0 である複素数は $z = 0$ と表し，実数かつ純虚数とする．

注意 $z = 0$ を純虚数としない場合が多いが，本書では純虚数として扱うこととする．

8.1.2 複素数の演算

2 つの複素数 $z = a + bi$ と $w = c + di$ が与えられたとする．このとき，$a = c$ かつ $b = d$ が成り立つならば，$z = w$ と表すことにする．

注意 実数とは異なり，$z \leqq w$ や $z < w$ のような大小関係はない．

さらに，複素数の四則演算を次のように定義する．

（和）	$(a + bi) + (c + di) = (a + c) + (b + d)i$
（差）	$(a + bi) - (c + di) = (a - c) + (b - d)i$
（積）	$(a + bi)(c + di) = (ac - bd) + (ad + bc)i$
（商）	$\dfrac{a + bi}{c + di} = \dfrac{ac + bd}{c^2 + d^2} + \dfrac{bc - ad}{c^2 + d^2}i, \quad c + di \neq 0$

上の演算の定義は，いずれも i を文字だと思って（ただし，$i^2 = -1$ に注意しながら）分配法則を用いて計算した結果と一致している．たとえば

$$(a + bi)(c + di) = ac + adi + bci + bdi^2 = ac - bd + (ad + bc)i$$

$$\frac{a + bi}{c + di} = \frac{(a + bi)(c - di)}{(c + di)(c - di)} = \frac{ac - bdi^2 + (bc - ad)i}{c^2 - d^2i^2} = \frac{ac + bd}{c^2 + d^2} + \frac{bc - ad}{c^2 + d^2}i$$

など.

例 8.1.1   次の複素数を $a + bi$ （a, b は実数）の形で表せ.

(1) $(2 + i)(2 - i)$ (2) $\dfrac{1 + 3i}{1 + i}$ (3) $\dfrac{1}{(1 + i)^3}$

解答   (1) $(2 + i)(2 - i) = 4 - i^2 = 5$

(2) $\dfrac{1 + 3i}{1 + i} = \dfrac{(1 + 3i)(1 - i)}{(1 + i)(1 - i)} = \dfrac{1 - i + 3i - 3i^2}{1 - i^2} = \dfrac{4 + 2i}{2} = 2 + i$

(3) $\dfrac{1}{(1 + i)^3} = \dfrac{1}{1 + 3i + 3i^2 + i^3} = \dfrac{1}{-2 + 2i} = \dfrac{-2 - 2i}{(-2 + 2i)(-2 - 2i)}$

$\qquad = \dfrac{-2 - 2i}{4 - 4i^2} = \dfrac{-2 - 2i}{8} = -\dfrac{1}{4} - \dfrac{1}{4}i$ 　　　　　　　　　　　**解答終了**

例 8.1.2   複素数 z, w に対して, $zw = 0$ ならば $z = 0$ または $w = 0$ が成り立つことを示せ.

解答 $z = a + bi, w = c + di$ （a, b, c, d は実数）とすると

$$zw = (a + bi)(c + di) = ac - bd + (ad + bc)i = 0$$

であるから

$$ac - bd = 0 \quad かつ \quad ad + bc = 0$$

が成り立つ. したがって

$$0 = (ac - bd)^2 + (ad + bc)^2$$

$$= a^2c^2 - 2abcd + b^2d^2 + a^2d^2 + 2abcd + b^2c^2$$

$$= (a^2 + b^2)(c^2 + d^2)$$

となり，これより $a = b = 0$ または $c = d = 0$，すなわち $z = 0$ または $w = 0$ が成り立つ．　　　　　　　　　　　　　　　　　　　　　解答終了

問 8.1.1　次の複素数を $a + bi$　（a, b は実数）の形で表せ．

(1) $(2 + i) - (5 - 4i)$　　(2) $(3 + 2i)(1 - i)$　　(3) $i(2 - i)^3$

(4) $\dfrac{4 + i}{1 + 2i}$　　　　　(5) $\dfrac{1}{(1 + 3i)(2 - i)}$　　(6) $\dfrac{3 - 2i}{(2 - 3i)^2}$

問 8.1.2　次の複素数が実数になるとき，実数 a を求めよ．

(1) $(a + i)^2$　　(2) $(1 - ai)(a + 2i)$　　(3) $\dfrac{1}{(3 + ai)^2}$

8.1.3　複素平面

複素数 $a + bi$ は 2 つの実数の組 (a, b) によってその値が定まっている．つまり，複素数全体の集合 $\mathbb{C}$ と 平面 $\mathbb{R}^2$ との間に 1 対 1 の対応があると考えることができる．この対応により，xy-平面上の点 (a, b) を複素数 $a + bi$ とみなすことにする．このときこの平面を複素平面 (complex plane) とよび，x 軸を実軸 (real axis)，y 軸を虚軸 (imaginary axis) とよぶ．

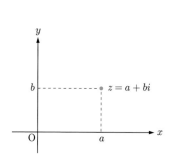

図 8.1　複素平面

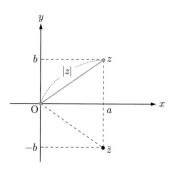

図 8.2　$|z|$ と共役複素数 $\bar{z}$

複素数 $z = a + bi$ に対して，$|z| = \sqrt{a^2 + b^2}$ を z の絶対値 (modulus) とよぶ．$|z|$ は複素平面上の点 (a, b) と原点 O の距離と一致している．また，$z = a + bi$ に対して，虚部の符号が異なる複素数 $a - bi$ を z の共役複素数 (complex conjugate)

といい $\overline{z}$ と表す. $\overline{z}$ は複素平面上では, z と実軸に関して対称な点である.

定義より明らかに

$$\mathrm{Re}\, z = \frac{z + \overline{z}}{2}, \qquad \mathrm{Im}\, z = \frac{z - \overline{z}}{2i}$$

が成り立つ. これより特に

$$\overline{z} = z \quad \Longleftrightarrow \quad z \text{ は実数}$$

$$\overline{z} = -z \quad \Longleftrightarrow \quad z \text{ は純虚数}$$

となることがわかる.

共役複素数については次の定理が成り立つ.

定理 8.1.1　　複素数 z, w に対して, 次が成り立つ.

(1) $\overline{z + w} = \overline{z} + \overline{w}, \qquad \overline{z - w} = \overline{z} - \overline{w}$

(2) $\overline{zw} = \overline{z}\,\overline{w}$

(3) $\overline{\left(\dfrac{z}{w}\right)} = \dfrac{\overline{z}}{\overline{w}} \qquad w \neq 0$

(4) $\overline{\overline{z}} = z$

(5) $z\overline{z} = |z|^2$

(6) $|\overline{z}| = |z|$

証明　　簡単なので (3) のみ証明する. $z = a + bi, w = c + di$ とおくと

$$\overline{\left(\frac{z}{w}\right)} = \overline{\frac{ac + bd}{c^2 + d^2} + \frac{bc - ad}{c^2 + d^2}i} = \frac{ac + bd}{c^2 + d^2} + \frac{ad - bc}{c^2 + d^2}i$$

$$\frac{\overline{z}}{\overline{w}} = \frac{a - bi}{c - di} = \frac{(a - bi)(c + di)}{c^2 + d^2} = \frac{ac + bd}{c^2 + d^2} + \frac{ad - bc}{c^2 + d^2}i$$

であるから (3) が成り立つ.　　　　　　　　　　　　　　**証明終了**

例 8.1.3　　次の値を求めよ.

(1) $|3 - 4i|$　　　(2) $\overline{i(2 - i)}$　　　(3) $\overline{\left(\dfrac{1}{1 + 2i}\right)}$

解答　　(1) $|3 - 4i| = \sqrt{3^2 + (-4)^2} = \sqrt{9 + 16} = \sqrt{25} = 5$

(2) $\overline{i(2-i)} = \overline{2i+1} = 1 - 2i$

(3) $\overline{\left(\dfrac{1}{1+2i}\right)} = \overline{\left(\dfrac{1-2i}{1+4}\right)} = \dfrac{\overline{1-2i}}{5} = \dfrac{1}{5} + \dfrac{2}{5}i$

解答終了

問 8.1.3 次の値を求めよ.

(1) $|5 - i|$　　(2) $|(1-3i)(2+i)|$　　(3) $\left|\dfrac{1}{2+3i}\right|$

(4) $\overline{(3+4i)^2}$　　(5) $\overline{\left(\dfrac{i}{1-i}\right)}$　　(6) $\overline{(4-3i)\overline{(3+7i)}}$

8.1.4 複素平面上の和・差

複素数 z, w に対応する複素平面上の点をそれぞれ P, Q とするとき, $z+w$ に対応する点の位置ベクトルはベクトル $\overrightarrow{\mathrm{OP}} + \overrightarrow{\mathrm{OQ}}$ と一致している. また, $z-w$ に対応する点の位置ベクトルは $\overrightarrow{\mathrm{OP}} - \overrightarrow{\mathrm{OQ}}$ と一致している. 同様に, 複素数の実数倍も複素平面上のベクトルの実数倍と対応している.

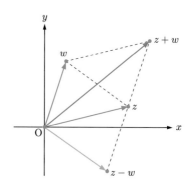

図 8.3　複素数の和・差

さらに複素数の絶対値は, 複素平面上では平面ベクトルの長さと対応している. したがって, 平面ベクトルの場合と同様に, 三角形の辺の性質より次の定理が得られる.

定理 8.1.2（三角不等式 (triangle inequality)）

複素数 z, w に対して次が成り立つ.

$$|z + w| \leqq |z| + |w|$$

複素数同士の積・商は，複素平面上ではどのような現象に対応しているのか. それを考えるために，次の節では複素数の"極座標による表示"を導入する.

問 8.1.4 定理 8.1.2 を用いて，次の不等式を示せ.

(1) $|z - w| \leqq |z| + |w|$ (2) $\big||z| - |w|\big| \leqq |z + w|$

▐ 8.2 極形式とド・モアブルの定理

8.2.1 複素数の極形式

複素数 $z = a + bi \, (\neq 0)$ に対応する複素平面上の点 P について，$r = \sqrt{a^2 + b^2}$ とし，実軸の正の部分と線分 OP のなす角を θ とすると

$$a = r\cos\theta, \quad b = r\sin\theta$$

となるから

$$z = r(\cos\theta + i\sin\theta)$$

が成り立つ．これを複素数 z の極形式 (polar form) とよぶ．このとき，$|z| = r$ である．また θ を z の偏角 (argument) とよび，$\arg z$ と表す．通常，極座標では θ は $0 \leqq \theta < 2\pi$ （または $-\pi < \theta \leqq \pi$）の範囲で選べばよいが，複素数の偏角は特に範囲を設けないことにする．つまり，$z = r(\cos\theta + i\sin\theta)$ であるとき

$$\arg z = \theta + 2n\pi \qquad (n \text{ は整数})$$

である．なお，偏角 θ のうち，特に $-\pi < \theta \leqq \pi$ となるものを偏角の主値 (principal value) といい $\mathrm{Arg}\, z$ と表す．

例 8.2.1 次の複素数を極形式で表せ．

(1) $1 - i$ （2) $\dfrac{1 - \sqrt{3}i}{i}$ （3) -1

解答 (1) $1 - i = \sqrt{2}\left(\dfrac{1}{\sqrt{2}} - \dfrac{1}{\sqrt{2}}i\right) = \sqrt{2}\left(\cos\left(-\dfrac{\pi}{4}\right) + i\sin\left(-\dfrac{\pi}{4}\right)\right)$

(2) $\dfrac{1 - \sqrt{3}i}{i} = -\sqrt{3} - i = 2\left(-\dfrac{\sqrt{3}}{2} - \dfrac{1}{2}i\right) = 2\left(\cos\dfrac{7}{6}\pi + i\sin\dfrac{7}{6}\pi\right)$

(3) $-1 = 1(\cos\pi + i\sin\pi)$ 　　　　　　　　　　　　　　　　　　　　解答終了

注意 この問題の解答は 1 通りではない．たとえば，(1) は

$$1 - i = \sqrt{2}\left(\cos\left(\dfrac{7}{4}\pi\right) + i\sin\left(\dfrac{7}{4}\pi\right)\right)$$

としてもよい．

▐ **問 8.2.1** 次の複素数を極形式で表せ．

(1) $-\dfrac{1 + i}{2}$ （2) $\dfrac{3}{i}$ （3) $\sqrt{3} + 3i$ （4) $\dfrac{1}{\sqrt{3} - i}$

8.2.2　複素平面上の集合

複素数に関する記号を用いて，複素平面上の集合を表すことができる．

例 8.2.2　次の式で表される複素平面上の集合 D を図示せよ．

(1) $D = \{\, z \mid |z| \leqq 2 \,\}$

(2) $D = \{\, z \mid 0 \leqq \mathrm{Re}\, z \leqq 1, \ -1 \leqq \mathrm{Im}\, z \leqq 1 \}$

(3) $D = \left\{\, z \ \middle| \ |\mathrm{Arg}\, z| \leqq \dfrac{\pi}{4}, \ \mathrm{Re}\, z \leqq 3 \right\}$

解答　(1) $z = x + yi$ とすると，z が満たす式は
$$x^2 + y^2 \leqq 4$$
となるので，D は図 8.4 のようになる．

(2) $z = x + yi$ とすると，z が満たす条件は
$$0 \leqq x \leqq 1, \ -1 \leqq y \leqq 1$$
となるので，D は図 8.5 のようになる．

(3) $z = x + yi = r(\cos\theta + i\sin\theta)$ とすると，
z が満たす条件は
$$-\frac{\pi}{4} \leqq \theta \leqq \frac{\pi}{4}, \ x \leqq 3$$
となるので，D は図 8.6 のようになる．

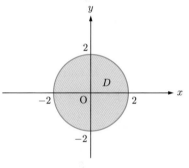

図 **8.4**　D の図 (1)

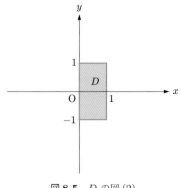

図 **8.5**　D の図 (2)

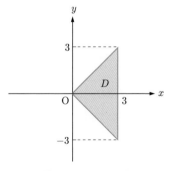

図 **8.6**　D の図 (3)

解答終了

問 **8.2.2**　次の式で表される複素平面上の集合 D を図示せよ．

(1)　$D = \{\, z \mid 1 < |z| < 2 \,\}$ 　　　　　　(2)　$D = \{\, z \mid 1 \leqq \mathrm{Re}\, z \leqq 2 \,\}$

(3)　$D = \{\, z \mid (\mathrm{Re}\, z)(\mathrm{Im}\, z) \geqq 0 \,\}$ 　　(4)　$D = \left\{\, z \,\middle|\, 0 \leqq \mathrm{Arg}\, z \leqq \dfrac{\pi}{6} \,\right\}$

(5)　$D = \left\{\, z \,\middle|\, \left|\dfrac{1}{z}\right| < 1,\ \dfrac{\pi}{2} \leqq \mathrm{Arg}\, z \leqq \pi \,\right\}$ 　(6)　$D = \{\, z \mid \mathrm{Re}\, z^2 \geqq 1 \,\}$

8.2.3　複素平面上の積・商

極形式で表された 2 つの複素数 $z = r(\cos\theta + i\sin\theta),\ w = \rho(\cos\varphi + i\sin\varphi)$ に対してその積を考えると

$$
\begin{aligned}
zw &= r\rho(\cos\theta + i\sin\theta)(\cos\varphi + i\sin\varphi) \\
&= r\rho(\cos\theta\cos\varphi - \sin\theta\sin\varphi + i(\cos\theta\sin\varphi + \sin\theta\cos\varphi)) \\
&= r\rho(\cos(\theta + \varphi) + i\sin(\theta + \varphi))
\end{aligned}
$$

となる．また，$w \neq 0$ のときは

$$
\begin{aligned}
\frac{z}{w} &= \frac{r(\cos\theta + i\sin\theta)}{\rho(\cos\varphi + i\sin\varphi)} \\
&= \frac{r(\cos\theta + i\sin\theta)(\cos\varphi - i\sin\varphi)}{\rho(\cos\varphi + i\sin\varphi)(\cos\varphi - i\sin\varphi)} \\
&= \frac{r(\cos\theta\cos\varphi + \sin\theta\sin\varphi + i(-\cos\theta\sin\varphi + \sin\theta\cos\varphi))}{\rho(\cos^2\varphi + \sin^2\varphi)} \\
&= \frac{r}{\rho}(\cos(\theta - \varphi) + i\sin(\theta - \varphi))
\end{aligned}
$$

となる．これより，次のことがわかる．

> **定理 8.2.1**　複素数 $z,\ w$ に対して，次が成り立つ．
>
> $$
> |zw| = |z||w|, \qquad \arg(zw) = \arg z + \arg w
> $$
> $$
> \left|\frac{z}{w}\right| = \frac{|z|}{|w|}, \qquad \arg\frac{z}{w} = \arg z - \arg w \quad (w \neq 0)
> $$

この定理より，複素数同士の積・商の偏角は，複素平面上では偏角の和・差に対応していることがわかる．

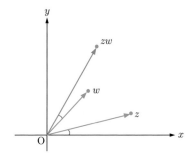

図 **8.7**　z, w および zw の位置関係

例 **8.2.3**　0 でない 2 つの複素数 z, w に対応する複素平面上の点をそれぞれ P, Q とするとき，zw に対応する複素平面上の点はどのような点になるか.

解答　$|z| = r$, $\arg z = \theta$, $|w| = \rho$, $\arg w = \varphi$ とし，zw に対応する点を R とする. 定理 8.2.1 より

$$|zw| = r\rho, \quad \arg(zw) = \theta + \varphi$$

であるから，$A(1, 0)$ とするとき，

$$\angle ROQ = \angle POA \quad \text{かつ} \quad OR : OP = OQ : OA$$

が成り立つ. すなわち R は，三角形 ROQ と三角形 POA が相似になるような点である.

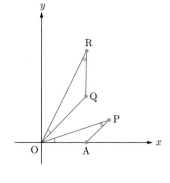

図 **8.8**　zw の位置

解答終了

問 8.2.3 複素数 $z \neq 0$ に対して，$\arg \dfrac{1}{z} = \arg \overline{z}$ が成り立つことを示せ.

8.2.4　ド・モアブルの定理

316 ページの zw の計算において，特に $r = \rho = 1$, $\varphi = \theta$ とすると

$$(\cos\theta + i\sin\theta)^2 = \cos 2\theta + i\sin 2\theta$$

が成り立つ．さらにこの結果から

$$(\cos\theta + i\sin\theta)^3 = (\cos 2\theta + i\sin 2\theta)(\cos\theta + i\sin\theta) = \cos 3\theta + i\sin 3\theta$$

が成り立つ．一般に，次の定理が得られる．

> **定理 8.2.2**（ド・モアブルの定理 (de Moivre's theorem)）
> 整数 n に対して次が成り立つ．
>
> $$(\cos\theta + i\sin\theta)^n = \cos n\theta + i\sin n\theta$$
>
> ただし，$n = 0$ の場合は $(\cos\theta + i\sin\theta)^0 = 1$ と約束する．

証明　$n = 0$ の場合は明らか．また，$n > 0$ の場合は上と同様に示されるので，$n < 0$ の場合を考える．

$$\frac{1}{\cos\theta + i\sin\theta} = \frac{\cos\theta - i\sin\theta}{(\cos\theta + i\sin\theta)(\cos\theta - i\sin\theta)} = \cos\theta - i\sin\theta$$
$$= \cos(-\theta) + i\sin(-\theta)$$

であるから

$$(\cos\theta + i\sin\theta)^n = \left(\frac{1}{\cos\theta + i\sin\theta}\right)^{-n}$$
$$= (\cos(-\theta) + i\sin(-\theta))^{-n}$$
$$= \cos\big((-n)(-\theta)\big) + i\sin\big((-n)(-\theta)\big)$$
$$= \cos n\theta + i\sin n\theta$$

が成り立つ． 証明終了

例 8.2.4　次の複素数を $a + bi$　（a, b は実数）の形で表せ．
(1) $(1 + i)^5$　　(2) $(\sqrt{3} + 3i)^{-3}$

解答　(1)　$1 + i = \sqrt{2}\left(\dfrac{1}{\sqrt{2}} + \dfrac{1}{\sqrt{2}}i\right) = \sqrt{2}\left(\cos\dfrac{\pi}{4} + i\sin\dfrac{\pi}{4}\right)$　であるから定理 8.2.2 より

$$(1+i)^5 = \left(\sqrt{2}\left(\cos\dfrac{\pi}{4} + i\sin\dfrac{\pi}{4}\right)\right)^5 = (\sqrt{2})^5\left(\cos\dfrac{5}{4}\pi + i\sin\dfrac{5}{4}\pi\right)$$

$$= 4\sqrt{2}\left(-\dfrac{1}{\sqrt{2}} - \dfrac{1}{\sqrt{2}}i\right) = -4 - 4i$$

となる.

(2)　$\sqrt{3} + 3i = 2\sqrt{3}\left(\dfrac{1}{2} + \dfrac{\sqrt{3}}{2}i\right) = 2\sqrt{3}\left(\cos\dfrac{\pi}{3} + i\sin\dfrac{\pi}{3}\right)$　であるから定理 8.2.2 より

$$(\sqrt{3} + 3i)^{-3} = (2\sqrt{3})^{-3}\left(\cos\dfrac{\pi}{3} + i\sin\dfrac{\pi}{3}\right)^{-3}$$

$$= \dfrac{1}{24\sqrt{3}}(\cos(-\pi) + i\sin(-\pi)) = -\dfrac{\sqrt{3}}{72}$$

となる.　　　　　　　　　　　　　　　　　　　　　　　　　　　　**解答終了**

問 8.2.4　次の複素数を $a + bi$　（a, b は実数）の形で表せ.
(1)　$(2 + 2i)^4$　　　(2)　$(-1 + \sqrt{3}i)^5$　　　(3)　$(\sqrt{3} + i)^4(1 - i)^3$

8.2.5　オイラーの公式

実数 t の指数関数 e^t のマクローリン級数は

$$e^t = 1 + t + \dfrac{1}{2!}t^2 + \dfrac{1}{3!}t^3 + \dfrac{1}{4!}t^4 + \dfrac{1}{5!}t^5 + \dfrac{1}{6!}t^6 + \dfrac{1}{7!}t^7 + \cdots$$

である. この式において形式的に $t = \theta i$　（θ は実数）を代入して整理すると

$$e^{\theta i} = 1 + \theta i + \dfrac{1}{2!}(\theta i)^2 + \dfrac{1}{3!}(\theta i)^3 + \dfrac{1}{4!}(\theta i)^4 + \dfrac{1}{5!}(\theta i)^5 + \dfrac{1}{6!}(\theta i)^6 + \dfrac{1}{7!}(\theta i)^7 + \cdots$$

$$= 1 + \theta i - \dfrac{1}{2!}\theta^2 - \dfrac{1}{3!}\theta^3 i + \dfrac{1}{4!}\theta^4 + \dfrac{1}{5!}\theta^5 i - \dfrac{1}{6!}\theta^6 - \dfrac{1}{7!}\theta^7 i + \cdots$$

$$= \left(1 - \dfrac{1}{2!}\theta^2 + \dfrac{1}{4!}\theta^4 - \dfrac{1}{6!}\theta^6 + \cdots\right) + i\left(\theta - \dfrac{1}{3!}\theta^3 + \dfrac{1}{5!}\theta^5 - \dfrac{1}{7!}\theta^7 + \cdots\right)$$

$$= \cos\theta + i\sin\theta$$

となる. そこで, 実数 θ に対して

$$e^{\theta i} = \cos\theta + i\sin\theta$$

と定義する. これをオイラーの公式 (Euler's formula) とよぶ. この表示を用いると, 複素数の極形式表示は $z = re^{\theta i}$ と簡潔に表すことができ, 316 ページの積の等式やド・モアブルの定理は, それぞれ

$$e^{\theta i}e^{\varphi i} = e^{(\theta+\varphi)i}, \qquad (e^{\theta i})^n = e^{n\theta i}$$

と表される. また, 三角関数の周期性より, 任意の実数 θ と整数 k に対して

$$e^{(\theta+2k\pi)i} = e^{\theta i}$$

が成り立つ.

問 8.2.5　次の複素数を $re^{\theta i}$ の形で表せ.

(1) $-2 + 2\sqrt{3}i$　　　(2) $\dfrac{1}{1-i}$　　　(3) $i(1+i)^5$

8.2.6　n 乗根

0 でない複素数 z と自然数 n に対して, $w^n = z$ を満たす複素数 w を z の n 乗根 (n-th root) という. n 乗根を求めるには, 極形式を用いると都合がよい. $z = re^{\theta i}, w = \rho e^{\varphi i}$ とすると

$$\rho^n e^{n\varphi i} = re^{\theta i}$$

より

$$\rho^n = r, \qquad n\varphi = \theta + 2k\pi \quad (k \text{ は整数})$$

すなわち

$$\rho = r^{\frac{1}{n}}, \qquad \varphi = \frac{\theta + 2k\pi}{n}$$

となる. このうち相異なる w は $k = 0, 1, \cdots, n-1$ に対する

$$w = r^{\frac{1}{n}} e^{\frac{\theta+2k\pi}{n}i} \qquad (k = 0, 1, \cdots, n-1)$$

である. このように, 複素数の相異なる n 乗根はちょうど n 個である.

例 8.2.5　$-8i$ の 3 乗根を求めよ.

解答 $-8i = 8e^{\frac{3}{2}\pi i}$ であるから，$-8i$ の 3 乗根 w は

$$w = 8^{\frac{1}{3}} e^{\frac{\frac{3}{2}\pi + 2k\pi}{3}i} \qquad (k = 0, 1, 2)$$
$$= 2e^{\frac{1}{2}\pi i},\ 2e^{\frac{7}{6}\pi i},\ 2e^{\frac{11}{6}\pi i}$$
$$= 2i,\ -\sqrt{3} - i,\ \sqrt{3} - i$$

となる. **解答終了**

問 8.2.6 次の問いに答えよ.
  (1) $4 + 4\sqrt{3}i$ の 2 乗根を求めよ.　　(2) -1 の 3 乗根を求めよ.
  (3) -16 の 4 乗根を求めよ.　　(4) 1 の 6 乗根を求めよ.

余談　ガモフの宝探し問題

定理 8.2.1 で示したことから，平面上の点の回転移動は複素数のかけ算を用いて求められる．たとえば，点 A(3, 4) を原点のまわりに $\frac{\pi}{6}$ だけ回転した点 B は

$$(3 + 4i)\left(\cos\frac{\pi}{6} + i\sin\frac{\pi}{6}\right) = (3 + 4i)\left(\frac{\sqrt{3}}{2} + \frac{1}{2}i\right) = \frac{3\sqrt{3} - 4}{2} + \frac{3 + 4\sqrt{3}}{2}i$$

より B$\left(\dfrac{3\sqrt{3} - 4}{2}, \dfrac{3 + 4\sqrt{3}}{2}\right)$ とわかる.

また，回転の中心が原点でない場合は，回転の中心が原点に一致するように平行移動してから回転し，また逆向きの平行移動で戻せばよい．平行移動は複素数同士の和・差に対応している．これを踏まえて，次の問題を考えてみよう．

【ガモフの宝探しの問題】

ある無人島には宝が埋められているという．宝のありかを示す古文書には次のように書かれている．

「その島には絞首台と，樫と松の木が 1 本ずつある．まず絞首台から樫の木に向かって歩数を数えながら歩き，樫の木にたどり着いたら右に 90° 向きを変え，同じ歩数だけ歩いた地点に杭を打つ．再び絞首台から，松の木に向かって同じように歩き，たどり着いたら今度は左に 90° 向きを変え，同じ歩数だけ歩いた地点にまた杭を打つ．2 つの杭の中間点に宝は埋まっている．」

この古文書を手に入れたある男が宝を探しにその無人島へ行ってみたが，2 本の木はあるものの絞首台はなくなっていてその位置がわからなかった．どうすれば宝を見つけられるだろうか（解答は解答サイトで）．

演習問題 8

【A】

1. 次の複素数を $a+bi$ （a,b は実数）の形で表せ.

(1) $(3-4i)-(1-3i)$　　(2) $(5+2i)-i(2-i)$　　(3) $(10-9i)(1+2i)$

(4) $(3+2i)(1+2i)^2$　　(5) $\dfrac{3+5i}{1+4i}$　　(6) $\dfrac{2+3i}{(1+i)^2}$

(7) $\overline{(6-i)(2-3i)}$　　(8) $\overline{\left(\dfrac{2i}{3+3i}\right)}$　　(9) $\overline{(2+i)\overline{(1+i)}}$

2. 次の複素数が純虚数になるとき, 実数 a を求めよ.

(1) $i(4-ai)$　　(2) $(a+1+2i)(a+3i)$　　(3) $\dfrac{1}{a+4i}$　　(4) $(a-i)^3$

3. 次の値を求めよ.

(1) $|4+3i|$　　(2) $|(5+3i)(2+3i)|$　　(3) $\left|\dfrac{3+7i}{1-i}\right|$

(4) $\mathrm{Re}\,(2-i)^3$　　(5) $\mathrm{Im}\,\dfrac{1}{2-5i}$　　(6) $\mathrm{Im}\,\overline{\left(\dfrac{3+2i}{2+3i}\right)}$

4. $z,\,w$ を複素数とするとき, 次のことを示せ.

(1) $z^2+\bar{z}^2$ は実数である.　　(2) $z\overline{w}-\bar{z}w$ は純虚数である.

5. 次の複素数を極形式で表せ. さらに $re^{\theta i}$ の形で表せ.

(1) $3-3i$　　(2) $1+\dfrac{1}{\sqrt{3}}i$　　(3) $\sqrt{2}-\sqrt{6}i$　　(4) 5

6. 次の複素数を $a+bi$ （a,b は実数）の形で表せ.

(1) $(-1+i)^{12}$　　(2) $\dfrac{1}{(\sqrt{3}-i)^9}$　　(3) $\left(\dfrac{1+\sqrt{3}i}{1+i}\right)^{15}$　　(4) $\left(\dfrac{1}{\sqrt{2}}+\dfrac{1}{\sqrt{2}}i\right)^{2000}$

7. 次の問いに答えよ.

(1) 81 の 4 乗根を求めよ.　　(2) $\dfrac{1}{2}-\dfrac{\sqrt{3}}{2}i$ の 2 乗根を求めよ.

(3) -8 の 3 乗根を求めよ.　　(4) -8 の 6 乗根を求めよ.

8. 次の式で表される複素平面上の集合 D を図示せよ.

(1) $D=\{\,z\mid |z|=1\,\}$　　(2) $D=\{\,z\mid -2<\mathrm{Im}\,z<1\,\}$

(3) $D=\{\,z\mid \mathrm{Re}\,z+\mathrm{Im}\,z\leqq 1\,\}$　　(4) $D=\{\,z\mid \mathrm{Im}\,z^2\leqq 1\,\}$

(5) $D = \left\{ z \mid |z - 1 - i| \leqq \sqrt{2} \right\}$　　(6) $D = \{ z \mid |z|^2 = 2\,\mathrm{Re}\,z \}$

【B】

1. 複素数 z, w に対して，次の等式を示せ.

(1) $|z + w|^2 + |z - w|^2 = 2(|z|^2 + |w|^2)$　　　（平行四辺形の等式）

(2) $(1 - |z|^2)(1 - |w|^2) = |1 - \overline{z}w|^2 - |z - w|^2$

2. 複素数 $z\,(\neq 1)$ が $|z| = 1$ を満たすとき，$\dfrac{1 + z}{1 - z}i$ は実数となることを示せ.

3. 実数 $a_0, a_1, \cdots, a_n$ に対して，n 次方程式
$$a_n x^n + a_{n-1} x^{n-1} + \cdots + a_1 x + a_0 = 0$$
を考える. このとき，複素数 $z = \alpha + \beta i\ (\beta \neq 0)$ が方程式の解ならば，その共役複素数 $\overline{z} = \alpha - \beta i$ もまた解となることを示せ.

4. $\arctan 2 = \alpha,\ \arctan 3 = \beta$ とするとき，次の複素数を極形式で表せ.

(1) $1 + 2i$　　　(2) $1 - 3i$　　　(3) $2 + i$　　　(4) $\dfrac{1}{1 + 2i}$

(5) $(3 + i)^2$　　(6) $(2 - i)(3 - i)$　　(7) $\dfrac{1 - 2i}{3 + i}$　　(8) $(1 + 3i)(1 + i)$

5. 実数 a, b, c に対して
$$\cos a + \cos b + \cos c = 0, \quad \sin a + \sin b + \sin c = 0$$
であるならば
$$\cos 3a + \cos 3b + \cos 3c = 3\cos(a + b + c)$$
$$\sin 3a + \sin 3b + \sin 3c = 3\sin(a + b + c)$$
が成り立つことを示せ.

6. 次の問いに答えよ.

(1) $16i$ の 4 乗根を求めよ.　　(2) $2\sqrt{3} - 2i$ の 2 乗根を求めよ.

7. 次の式で表される複素平面上の集合 D を図示せよ.

(1) $D = \{ z \mid |z - 1| = 2|z - 2| \}$　　　(2) $D = \{ z \mid |z| + \mathrm{Re}\,z < 1 \}$

(3) $D = \left\{ z \ \middle|\ \left| \dfrac{1 + z}{1 - z} \right| > 2 \right\}$　　　(4) $D = \{ z \mid |z + 3| + |z - 3| \leqq 10 \}$

(5) $D = \{ z \mid |z + 3| - |z - 3| \geqq 4 \}$　　(6) $D = \left\{ z \ \middle|\ \dfrac{z}{z^2 + 1} \ \text{は実数} \right\}$

8. α を複素数とし，A は $A < |\alpha|^2$ を満たす実数とする. このとき
$$z\overline{z} + \alpha\,z + \overline{z}\,\overline{\alpha} + A = 0$$
を満たす z の集合はどのような図形になるか示せ.

索　引

著　者

星賀　　彰　　静岡大学工学部
高野　　優　　元常葉大学教育学部
関根　義浩　　静岡大学工学部
足達　慎二　　静岡大学工学部

工学系の微分積分学　―入門から応用まで―

2007 年 4 月 20 日	第 1 版	第 1 刷	発行
2008 年 3 月 30 日	第 2 版	第 1 刷	発行
2008 年 12 月 20 日	第 3 版	第 1 刷	発行
2019 年 3 月 10 日	第 3 版	第 14 刷	発行
2020 年 3 月 30 日	第 4 版	第 1 刷	発行
2024 年 2 月 20 日	第 4 版	第 5 刷	発行

著　　者　　星賀　　彰　高野　　優
　　　　　　関根　義浩　足達　慎二
発 行 者　　発田和子
発 行 所　　株式会社　学術図書出版社

〒113-0033　東京都文京区本郷 5 丁目 4 の 6
TEL 03-3811-0889　振替 00110-4-28454
印刷　三松堂（株）

定価はカバーに表示してあります.

© A. HOSHIGA, M. TAKANO, Y. SEKINE, S. ADACHI
2007, 2008, 2020　Printed in Japan
ISBN978-4-7806-0787-1　C3041